彩图 1　黏虫成虫

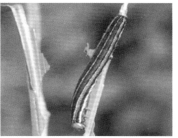

彩图 2　黏虫幼虫

彩图 3　斜纹夜蛾成虫

彩图 4　斜纹夜蛾幼虫

彩图 5　稻纵卷叶螟成虫

彩图 6　稻纵卷叶螟幼虫

彩图 7　草地螟成虫

彩图 8　草地螟幼虫

彩图 9　甘薯麦蛾成虫

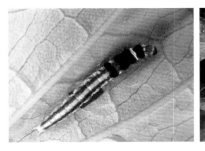

彩图 10　甘薯麦蛾幼虫

彩图 11　豆天蛾成虫

彩图 12　豆天蛾幼虫

彩图 13　直纹稻弄蝶幼虫

彩图 14　菜粉蝶幼虫

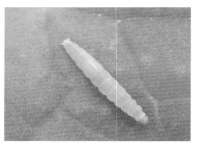

彩图 15　小菜蛾幼虫

彩图 16　稻象甲成虫

彩图 17　甘薯小象甲成虫

彩图 18　黄曲条跳甲成虫

彩图 19　东亚飞蝗成虫

彩图 20　小麦叶蜂成虫

彩图 21　小麦叶蜂幼虫

彩图 22　玉米螟成虫

彩图 23　玉米螟幼虫

彩图 24　玉米螟危害状—排孔

彩图 25 二化螟成虫

彩图 26 二化螟幼虫

彩图 27 三化螟成虫

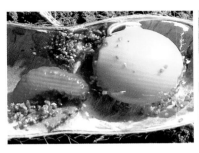

彩图 28 大豆食心虫幼虫

彩图 29 棉铃虫幼虫

彩图 30 豆荚螟成虫

彩图 31 豆荚螟幼虫

彩图 32 东方蝼蛄

彩图 33 东北大黑鳃金龟

彩图 34 东北大黑鳃金龟幼虫

彩图 35 沟金针虫成虫

彩图 36 沟金针虫

彩图 37　黄地老虎幼虫

图 38　网目拟地甲成虫

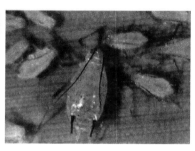

彩图 39　麦长管蚜

彩图 40　萝卜蚜有翅型

彩图 41　僵蚜

彩图 42　黑带食蚜蝇成虫

彩图 43　七星瓢虫成虫

彩图 44　七星瓢虫幼虫

彩图 45　叶色草蛉成虫

彩图 46　褐蛉幼虫捕食蚜虫

彩图 47　麦长腿蜘蛛

彩图 48　二斑叶螨

彩图 49　褐飞虱成虫

彩图 50　灰飞虱成虫

彩图 51　灰飞虱若虫

彩图 52　大青叶蝉成虫

彩图 53　稻黑蝽成虫

彩图 54　稻绿蝽成虫

彩图 55　稻棘缘蝽成虫

彩图 56　稻管蓟马成虫

彩图 57　黄呆蓟马成虫

彩图 58　稻瘿蚊成虫

彩图 59　小麦红吸浆虫成虫

彩图 60　烟粉虱成虫

彩图 61　稻瘟病—叶瘟

彩图 62　稻瘟病—穗瘟

彩图 63　水稻白叶枯病

彩图 64　水稻纹枯病

彩图 65　稻曲病

彩图 66　水稻干尖线虫病

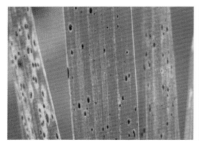
彩图 67　水稻胡麻斑病

彩图 68　水稻颖枯病

彩图 69　水稻细菌性条斑病

彩图 70　水稻黑条矮缩病

彩图 71　水稻青枯病

彩图 72　水稻缺钾症

彩图 73　小麦白粉病

彩图 74　小麦叶锈病

彩图 75　小麦条锈病

彩图 76　小麦黄斑叶枯病

彩图 77　小麦散黑穗病

彩图 78　小麦赤霉病

彩图 79　小麦颖枯病

彩图 80　小麦纹枯病

彩图 81　小麦全蚀病

彩图 82　小麦根腐病

彩图 83　小麦丛矮病毒病

彩图 84　小麦黄矮病毒病

彩图 85　小麦冻害

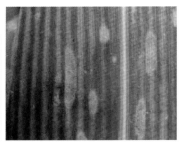

彩图 86　玉米小斑病

彩图 87　玉米大斑病

彩图 88　玉米大斑病后期

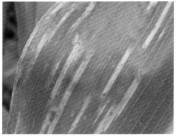

彩图 89　玉米灰斑病

彩图 90　玉米瘤黑粉病

彩图 91　玉米丝黑穗病

彩图 92　玉米粗缩病毒病

彩图 93　玉米旱害

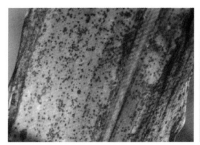

彩图 94　高粱炭疽病

彩图 95　高粱丝黑穗病

彩图 96　谷子白发病

中等职业学校教育创新规划教材
新型职业农民中职教育规划教材

粮油作物病虫害防治

徐桂平　曹春英　主编

中国农业大学出版社

· 北京 ·

内 容 简 介

本教材共分 3 大模块 7 个项目,其中模块一粮油作物害虫识别与防治包括嚼食类害虫与吸汁类害虫的识别与防治 2 个项目,模块二粮油作物病害诊断与防治包括真菌病害与细菌、病毒、线虫病害及非侵染性病害的诊断与防治 3 个项目,模块三粮油作物病虫害综合防治包括病虫害综合防治的方法与主要粮油作物病虫害综合防治 2 个项目。每个项目先确定学习目标,对本项目的学习任务概述,再由生产实例引入,后分解为数个学习性工作任务,共 20 个,每个工作任务由任务准备、任务设计与实施、任务评价构成,有的工作任务中还添加了任务拓展。

本教材内容新颖,构思独特,重在实践,形式活泼。内配彩色图片 120 幅、黑白插图 57 幅。

图书在版编目(CIP)数据

粮油作物病虫害防治/徐桂平,曹春英主编. —北京:中国农业大学出版社,2015.7
ISBN 978-7-5655-1327-5

Ⅰ.①粮…　Ⅱ.①徐…②曹…　Ⅲ.①粮食作物-病虫防治②油料作物-病虫害防治　Ⅳ.①S435

中国版本图书馆 CIP 数据核字(2015)第 160293 号

书　名	粮油作物病虫害防治			
作　者	徐桂平　曹春英　主编			
策划编辑	张　蕊		**责任编辑**	韩元凤
封面设计	郑　川		**责任校对**	王晓凤
出版发行	中国农业大学出版社			
社　址	北京市海淀区圆明园西路 2 号		**邮政编码**	100193
电　话	发行部 010-62818525,8625		**读者服务部**	010-62732336
	编辑部 010-62732617,2618		**出　版　部**	010-62733440
网　址	http://www.cau.edu.cn/caup		**e-mail**	cbsszs @ cau.edu.cn
经　销	新华书店			
印　刷	北京俊林印刷有限公司			
版　次	2015 年 7 月第 1 版　2015 年 7 月第 1 次印刷			
规　格	787×1 092　　16 开本　　16 印张　　288 千字　　彩插5			
定　价	47.00 元			

图书如有质量问题本社发行部负责调换

中等职业学校教育及新型职业农民
中职教育教材编审委员会名单

主 任 委 员 王胜利 南阳农业职业学院教授

副主任委员 智刚毅 河北省科技工程学校高级讲师
刘光德 重庆市农业学校高级讲师
任绍坤 云南省曲靖农业学校高级讲师
刘 军 中国农业大学出版社副总编辑

委 员 陈肖安 原农业部科技教育培训中心
副研究员
王青立 农业部科技教育司推广处处长
纪绍勤 农业部科技教育司教育处处长
马俊哲 北京农业职业学院教授
赵晨霞 北京农业职业学院教授
李玉冰 北京农业职业学院教授
曹春英 山东省潍坊职业学院教授
曹 军 辽宁农业职业技术学院教授
郭金岭 河南省农业经济学校高级讲师
姜鼎煌 福建泉州市农业学校高级讲师
常运涛 广西桂林农业学校高级农艺师
罗志军 武汉市农业学校高级讲师
李克军 邢台农业学校高级讲师
王振鹏 邯郸农业学校高级讲师
马质璞 南阳农业职业学院高级讲师

秘 书 长 张 蕊 中国农业大学出版社
科学普及部主任

编 审 人 员

主　编　徐桂平　潍坊职业学院副教授
　　　　曹春英　潍坊职业学院教授

副主编　李宗珍　潍坊科技学院讲师
　　　　郝宝文　潍坊职业学院副教授
　　　　葛应兰　南阳农业职业学院讲师

参　编　冯焕玲　山东省诸城市舜王农业综合服务
　　　　　　　　中心农艺师

　　　　王　煜　河南省农业经济学校讲师

主　审　高亮亮　济南兆龙科技发展有限公司

编写说明

　　积极开展与创新中等职业学校教育和新型职业农民中职教育,提高现代农业与社会主义新农村建设一线中等应用型职业人才及新型职业农民的综合素质、专业能力,是发展现代农业和建设社会主义新农村的重要举措。为贯彻落实中央的战略部署及全国职业教育工作会议精神,特根据《教育部关于"十二五"职业教育教材建设的若干意见》《中等职业学校新型职业农民培养方案(试行)》和《中等职业学校专业教学标准(试行)》等文件精神,紧紧围绕培养生产、服务、管理第一线需要的中等应用型职业人才及新型职业农民,并遵循中等农业职业教育与新型职业农民中职教育的基本特点和规律,编写了《粮油作物病虫害防治》教材。

　　《粮油作物病虫害防治》是种植专业类核心课教材之一。本教材构思新颖,内容丰富,结构合理,定位于中等职业教育,紧扣岗位要求,以行动导向的教学模式为依据,以学习性工作任务实施为主线,以学生为主体,通过学习性工作任务中教、学、做、说(写)合一来组织教学,物化了本门课程历年来相关职业院校教育教学改革中所取得的成果,并统筹兼顾中等职业学校教育及新型职业农民中职教育的学习特点。

　　该教材重点介绍粮油作物害虫识别与防治、粮油作物病害诊断与防治、粮油作物病虫害综合防治等内容。本教材根据项目驱动式教学的需要,以引导学生主动学习为目的,进行体例架构设计,以适应中等农业职业教育和新型职业农民中职教育创新和改革的需要。全书注重对学生专业技能与综合素质的培养,在专业技能方面,紧紧围绕培养学生具备粮油作物病虫识别技能,粮油作物病虫害综合防治方法的技能,安全、合理使用农药的技能,能够根据粮油作物病虫害种类和发生规律设计综合防治的方案并组织实施等专业综合技能来编写;同时,在各任务的实施中,也注重了培养学生具有诚实、守信、肯干、敬业、善于与人沟通和合作的职业品质以及具有分析问题和解决问题的能力。教材中积极融进新知识、新观念、新方法,也融入国家最新的相关专业政策,呈现课程的职业性、实用性和开放性。

　　本教材内容深入浅出、通俗易懂,具有很强的针对性和实用性,是中等农业职业教育及新型职业农民中职教育的专用教材,也可作为现代青年农场主的培育教材与农作物植保员、农艺工岗位培训教材,还可作为相关专业人员的参考用书使用。

本教材由全国部分高、中职院校从事多年植保教学的教师与经验丰富的乡镇农技人员共同编写。徐桂平编写模块一的项目一中的工作任务三、四与各个项目案例,曹春英编写模块二的项目一中的工作任务一和项目三,李宗珍编写模块二的项目一中的工作任务四、五和项目二中的工作任务一、二,郝宝文编写模块三的项目一和项目二中的工作任务一、二,葛应兰编写模块一的项目一中的工作任务一、二及模块三的项目二中的工作任务三,冯焕玲编写模块二的项目一中的工作任务二、三和项目二中的工作任务三,王煜编写模块一的项目二。全书最后由徐桂平、曹春英共同统稿。济南兆龙科技发展有限公司高亮亮担任本书的主审。北京农业职业学院赵晨霞教授、农业部科技教育司王青立和原农业部农民科技教育培训中心陈肖安等同志对教材内容进行了最终审定,本教材在编写过程中参阅、参考和引用了大量的有关文献资料(见书后参考文献),未在书中一一注明,在此一并表示感谢。

由于编者水平有限,加之时间仓促,教材中存在着不同程度和不同形式的错误和不妥之处,衷心希望广大读者及时发现并提出,更希望广大读者对教材编写质量提出宝贵意见,以便修订和完善,进一步提高教材质量。

编　者

2015 年 4 月

目　　录

模块一　粮油作物害虫识别与防治

模块二　粮油作物病害诊断与防治

模块三　粮油作物病虫害综合防治

模块一　粮油作物害虫识别与防治

项目一　嚼食类害虫的识别与防治

项目二　吸汁类害虫的识别与防治

项目一　嚼食类害虫的识别与防治

【学习目标】

完成本项目后,你应该能:

1. 从作物受害状上判断出是否是咀嚼式口器害虫所致;

2. 从形态特征上认识粮油作物生产中常见的咀嚼式口器害虫种类;

3. 了解各类咀嚼式口器害虫的为害和发生特点,掌握防治嚼食类害虫的关键技术。

【学习任务描述】

通过培训,让职业农民了解昆虫的基本特征和主要类群以及咀嚼式口器的基本构造,能够从为害状上判断出是否是咀嚼式口器害虫所致;熟知咀嚼式口器害虫的主要种类及其为害方式,能从形态特征上认识粮油作物生产中常见的种类,能够根据其发生规律,制订出综合防治措施并实践检验。

【案例】

灌云豆丹　价破惊天

豆丹也就是豆虫,是取食大豆叶片的一种害虫。现在江苏灌云县的人们却专门为它建造大棚、拱棚进行人工繁育养殖,宁愿种植的大豆颗粒无收,也要养好豆虫,这是为什么呢?

原来,豆丹是一种纯天然的绿色食品,高蛋白、低脂肪、富含多种氨基酸,再经灌云厨师的精心烹制后营养丰富、鲜香美口、价格不菲。

2010年灌云反季节豆丹的价格,用石破惊天来形容不算过分,400元/kg以上的价格持续了近两个月,一条豆虫的身价竟达到三元多,不能不让人望虫起敬。

近年来,灌云县委、县政府把发展豆丹产业作为研发高效农业的龙头项目,不断加大扶持力度,努力建强基地。该县有1 200多农民成为从事豆丹营销的经纪人,年销售效益达 4 亿元,带动 1 万多名城乡妇女实现了季节性就业。如今的灌云豆丹,被誉为"国内少有,苏北仅有,灌云特有"的知名菜肴。随着该县 20 万亩高效设施农业的迅猛发展,该县将继续扩大豆丹大棚温控养殖规模。

那么,豆丹及其成虫是什么模样的? 它的分类地位如何? 它的一生有哪些虫态? 它是怎样繁殖的? 通过本项目的学习,你会找到答案的。

工作任务一　鳞翅目食叶类害虫的识别与防治

【任务准备】

一、知识准备

(一)昆虫及鳞翅目昆虫的基本特征

1.昆虫的基本特征

所有的昆虫组成昆虫纲,下分 34 个目。粮油作物害虫主要分布在鳞翅目、鞘翅目、直翅目、同翅目、半翅目、双翅目、缨翅目、膜翅目等。昆虫纲是节肢动物门乃至动物界中最大的一个纲,从种类上看,全世界已知昆虫已逾百万种。为什么昆虫能在地球上如此繁荣地发展呢? 其一,昆虫具翅能飞,这对于昆虫在觅食、求偶、避敌和扩大地盘等各方面都带来极大的好处;其二,昆虫体型小,只需很小的空间就能栖息,只需很少的食物便可完成发育;其三,昆虫有惊人的繁殖能力,而且繁殖方式多样;其四,昆虫在进化过程中分化出了许多类型,并各有自己的形态特征和生活习性,使它们能适应各种不同的环境。

昆虫虽然种类繁多、外部形态变化较大,但基本构造是一致的。昆虫纲成虫的共同特征是:身体分头、胸、腹三个体段(图 1-1);头部有口器和 1 对触角,通常还有 1 对复眼及 2～3 个单眼;胸部由 3 节构成,生有 3 对分节的足,大部分种类有 2 对翅;腹部一般由 9～11 节组成,末端生有外生殖器,有的还有 1 对尾须;昆虫身体的最外层是坚韧的体壁,具有与高等动物骨骼相似的作用,所以称"外骨骼"。昆虫在生长发育过程中,需要经过一系列内部结构及外部形态上的变化,即变态。

议一议

大虾、蜈蚣是不是昆虫? 为什么?

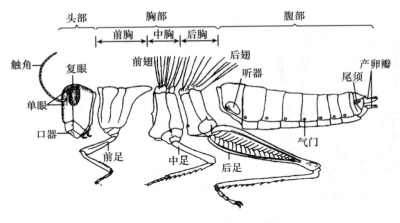

图 1-1　**昆虫(蝗虫)体躯侧面图**

2.鳞翅目昆虫的基本特征

鳞翅目包括各种蛾类和蝶类,是昆虫纲中的第 2 个大目,体型小型至大型,触角细长,丝状、栉齿状、羽毛状或球杆状等。口器虹吸式。翅膜质,翅面上覆盖有鳞片,故称为鳞翅。翅上的鳞片组成一定的斑纹,分线和斑两类。完全变态,个体发育经过卵、幼虫、蛹、成虫 4 个时期。幼虫为多足型,腹足有趾钩,幼虫体上有斑线和毛。蛹为被蛹。成虫除少数种类外,一般不危害,但幼虫口器为咀嚼式,绝大多数为植食性,可取食植物的叶、花、芽或钻蛀植物茎、根、果实或卷叶、潜叶危害。可利用成虫的趋光性、趋化性进行灯光诱杀、糖醋液诱杀防治成虫,药剂防治幼虫时要在钻蛀、卷叶、潜叶前施药,在低龄幼虫期使用具有触杀和胃毒作用的杀虫剂防治,易获得较好的防治效果。

3.咀嚼式口器及其为害状

咀嚼式口器(图 1-2)是昆虫最基本、最原始的口器类型。基本构造由上唇、上颚、下颚、下唇及舌 5 个部分组成。咀嚼式口器能咬食固体食物,典型的为害症状是造成各种形式的机械损伤。有的食叶为害,呈现开天窗、缺刻、孔洞,或将叶肉吃去,仅留网状叶脉,或全部吃光;有的卷叶为害,将叶片卷起,然后藏匿其中危害;有的潜叶为害,钻入叶片上下表皮之间蛀食叶肉,形成弯曲的虫道或白斑;有的钻蛀为害,钻入植物茎秆、果穗或果荚,造成作物断枝、烂粒、落果;有的甚至在土中取食刚播下的种子或作物的地下部分,造成缺苗、断垄。常见的种类有:直翅目的成虫、

比一比

咀嚼式口器与我们的嘴是不是很相似?有什么差别?

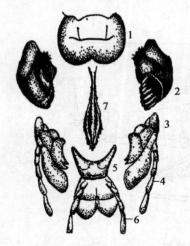

图 1-2　昆虫的咀嚼式口器

1.上唇　2.上颚　3.下颚　4.下颚须

5.下唇　6.下唇须　7.舌

若虫,如蝗虫;鞘翅目的成虫、幼虫,如天牛、金龟子等;鳞翅目的幼虫,如玉米螟、菜青虫等;膜翅目的幼虫,如叶蜂等。

了解咀嚼式口器的危害特点,与防治有密切关系。在用药防治时,可选择胃毒剂、触杀剂、微生物农药种类,对于潜叶和钻蛀类的害虫须在尚未钻蛀或造成卷叶之前用药。

(二)黏虫

1.为害状识别

黏虫又名粟黏虫、行军虫、五色虫等,属鳞翅目夜蛾科。我国除西北局部地区外,遍布各地。黏虫是一种暴食性害虫,主要为害麦、粟、玉米等禾谷类粮食作物、牧草及棉花、豆类、蔬菜等16科104种以上植物。幼虫食叶,大发生时可将作物叶片全部食光,造成严重损失。因其群聚性、迁飞性、杂食性、暴食性,成为全国性重要农业害虫。

2.形态识别(图 1-3)

成虫:体长 15～17 mm,翅展 36～40 mm。灰褐色。前翅灰黄褐色,中室外端有两个淡黄色圆斑,外方圆斑下有一小白点,其两侧各有一个黑点;外横线为一列黑点;自顶角至后缘外 1/3 处,有一斜行黑褐纹。后翅淡褐色,基部色渐淡。

卵:长约 0.5 mm,半球形,初产白色渐变黄色,有光泽。卵粒单层排列成行成块。

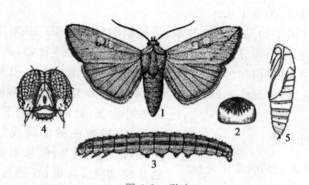

图 1-3　黏虫

1.成虫　2.卵　3.幼虫　4.幼虫头部　5.蛹

幼虫：老熟幼虫体长 38 mm 左右。头淡黄褐色，头部中央沿蜕裂线有一"八"字形黑褐色纹。体色由淡绿至浓黑，在大发生时背面常呈黑色，腹面淡污色，背中线白色，两侧各有两条黄褐色至黑色细线，腹足基节外侧有黑褐色斑。

蛹：体长 19～23 mm，红褐色。腹部 5～7 节背面前缘各有一列齿状点刻；臀棘上有刺 4 根，中央 2 根粗大，两侧的细短刺略弯。

3. 发生规律

无滞育现象，条件适合时可终年繁殖。从北至南每年发生世代数 2～8 代，黏虫在我国北方不能越冬，越冬北界位于北纬 32°～34°。在南方以幼虫和蛹在稻桩、稻草堆、杂草中越冬。在河南每年可发生 3～5 代，以 4～5 月第一代幼虫发生数量大。主要危害小麦，有些年份第二代或第三代在局部地区发生较重，危害玉米、谷子、水稻。成虫昼伏夜出，需取食花蜜补充营养，对糖醋液和黑光灯有强烈趋性，产卵趋向黄枯叶片。初孵幼虫有群集性、暴食性、假死性，晴天白昼潜伏在麦根处土缝中，傍晚后或阴天爬到植株上为害，幼虫发生量大食料缺乏时，常成群迁移到附近地块继续为害，老熟幼虫入土化蛹。生产上长势好的小麦、粟、水稻田，生长茂密的密植田及多肥、灌溉好的田块，利于该虫大发生。天敌主要有步行甲、蛙类、鸟类、寄生蜂、寄生蝇等。

4. 防治方法

(1)农业防治　合理调整作物布局，合理密植，加强田间水肥管理，铲除杂草，清除水稻根茬，减轻发生程度。

(2)诱杀成虫　成虫发生期用糖醋液、黑光灯等诱杀成虫，成虫产卵期在作物田插谷草把或稻草把诱卵，定期集中烧毁处理。压低虫口。

(3)生物防治　包括保护利用自然天敌和使用生物农药两个方面。应用生物杀虫剂苏云金杆菌、中华卵索线虫、黏虫核型多角体病毒等。

(4)药剂防治　在卵孵化盛期至幼虫 3 龄前，及时控制其为害，可选用下列药剂喷雾防治：苏云金杆菌乳剂 200 mL/667 m²、5%抑太保乳油 4 000 倍液、25%灭幼脲 3 号悬浮剂 500～1 000 倍液、40%菊杀乳油 2 000～3 000 倍液、20%氰戊菊酯 2 000～4 000 倍液、茴蒿素杀虫剂 500 倍液等。

(三)斜纹夜蛾

1. 为害状识别

斜纹夜蛾属鳞翅目夜蛾科。在国内各地都有发生，主要发生在长江流域、黄河流域，是一类多食性和暴食性害虫，寄主相当广泛，危害粮食、经济作物、蔬菜等近 100 科 300 多种植物。主要以幼虫为害全株，小龄时群集叶背啃食，3 龄后分散为害叶片、嫩茎，老龄幼虫可蛀食果实。虫口密度高时全田吃成光秆，成群迁移,造成大面积毁产。是一种危害性很大的害虫。

2.形态识别(图1-4)

成虫:体长 14～20 mm,翅展 35～46 mm,体暗褐色,胸部背面有白色丛毛,前翅灰褐色,花纹多,内横线和外横线白色、呈波浪状、中间有明显的白色斜阔带纹,所以称斜纹夜蛾。

卵:扁平的半球状,初产黄白色,后变为暗灰色,块状黏合在一起,上覆黄褐色绒毛。

幼虫:体长 33～50 mm,头部黑褐色,胸部多变,从土黄色到黑绿色都有,体表散生小白点,冬节有近似三角形的半月形黑斑一对。

蛹:长 15～20 mm,圆筒形,红褐色,尾部有一对短刺。

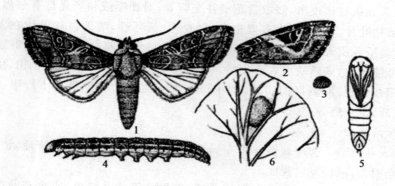

图1-4　斜纹夜蛾
1.雌成虫　2.雄成虫前翅　3.卵　4.幼虫　5.蛹　6.叶片上的卵块

3.发生规律

该虫年发生 4(华北)～9 代(广东),一般以老熟幼虫或蛹在田边杂草中越冬。长江流域多在 7～8 月大发生,黄河流域则多在 8～9 月大发生。成虫夜出活动,飞翔力较强,具趋光性和趋化性,对糖醋酒等发酵物尤为敏感。卵多块状产于叶背的叶脉分叉处,以茂密、浓绿的作物产卵较多。初孵幼虫具有群集危害习性,3 龄以后则开始分散,老龄幼虫有昼伏性和假死性。一般高温年份和季节有利其发育、繁殖。间种、复种指数高或过度密植的田块有利其发生。天敌有寄生幼虫的小茧蜂和多角体病毒等。

4.防治方法

(1)农业防治　①清除杂草,收获后翻耕晒土或灌水,以破坏或恶化其化蛹场所,有助于减少虫源。②结合管理随手摘除卵块和群集危害的初孵幼虫,以减少虫源。

（2）物理防治　①灯光诱蛾。利用成虫趋光性,于盛发期利用黑光灯诱杀。②糖醋诱杀。利用成虫趋化性配糖醋液(酒:水:糖:醋=1:2:3:4)加少量敌百虫诱蛾。

（3）化学防治　掌握在卵块孵化到3龄幼虫前喷洒药剂防治,药剂可选用:5%丁烯氟虫腈悬浮剂2 500倍液、5.7%氟氯氰菊酯乳油4 000倍液、5%氟啶脲乳油2 000倍液、20%虫酰肼胶悬剂2 000倍液、52.25%毒死蜱·氯氰菊酯乳油1 000倍液、20%菊·马(氰戊菊酯·马拉硫磷)乳油2 000倍液等,隔7~10 d 1次,连用2~3次。

（四）稻纵卷叶螟

1. 为害状识别

稻纵卷叶螟属鳞翅目螟蛾科,是迁飞性害虫,在全国大部分稻区都有分布。主要为害水稻,其次是麦、谷子、甘蔗和禾本科杂草。以幼虫缀丝纵卷水稻叶片成虫苞,幼虫匿居其中取食叶肉,仅留表皮,形成白色条斑,致水稻千粒重降低,秕粒增加,造成减产。

2. 形态识别（图1-5）

成虫:体长约8 mm,翅展约18 mm。前翅灰黄色有光泽,有2条黑色横纹,中间有1条黑色短纹;雄蛾前翅短纹上有黑色眼状纹和毛簇。

卵:近椭圆形,扁平,初产乳白色,孵化前有1个黑点。

幼虫:老熟幼虫体长14~19 mm,头褐色,胴部初为绿色,老熟时为橘黄色。前胸背板后缘有2个小黑点,中、后胸背面有8个毛片,前排6个,后排2个。

蛹:长约9 mm,尾部尖,上生8根钩刺,结白色薄茧。

3. 发生规律

稻纵卷叶螟是一种迁飞性害虫,自北而南一年发生1~11代;南岭山脉一线以南,常年有一定数量的蛹和少量幼虫越冬;北纬30°以北稻区不能越冬,初次虫源均自南方迁来。成虫有趋光性、趋嫩绿、茂密和群集性。卵多散产在叶片中脉附近。初孵幼虫先在心叶或附近嫩叶上

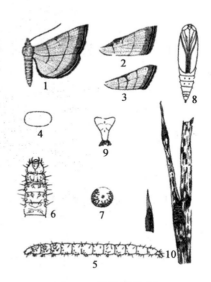

图1-5　稻纵卷叶螟

1.雌成虫　2.雄成虫前翅　3.显纹稻纵卷叶螟前翅　4.卵　5.幼虫　6.幼虫头胸部背面　7.腹足趾钩　8.蛹　9.雌蛾腹部末端　10.为害状

取食叶肉,短时期后吐丝卷叶取食,使叶面呈白点状。随着虫龄增大,虫苞扩大,为害也越来越重,每头幼虫能食害5～9叶。老熟后多数在枯鞘间作薄茧化蛹。温度22～28℃,相对湿度80%以上危害较重。连作稻条件下的发生世代大于间作稻。同时,迁飞状况也与水稻种植制度有关。寄生性天敌稻螟赤眼蜂、拟澳洲赤眼蜂、纵卷叶螟绒茧蜂等,捕食性天敌步甲、隐翅虫、瓢虫、蜘蛛等,均对稻纵卷叶螟有重要的抑制作用。

4.防治方法

(1)农业防治 ①冬季铲除田边、沟边杂草,减少越冬虫源。②选用抗(耐)虫水稻品种。③加强水肥管理。合理施肥,使水稻生长发育健壮,防止前期猛发旺长,后期恋青迟熟。科学管水,适当调节搁田时间,降低幼虫孵化期田间湿度,或在化蛹高峰期灌深水2～3 d,杀死虫蛹。

(2)生物防治 人工释放赤眼蜂。在稻纵卷叶螟产卵始盛期至高峰期,分期分批放蜂,每亩每次放3万～4万头,隔3 d 1次,连续放蜂3次。喷洒杀螟杆菌、青虫菌。用含活孢子量100亿/g的菌粉150～200 g/667 m²,对水60～75 kg喷雾。

(3)化学防治 药剂防治的策略,应狠治穗期受害代,不放松分蘖期为害严重代。掌握在幼虫1龄盛期或百丛有新束叶苞15个以上时,用5%阿维菌素200 mL/667 m²、200 g/L氯虫苯甲酰胺悬浮剂5～10 mL/667 m²、或15%阿维•毒死蜱100～150 mL/667 m²、或40%辛硫磷100～150 g/667 m²、或30%乙酰甲胺磷150～225 mL/667 m²、或3%阿维菌素•氟铃脲可湿性粉剂50～60 g/667 m²、或30%抑食肼•毒死蜱可湿性粉剂80～100 g/667 m²,对水30～50 kg喷雾。注意防治要及时,用药要准确,等到虫子卷叶后再防治,效果很差。

(五)草地螟

1.为害状识别

草地螟又名黄绿条螟、甜菜网螟。属鳞翅目螟蛾科。主要分布于东北、西北、华北一带,是我国北方农田和草原地区重要的暴发性害虫,食性极杂,可取食35科300多种植物。主要为害甜菜、大豆、向日葵、马铃薯、麻类、蔬菜、药材等多种作物。大发生时禾谷类作物、林木等均受其害。初龄幼虫集中在枝梢上结网躲藏,取食叶肉,残留薄壁,3龄后可食尽叶片,严重时可造成作物幼苗大面积死亡。20世纪50年代中期、70年代末至80年代初、90年代末曾在我国北方暴发成灾。

2.形态识别(图1-6)

成虫:体长6～12 mm,翅展24～30 mm,灰褐色。前翅中央稍近前缘有一近似长方形的淡黄或淡褐色斑,翅外缘黄白色,有一串淡黄色小斑连成的条纹;后翅灰色,近翅基部较淡,沿外缘有 2 条平行的黑色波状条纹。

卵:椭圆形,长 0.8～1.0 mm,乳白色,有光泽,分散或 2～12 粒覆瓦状排列成卵块。

幼虫:共 5 龄,老龄幼虫体长 16～25 mm,灰黑或淡绿色,前胸盾片黑色,有 3 条黄色纵纹,周身有毛瘤。

蛹:长 8～15 mm,黄色至黄褐色,腹末有尾刺 8 根。蛹外有口袋形的茧,茧长 20～40 mm,在土表下方直立。

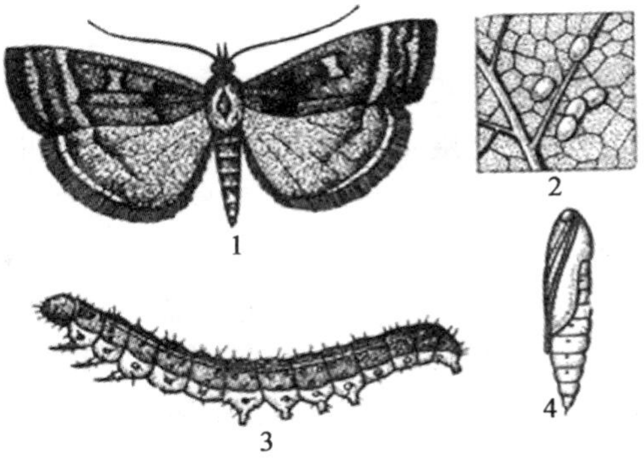

图 1-6　草地螟
1.成虫　2.卵　3.幼虫　4.蛹

3.发生规律

1 年发生 1～3 代。以老熟幼虫在土内吐丝作茧越冬。翌春 5 月化蛹及羽化。草地螟成虫有群集性,对多种光源有很强的趋性,飞翔力弱,喜食花蜜,卵散产于叶背主脉两侧,常 3～4 粒在一起,以距地面 2～8 cm 的茎叶上最多。初孵幼虫取食叶肉,长大后可将叶片吃成缺刻或仅留叶脉,使叶片呈网状。3 龄时开始吐丝结网,分散为害。4～5 龄幼虫进入暴食阶段,具有群集迁移为害的习性。末龄幼虫入土筑室吐丝作茧化蛹。温度 25～28℃、相对湿度 60%～80%时,雌蛾生殖力最强,最适产卵。如遇阴雨连绵,雌蛾就会发生不育或不孕。

4.防治方法

(1)农业防治　结合中耕,除草灭卵,集中处理。同时要除净田边地埂的杂草,在幼虫已孵化的田块,一定要先打药后除草,以免幼虫迁入农田危害。

(2)物理机械防治　①捕捉成虫。利用成虫白天不远飞的习性,拉网捕捉。②挖沟、打药带隔离,阻止幼虫迁移危害。在某些龄期较大的幼虫集中危害的田块,当药剂防治效果不好时,可在该田块四周挖沟或打药带封锁,防治扩散危害。

(3)化学防治　药剂防治应在卵孵化始盛期后 10 d 左右,幼虫 3 龄之前进行。当幼虫在田间分布不均匀时,实行挑治。还要特别注意对田边、地头草地螟幼虫喜食杂草的防治。当田间幼虫密度大,且分散危害时,应实行统防统治。选用低毒、击倒力强,选择性强且较经济的农药进行防治。如 25%辉丰快克乳油 2 000～3 000 倍液、25%快杀灵乳油 667 m² 用量 20～30 mL、5%来福灵或 2.5%功夫 2 000～3 000 倍液、30%桃小灵 2 000 倍液、90%晶体敌百虫 1 000 倍液(高粱上禁用)、4.5%高效氯氰菊酯乳油 3 000 倍液等喷雾。

(六)甘薯麦蛾

1. 为害状识别

甘薯麦蛾又名甘薯小蛾、甘薯卷叶虫等,属鳞翅目麦蛾科。分布于华北、华东、华中、华南、西南等,以南方各省发生较重。甘薯麦蛾主要为害甘薯、蕹菜等旋花科植物。幼虫吐丝卷叶,取食叶肉,啃食叶片、幼芽、嫩茎、嫩梢,或把叶卷起咬成孔洞,发生严重时仅残留叶脉。整片呈现"火烧现象",严重影响甘薯产量。

2. 形态识别

成虫:体长 4～8 mm,翅展 15～16 mm,体黑褐色,头胸部暗褐色。前翅狭长,黑褐色或锈褐色,中央有 2 个褐色环纹,其周缘为灰白色,翅外缘有 5 个横列小黑点。后翅宽,淡灰色,缘毛很长。

卵:椭圆形,长约 0.6 mm,初产时灰白色,后变为淡黄褐色,将近孵化时,一端有一个黑点。

幼虫:老熟幼虫细长纺锤形,体长 18～20 mm,头稍扁,黑褐色;前胸背板褐色,两侧黑褐色呈倒八字形纹;中胸到第 2 腹节背面黑色,以后各节乳白色,亚背线黑色,第 3～6 腹节每节两侧各有一条黑色斜纹。

蛹:长 7～8 mm,纺锤形,黄褐色,全体散布细长毛。臀棘末端有钩刺 8 根,呈圆形排列。

3. 发生规律

1 年发生 3～9 代,以蛹(北方)或成虫(南方)在田间残株和落叶、杂草丛中越冬,越冬蛹在 6 月上旬开始羽化,6 月下旬在田间即见幼虫卷叶危害,8 月中旬以后田间虫口密度增大,危害加重,10 月末老熟幼虫化蛹越冬。成虫趋光性强,行动活泼,白天潜伏,夜间在嫩叶背面产卵。幼虫行动活泼,有转移危害的习性,在卷叶或土缝中化蛹。7～9 月温度偏高、湿度偏低年份常引起大发生。

4. 防治方法

(1)农业防治 秋后要及时清洁田园,处理薯蔓,清除杂草,烧毁残枝落叶,消灭越冬蛹、成虫,降低田间虫源,这是防治此虫的重要措施。当薯田幼虫卷叶危害时,结合栽培管理,随手捏杀新卷叶中的幼虫或摘除新卷叶。

(2)诱杀成虫 利用成虫的趋光性用杀虫灯诱杀成虫,或用甘薯麦蛾性诱剂诱杀雄成虫。

(3)药剂防治 在幼虫发生初期,当百叶有虫 10 头以上时,应及时喷药防治。药剂可选用 2%阿维菌素乳油 1 500 倍液、20%虫酰肼悬浮剂 2 000 倍液、20%除虫脲悬浮剂 1 500 倍液、Bt 乳剂(100 亿孢子/mL)400 倍液、20%杀灭菊酯乳油 3 000 倍液、2.5%溴氰菊酯乳油 2 500 倍液等,施药时间以下午 4～5 时最好。收获前 10 d

停止用药。

(七)鳞翅目食叶类其他害虫(表 1-1)

表 1-1 鳞翅目食叶类其他害虫

虫名	形态识别	发生规律	防治方法
直纹稻弄蝶	成虫长 17～19 mm,黑褐色,头胸部比腹部宽,前翅具 7～8 个半透明白斑排成半环状;后翅中间具 4 个白色透明斑。末龄幼虫体长 27～28 mm,头浅棕黄色,头部正面中央有"山"形褐纹,体黄绿色,背线深绿色,臀板褐色。	一年发生 2～8 代,以幼虫或蛹在背风的田埂、渠边、沟边等杂草上结苞越冬,成虫飞行力极强。卵散产,幼虫吐丝缀叶结苞取食。冬春气温低或前一个月雨量大、雨日多易大发生。	清除杂草,人工采苞灭幼虫,保护利用寄生蜂、蓝蜻等天敌昆虫,喷辛硫磷、溴氰菊酯、吡虫啉等。
甘薯天蛾	成虫长 40～52 mm,暗灰色,胸部背面有两丛鳞毛构成褐色八字纹。前翅内、中及外横线各为 2 条深棕色的尖锯齿状带,顶角有黑色斜纹。老熟幼虫长 70～100 mm,体暗褐色的,腹侧斜纹黑褐色,气门黄色;体绿色的,气门杏黄色,腹侧斜纹黄白色。	1 年发生 1～4 代,以蛹土中 5～10 cm 深处越冬。成虫有趋光性,卵散产于叶背,幼虫取食叶片和嫩茎;雨水偏少、有轻微旱情,此虫即有可能大发生。	结合田间操作,捕捉幼虫;黑光灯诱杀成虫;中耕消灭越冬蛹;幼虫 3 龄盛期,喷溴氰菊酯或 Bt 等。
豆天蛾	成虫长 40～45 mm,体、翅黄褐色,头胸部背中央有 1 条黑褐色纵线。前翅狭长,前缘近中央有较大的半圆形褐绿色斑,翅面可见 6 条褐绿色波状横纹,顶角有 1 条暗褐色斜纹;老熟幼虫长约 90 mm,体青绿色,从腹部第 1 节起,体躯两侧有 7 对黄白色斜纹,尾角短,青色,向下弯曲。	1 年发生 1～2 代,以末龄幼虫在土中越冬。成虫昼伏夜出,飞翔力强。卵多散产于豆株叶背面,初孵幼虫有背光性,有转株为害习性;植株生长茂密,地势低洼,土壤肥沃的淤地,早熟,秆叶柔软的品种受害较重。	选用成熟晚、秆硬、皮厚、抗涝性强的品种,及时秋耕、冬灌,黑光灯诱杀成虫,用杀螟杆菌、敌百虫、辛硫磷、溴氰菊酯等喷雾。

续表 1-1

虫名	形态识别	发生规律	防治方法
菜青虫	成虫长 12～20 mm,体黑色,翅白色,顶角有 1 个大三角形黑斑,中室外侧有 2 个黑色圆斑。老熟幼虫长 28～35 mm,青绿色,圆筒形,气门线黄色,每节的线上有两个黄斑,各体节有 4～5 条横皱纹。	1 年发生 4～8 代,以蛹在受害菜地附近的篱笆墙缝、树皮下、土缝里等处越冬。成虫白天活动,喜产卵于十字花科蔬菜上。幼虫行动迟缓,1～2 龄幼虫有吐丝下坠习性,大龄有假死性。春秋两季温暖少雨,为害严重。	清洁田园,深耕细耙,喷洒苏芸金杆菌、菜粉蝶颗粒体病毒、灭幼脲、杀灭菊酯、增效氰马等。
小菜蛾	成虫长 6～7 mm,前后翅细长,缘毛很长,前翅前半部灰褐色,中央有一纵向的三度弯曲的黑色波状纹,后面部分为灰白色,两翅合拢时呈 3 个接连的菱形斑。老熟幼虫长 9～12 mm,纺锤形,前胸背板上有淡褐色无毛的小点组成两个"U"字形纹。臀足向后伸超过腹部末端。	1 年发生 3～19 代,以蛹或老熟幼虫越冬。成虫昼伏夜出,有趋光性。卵多在夜间产于叶背近叶脉凹陷处。幼虫较活泼,触之,则激烈扭动并后退。老熟幼虫在叶背或枯叶上作茧化蛹。	及时清除残枝落叶,随即翻耕;用性引诱剂或黑光灯诱杀成虫;用苏云金杆菌、灭幼脲、溴氰菊酯、杀灭菊酯等喷雾。

二、工作准备

(1)实施场所　粮油作物生产基地、多媒体实训室。

(2)仪器与用具　放大镜、体视显微镜、镊子、捕虫网、采集瓶、搪瓷盆、诱蛾灯、各种杀虫剂、喷雾器、调查记载表等。

(3)标本与材料　黏虫、斜纹夜蛾、稻纵卷叶螟、草地螟、甘薯麦蛾、稻弄蝶、甘薯天蛾、豆天蛾、菜青虫、小菜蛾、蝗虫等各虫态永久标本及破坏性(浸渍、针插)标本及挂图。

(4)其他　教材、资料单、PPT、影像资料、相关图书、网上资源等。

【任务设计与实施】

一、任务设计

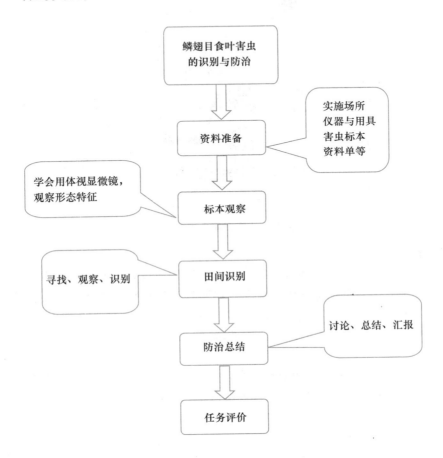

二、任务实施

(一)体视显微镜的使用

1. 使用方法

体视显微镜(双筒解剖镜)(图 1-7)的一般操作步骤如下:

(1)根据观察物体颜色选择载物台(有黑、白两色),使观察衬托清晰,并将观察物放在载物台中心。

(2)根据观察需要确定放大倍数,然后松开锁紧手轮,用手稳住升降支架,一手托住镜身,慢慢拉出或压入升降支架,调节工作距离,至能够看到观察物时,再扭紧

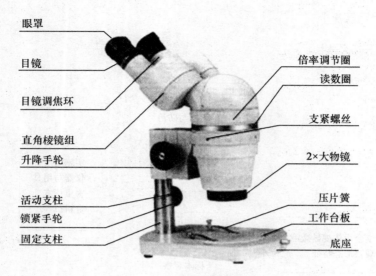

图 1-7　体视显微镜构造图

锁紧手轮,固定住镜身。

　　(3)先用低倍目镜和物镜观察,转动调焦手轮(升降螺丝),至左眼看清物像,然后转动右镜管上的目镜调丝环至两眼能够同时看到具有立体感的清晰物像,即可观察。不同的操作人员,可以根据需要调节两镜筒间距,以便适合工作者的双眼观察。调焦手轮(升降螺丝)升降有一定的范围,当拧不动时,不能强用力,以免损坏显微镜。

　　(4)如果需要改用高倍镜细致观察,可先将观察部分调至低倍镜视野中心,再拨动转盘,更换需要的放大倍数进行观察(连续变焦的不需要)。

　　(5)体视显微镜成像为正像,观察时与实物方位一致,这与一般光学显微镜形成倒像不同。

　　(6)观察高倍镜时,一般利用自然散射日光,必要时可以打开室内灯光照明。

　　2.保养与使用注意事项

　　(1)每次观察完毕后,应及时降低镜体,取下载物台面上的观察物,将台面擦拭干净;将物镜、目镜装入镜盒内,目镜筒用防尘罩盖好装入木箱,加锁。

　　(2)体视显微镜和一般的精密光学仪器一样,应放置在阴凉、干燥、洁净无尘和无酸碱性蒸汽之处保管,防潮、防震、防霉、防腐蚀。

　　(3)显微镜镜头内的透镜都经过严格较验,不得自行拆开,镜面上如有污秽,可用脱脂棉或擦镜纸蘸少量二甲苯或酒精、乙醚混合溶液轻轻擦拭,注意绝不可使酒精渗入透镜内部,以免溶解透镜镜胶,损坏镜头。镜面的灰尘可用软毛笔或擦镜纸轻拭,镜身可用清洁软绸缎或细绒布擦净,切忌使用硬物,以免擦伤。

(4)齿轮滑动槽面等转动部分的油脂如因日久形成污垢或硬化,影响螺旋转动时,可用二甲苯将陈脂除去,再擦少量无酸动物油脂或无酸凡士林润滑油,注意油脂不可接触光学零件,以免损坏。

(二)昆虫及鳞翅目食叶害虫标本观察

以小组为单位,用体视显微镜或放大镜观察下列内容:

(1)昆虫基本特征观察　观察蝗虫成虫体躯的基本构造,认识昆虫的外部形态特征。

(2)咀嚼式口器观察　观察、解剖某种鳞翅目食叶害虫幼虫的口器,认识咀嚼式口器的基本构造与为害状。

(3)鳞翅目食叶害虫观察　观察黏虫、斜纹夜蛾、稻纵卷叶螟、草地螟、甘薯麦蛾、稻弄蝶、甘薯天蛾、豆天蛾、菜青虫、小菜蛾等昆虫的成虫、卵、幼虫、蛹的形态特征及为害状,认识其成虫和幼虫 2～3 个重要识别特征,从而能将各种鳞翅目食叶害虫的成虫、幼虫区别开,同时能够总结出鳞翅目昆虫的共同特征。

没有标本的,通过挂图观察、多媒体课件讲授、观看视频、查阅教材等方法进行学习。

(三)鳞翅目食叶害虫田间识别与观察

(1)寻找教学现场　在教师准备好教学现场的前提下,引导学生在课前以小组为单位到粮油作物生产基地或者附近农田,寻找黏虫、斜纹夜蛾、稻纵卷叶螟、草地螟、甘薯麦蛾、稻弄蝶、甘薯天蛾、豆天蛾、菜青虫、小菜蛾等害虫的发生场所,以备本工作任务的实施。

(2)食叶害虫识别　对所找的食叶害虫进行认真、细致地观察其形态特征与为害状,然后对照教材或参考读物查询到是哪一种或哪一类? 能否在周围发现其他虫态? 可否观察到这种害虫的一些重要习性? 如小菜蛾幼虫活泼,受惊扰时可扭曲身体后退,或吐丝下垂,待惊动后再爬至叶上;稻纵卷叶螟幼虫可吐丝将叶片卷成管形虫苞等等。可否利用这些习性进行防治? 同时给害虫及为害状进行拍照,采集害虫各虫态的标本。

(四)鳞翅目食叶害虫防治总结

以小组为单位讨论、总结、汇报:防治鳞翅目食叶害虫可采取哪些措施? 可用哪些药剂防治? 防治幼虫,什么时间用药最好?

【任务评价】

评价内容	评价标准	分值	评价人	得分
体视显微镜的使用	使用方法正确、操作规范、无损坏	10 分	组内互评	
昆虫及鳞翅目食叶害虫标本观察	观察认真,认识种类多,能正确识别当地常见的 10 种鳞翅目食叶害虫标本	30 分	组内互评	
鳞翅目食叶害虫田间识别与观察	找到的害虫种类较多,观察细致,害虫识别准确	30 分	教师	
鳞翅目食叶害虫防治总结	讨论认真,结论正确	20 分	师生共评	
团队协作	小组成员间团结协作,本组任务完成好	5 分	组内互评	
职业素质	责任心强,学习主动、认真、方法多样	5 分	组内互评	

【任务拓展】

农业昆虫的主要类群

为了识别昆虫,利用益虫和控制害虫,以外部形态特征作为主要依据,按照昆虫分类的单元(界、门、纲、目、科、属、种 7 个等级)对昆虫进行分类。与农业生产关系密切的昆虫类群主要有:

1.鳞翅目

根据触角的类型与活动习性,分为蛾类与蝶类。蝶类触角球杆状,白天活动,休止时四翅立竖于背,被蛹多有棱角;蛾类触角多样,但非球杆状,成虫多夜间活动,休止时四翅覆于腹背或平展,被蛹无棱角。

(1)粉蝶科　体中型,多为白色、黄色、橙色或杂有黑色或红色点。前翅三角形,后翅卵圆形。幼虫圆筒形,多皱纹,多绒毛。幼虫主要为害十字花科、豆科及蔷薇科植物。如菜粉蝶、斑粉蝶。

(2)弄蝶科　体小至中型,体粗壮,黑褐色,触角锤状,端部带钩。休止时两翅竖起两翅平铺,幼虫头大颈细,缀叶为害,如直纹稻苞虫、隐纹稻苞虫等。

(3)螟蛾科　体小至中型,体瘦长,色淡,触角丝状,下唇须发达多直伸前方。前翅狭长三角形,鳞片排列紧凑。幼虫钻蛀或卷叶为害。如二化螟、玉米螟、桃蛀螟等。

(4)夜蛾科　体多中至大型,色淡,触角丝状或羽状。前翅多斑纹,后翅宽色淡。如大螟、小地老虎、烟青虫等。

(5)麦蛾科　体小型、色略暗淡。前翅窄长,端部尖锐,后翅菜刀状,前后翅缘毛均很长。幼虫淡白带红色,腹足有时退化,卷叶、潜叶或钻蛀为害。如甘薯麦蛾等。

与农业生产关系密切的还有凤蝶科、菜蛾科、天蛾科、毒蛾科、灯蛾科、尺蛾科、卷蛾科等。

2.鞘翅目

(1)金龟甲总科　体小至大型,圆筒形,触角鳃叶状。前足近乎开掘足,胫节扁,其上具齿,适于开掘。鞘翅常不及腹末,中胸小盾片多外露(食粪者,多不外露)。幼虫呈"C"字形,乳白色,称蛴螬,胸足发达,生活在地下或腐败物中。如华北大黑鳃金龟、铜绿丽金龟等。

(2)象甲科　小至大型,多被鳞片;额和颊向前延伸形成明显的喙,口器生于其顶端;触角膝状,末端3节膨大呈棒状;鞘翅长,多盖及腹端。幼虫体柔软,肥胖而弯曲,无足。成、幼虫均植食性。常见的有稻象甲、甘薯小象甲等。

(3)瓢甲科　体小至中型,体背隆起呈半球形。鞘翅常具红、黄、黑等星斑。头小,部分隐藏在前胸背板下。触角短小,锤状。幼虫活泼,多毛瘤,少数种类体上有分枝的毛状棘刺或白色蜡粉。肉食性和植食性。如七星瓢虫、异色瓢虫、龟纹瓢虫、马铃薯瓢虫等。

与农业生产关系密切的还有虎甲科、步甲科、天牛科、叩头甲科、豆象科、叶甲科等。

3.直翅目

体多为中至大型,咀嚼式口器,触角多为丝状,前胸背板发达,呈马鞍形,前翅为覆翅,后翅膜质纵折,后足跳跃式或前足开掘式。腹部有尾须,产卵器发达。多为植食性,不完全变态。

(1)蝗科　触角短于身体,听器着生在第一腹节两侧,后足跳跃式,产卵器凿状,尾须短不分节。如东亚飞蝗、中华稻蝗等。

(2)蝼蛄科　触角比体短,听器在前足胫节内侧,前足开掘式,后翅长,纵折伸过腹末如尾状,尾须长,产卵器不发达,不外露,植食性,土栖。如华北蝼蛄、东方蝼蛄等。

本目还有螽斯科、蟋蟀科等。

4.半翅目

统称椿象,简称蝽。体小至中型,体多扁平坚硬,刺吸式口器,前胸背板发达,中胸小盾片三角形。陆生种类多有发达的臭腺。不全变态,多为植食性的害虫;少数为肉食性的天敌种类,如猎蝽、小花蝽等。

（1）蝽科　触角多 5 节，喙 4 节，具单眼。小盾片发达三角形，前翅膜区有纵脉，且多出自一基横脉上。如斑须蝽、稻绿蝽等。

（2）盲蝽科　小至中型。触角 4 节；无单眼；喙 4 节，第 1 节与头部等长或略长；前翅分为革区、爪区、楔区和膜区 4 个部分，膜区仅有 1～2 个翅室，纵脉消失。常见的有三点盲蝽、牧草盲蝽、绿盲蝽等。

与农业生产有关的科还有缘蝽科、猎蝽科等。

5. 同翅目

体小至大型，刺吸式口器，喙分节。复眼发达，触角刚毛状或丝状。前翅质地均匀，膜质或革质，少数种类无翅。繁殖方式多样，常有转主和世代交替现象，不全变态。植食性，以刺吸式口器吸食植物汁液，有些种类并能传播植物病毒，如叶蝉。部分种类排泄物中多糖分，常诱致植物发生煤烟病，如蚜虫、介壳虫等。

（1）叶蝉科　体小至中型，一般细长。头部较圆，不窄于胸部，触角刚毛状，生于两复眼间。前翅加厚不透明，后足胫节密生两排刺。如稻黑尾叶蝉、茶小绿叶蝉等。

（2）飞虱科　体小型，头部较狭，一般窄于胸部。触角锥状，生于两复眼之下。前翅不加厚，透明，后足胫节少刺，末端生一大距。如稻灰飞虱、白背飞虱、褐飞虱等。

（3）蚜科　体小型，触角丝状，翅透明，前翅翅痣发达，腹部第 6 节背面两侧生腹管 1 对，腹部末节中央有突起尾片，常有世代交替或转主现象。如禾谷缢管蚜、桃蚜等。

与农业生产关系密切的还有粉虱科等。

6. 膜翅目

既有益虫又有害虫。虫体大小悬殊。触角丝状或膝状，口器咀嚼式或嚼吸式。两对翅同为膜质。全变态。幼虫多足型或无足型。裸蛹，有的有茧。食性复杂，有植食性、捕食性和寄生性等。大部分种类对人类有益，属天敌昆虫。

与农业生产有关的科是叶蜂科、茎蜂科、姬蜂科、赤眼蜂科、小蜂科、金蜂科等。

7. 双翅目

体小到中型。成虫多为刺吸式或舐吸式口器，触角丝状、具芒状或其他形状。前翅膜质，后翅退化为平衡棍。全变态。幼虫蛆形，无足型，多数围蛹，少数被蛹。肉食、粪食或腐食性。

与农业生产有关的科有瘿蚊科、食蚜蝇科、寄蝇科、潜叶蝇科、黄潜蝇科、花蝇科等。

8.缨翅目

体小型,两对翅全为缨翅,口器锉吸式,足短小而末端有泡(即中垫),为不完全变态。蓟马多数植食性,是农作物的重要害虫。少数捕食性,捕食蚜虫、螨类等。

农业上重要的科有蓟马科、管蓟马科等。

9.脉翅目

几乎全为益虫,成虫、幼虫均捕食。体小至大型,柔软。翅膜质,脉多如网。口器咀嚼式。全变态。

农业上重要的科有草蛉科、粉蛉科等。

工作任务二　鞘翅目及其他食叶类害虫的识别与防治

【任务准备】

一、知识准备

鞘翅目昆虫统称甲虫,是昆虫纲中最大的类群。小至大型,体壁坚硬,前翅为鞘翅,后翅为膜质翅,咀嚼式口器,触角 10～11 节,有丝状、锯状、锤状、膝状或鳃叶状等,复眼发达,无单眼,中胸小盾片呈三角形。多数为全变态。幼虫为寡足型或无足型。本目昆虫食性复杂,有植食性、肉食性、腐食性、杂食性的类群。以成虫、幼虫为害。成虫以食叶为害为主,有假死性;幼虫可食叶、蛀食根、茎、果实,有群聚性。可利用成虫的假死性人工捕杀成虫,药剂防治幼虫时,在低龄幼虫期使用具有触杀和胃毒作用的杀虫剂喷雾、土壤处理,易获得较好的防治效果。

(一)稻象甲

1.为害状识别

稻象甲属鞘翅目象甲科。分布在北起黑龙江,南至广东、海南,西抵甘肃、四川、云南和西藏,东达沿海各地和台湾。寄主植物除水稻外,还有麦类、玉米等禾本科植物和杂草,瓜类、番茄、大豆、棉花、油菜等。成虫以管状喙咬食秧苗茎叶,被害心叶抽出后,轻的呈现一横排小孔,重的秧叶折断,飘浮水面。幼虫食害稻株幼嫩须根,导致叶尖发黄,生长不良。严重时不能抽穗,或造成秕谷,甚至成片枯死。

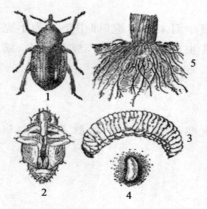

图 1-8　稻象甲

1. 成虫　2. 蛹　3. 幼虫
4. 卵　5. 为害状

2. 形态识别（图 1-8）

成虫：体长约 5 mm，暗褐色，体表密布灰褐色鳞片。头部伸长如象鼻，触角红褐色，末端膨大，着生在近端部的象鼻嘴上，两翅鞘上各有 10 条纵沟，下方各有一长形小白斑。

卵：椭圆形，长 0.6～0.9 mm，初产时乳白色，后变为淡黄色半透明而有光泽。

幼虫：长 9 mm，蛆形，稍向腹面弯曲，体肥壮多皱纹，头部褐色，胸腹部乳白色，很像一颗白米饭。

蛹：离蛹，长约 5 mm，初乳白色，后变灰色，腹面多细皱纹。

3. 发生规律

1 年生 1～2 代，1 代区主要以幼虫和少量蛹在稻茬根须间越冬，亦有少量成虫在田边杂草、稻茬茎腔及土表下越冬；2 代区以成虫为主，幼虫也能越冬，个别以蛹越冬。成虫早晚活动，白天躲在秧田或稻丛基部株间或田埂的草丛中，有假死性和趋光性，善游水，好攀登。产卵前先在离水面 3 cm 左右的稻茎或叶鞘上咬一小孔，每孔产卵 3～20 粒，幼虫孵出后，在叶鞘内短暂停留取食后，沿稻茎钻入土中，一般都群聚在土下深 2～3 cm 处，取食水稻的幼嫩须根和腐殖质。老熟后在稻根附近土下 3～7 cm 处筑土室化蛹。生产上通气性好，含水量较低的沙壤田、干燥田、旱秧田易受害。春暖多雨，利其化蛹和羽化，早稻分蘖期多雨利于成虫产卵。

4. 防治方法

（1）农业防治　提倡免耕、少耕与深耕轮换，以降低越冬虫源基数。铲除田边、沟边杂草，清除越冬成虫。

（2）物理机械防治　①成虫有假死性，用手触之即跌下水面假死，可每 667 m² 用坭粉 25 kg 拌煤油 1 kg 均匀撒施稻田中，用竹竿扫落杀之。②糖醋草把诱杀。先按酒∶糖∶醋∶水为 1∶2∶5∶10 的比例配成糖醋酒液备用，也可加入适量农药，再将稻草或麦草扎成 33 cm 的草把，将草把洒上配好的糖醋酒液后，用 33 cm 长的小棍均匀插入田中，每 667 m² 插 20 个左右，草把的下端与秧苗接近。傍晚插，早上拔起草把捕杀成虫，如此连续诱杀 3～5 d，即可基本捕杀全部成虫，控制为害。③可用南瓜、红薯切成片，或用香蕉皮、米糠等置于稻行间进行诱杀。

（3）化学防治　　目前登记用于防治稻象甲的药剂有三唑磷、醚菊酯、马拉硫磷、丁硫克百威、吡虫啉、甲基异柳磷、水胺硫磷等。此外,氯虫苯甲酰胺、毒死蜱对稻象甲也有较好的防治效果。防治稻象甲成虫,在成虫盛发高峰期用药,如用40%甲基异柳磷乳油 100 mL/667 m² 或 10%吡虫啉可湿性粉剂 20 g/667 m² 对水喷雾。防治幼虫,在卵孵化高峰期至幼虫入土初期用药,如用 40%甲基异柳磷乳油 175 mL/667 m² 配制成毒土,应先排干田水,将毒土撒在稻行间,然后耖入土中,杀死幼虫。

(二)甘薯小象甲

1. 为害状识别

甘薯小象甲亦称甘薯象甲、甘薯小象虫。属鞘翅目蚁象甲科。国内分布于浙江、江西、湖南、福建、台湾、广东、广西、贵州、四川及云南等省,是国际和国内植物检疫性害虫。该虫主要为害甘薯、蕹菜、野牵牛等旋花科植物。成虫和幼虫均能为害,以幼虫为主。成虫啃食嫩芽、嫩茎和叶,并将外露薯块啃成许多小孔,影响产量和品质。幼虫蛀害薯蔓和块根,受害薯块有恶臭和苦味,不能食用和饲用,且能导致黑斑病、软腐病等病菌侵染而腐烂霉坏,甘薯质量下降。

2. 形态识别(图 1-9)

成虫:体长 5～8 mm,体形细长如蚁。体大部分蓝黑色而有金属光泽,触角末节、前胸和足呈橘红色。头部延伸成细长的喙,状如象鼻,膝状触角 10 节。前胸长为宽的 2 倍,在后部 1/3 处缩入如颈状。

卵:椭圆形,表面有小刻点,长 0.5～0.65 mm,初产乳白色,渐变淡黄色。

幼虫:体长 6.0～8.5 mm,圆筒形。头部淡褐色,胴部乳白色,胸腹足退化。

蛹:长 4.7～5.8 mm,初乳白色,渐变黄色,腹部各节背面有 1 对小突起,尾端有 1 对尾须。

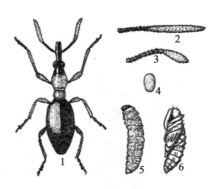

图 1-9　甘薯小象甲
1. 雄成虫　2. 雄成虫触角　3. 雌成虫触角
4. 卵　5. 幼虫　6. 蛹

3. 发生规律

1 年发生 3～8 代,有世代重叠现象。主要以成虫在田间和贮藏薯块中及茎、叶、土缝等隐蔽处越冬,幼虫和蛹也能在薯块中越冬。各地全年以 7～10 月是为害最严重的时期。成虫飞翔力弱,怕直射日光,有假死性。卵多散产在薯块的皮层下,其次是较粗的薯蔓上,产卵孔口一般盖有胶质物。幼虫期在薯块或藤头内生活,薯块内部被幼虫蛀食成不定形的弯曲隧道,隧道内充满虫粪,伤口诱致病菌侵入,使受害薯块发生恶臭和苦味。老熟幼虫在隧道末端近表层处化蛹。气候温暖,管理粗放,连作,土壤黏重、缺乏有机质、干燥、酸性发生较重。

4.防治方法

(1)严格植物检疫制度 对带虫薯苗用氯化苦熏蒸处理。

(2)农业防治 清洁田园,防止成虫逃逸;与花生、玉米等进行轮作;改良土壤,适时中耕培土,防止薯块外露。

(3)诱杀成虫 越冬成虫开始活动觅食时,可用小薯块浸90%敌百虫晶体500倍液诱杀。

(4)化学防治 苗地、种苗和越冬薯地可用90%敌百虫晶体500~800倍液、50%杀螟松乳油1500倍液喷雾。或扦插前把薯苗浸在50%杀螟松乳油或40%乐果乳油500倍液中1 min,取出晾干扦插,有较好的杀虫保苗效果。

(三)黄曲条跳甲

黄条跳甲属鞘翅目叶甲科,包括黄曲条跳甲、黄直条跳甲、黄狭条跳甲和黄宽条跳甲4种,其中黄曲条跳甲最为常见。

1.为害状识别

黄曲条跳甲俗称狗虱虫、跳虱,简称跳甲。分布广,南方为害较重。主要为害油菜、萝卜等十字花科蔬菜,但也为害茄果类、瓜类、豆类蔬菜。以成虫和幼虫危害。成虫咬食叶片成无数小孔,影响光合作用,严重时致整株菜苗枯死,还可加害留种株的嫩荚,影响留种;幼虫在土中危害菜根,蛀食根皮等,咬断须根,严重者造成植株地上部叶片萎蔫枯死。该虫除直接危害菜株外,还可传播细菌性软腐病和黑腐病,造成更大的危害。

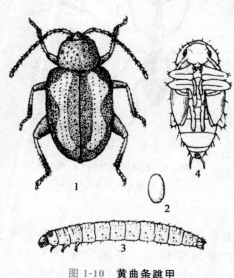

图 1-10 黄曲条跳甲
1.成虫 2.卵 3.幼虫 4.蛹

2.形态识别(图1-10)

成虫:体长约2 mm,长椭圆形,黑色有光泽。前胸背板及鞘翅上有许多刻点,排成纵行。鞘翅中央有一黄色纵条,两端大,中央狭,外侧的中部凹曲很深,内侧中部直形,仅前后两端向内弯曲。后足腿节膨大,善跳。

卵:长约 0.3 mm,椭圆形,初产时淡黄色,后变姜黄色。

幼虫:老熟幼虫体长 4 mm 左右,长圆筒形,乳白色。胸足发达,头部、前胸背板淡褐色,胸腹部黄白色,各节有不显著的肉瘤。

蛹:长约 2 mm,椭圆形,乳白色,头部隐于前胸下面,翅芽和足达第 5 腹节,腹末有一对叉状突起。

3. 发生规律

1 年发生 4~8 代,在华南地区可终年繁殖。岭南以北各地均以成虫在田间、沟边的落叶、杂草及土缝中越冬,越冬期间如气温回升 10℃ 以上,仍能出土在叶背取食为害。越冬成虫于 3 月中下旬开始出蛰活动,取食为害,随着气温升高活动加强。4 月上旬开始产卵,有世代重叠现象。春季 1、2 代(5、6 月)和秋季 5、6 代(9、10 月)为主害代,为害严重,盛夏高温季节发生为害较少。成虫善跳,在中午前后活动最盛,趋黄性和趋嫩绿习性明显。成虫喜产卵于根部周围土壤缝隙内或细根上,以越冬代成虫产卵量最多。

春秋季雨水偏多,有利于发生。黄曲条跳甲的适温范围 21~30℃,夏季高温季节,有蛰伏现象。黄曲条跳甲属寡食性害虫,偏嗜十字花科蔬菜。一般十字花科蔬菜连作地区,受害重。

> **议一议**
>
> "黄曲条跳甲"每个字各有何含义?

4. 防治方法

(1)农业防治　①避免十字花科蔬菜,特别是青菜类连作,越冬寄主田更不能连作青菜。②清除菜地残株败叶,铲除杂草。播种前深耕晒土,消灭部分蛹。

(2)化学防治　防治适期掌握在成虫产卵前,重点要放在蔬菜苗期。①土壤处理:连作油菜在耕翻播种时,均匀撒施 5% 辛硫磷颗粒剂 2~3 kg/667 m²,可杀死黄曲条跳甲的幼虫和蛹,残效期在 20 d 以上。②生长期防治:用 90% 晶体敌百虫 50 g/667 m² 对水 50 kg 喷雾,或用 40% 菊杀乳油 2 000~3 000 倍液,5% 卡死克乳油 4 000 倍液喷雾,或用药液灌浇根部。注意防治成虫宜在早晨和傍晚喷药。

（四）鞘翅目食叶类其他害虫（表1-2）

表1-2　鞘翅目食叶类其他害虫

虫名	形态识别	发生规律	防治方法
甘薯大象甲	成虫长11.9～14.1 mm,黑色或黑褐色,头小,管状喙微弯曲。触角膝状。每鞘翅上有纵沟10条,纵沟内刻点大而明显。老熟幼虫14.5～16.5 mm。乳白色,体形前窄后肥大,向腹面弯曲。	1年发生1～3代,以成虫在岩石、土缝及树皮缝中越冬,少数以幼虫在越冬薯的虫瘿内越冬。成虫善于爬行,具假死性,畏阳光。幼虫孵化后蛀入茎内和叶柄内为害,形成虫瘿。冬季温暖,发生期干旱少雨,为害重。甘薯大规模的连种区,发生较重。	参照甘薯小象甲。
油菜蓝色叶甲	成虫长2.5～3.0 mm,蓝黑色有光泽,长椭圆形,鞘翅上有细小刻点11纵行,后足发达。末龄幼虫长7～8 mm,扁圆柱形,淡黄白色,头及前胸背板黑褐色,臀板末端有两个短小分叉。	1年发生1代,以成虫在田间、沟边的落叶、杂草及土缝中越冬。成虫群聚在嫩叶、嫩荚取食为害,产卵于土表及地面的叶柄内,幼虫孵化后潜入油菜叶柄、茎秆及根内为害,形成短而粗的隧道。老熟后入土化蛹。天旱年份为害严重。	参照黄曲条跳甲。
油菜茎象甲	成虫长3.0～3.5 mm,灰黑色,密生灰白色绒毛,喙细长,圆柱形。触角膝状。前胸背板上具粗刻点,中央具一凹线,每个鞘翅上各生纵沟9条。末龄幼虫体长6～7 mm,纺锤形,头大,无足,黄褐色。	1年发生1代,以成虫在油菜田土缝中越冬。成虫有假死性,雌成虫在油菜茎上,咬一小孔,把卵产入,幼虫在茎中蛀食为害。土壤有机质含量高,植被丰富,发生重。	参照甘薯小象甲。

（五）东亚飞蝗

蝗虫俗称"蚂蚱",是直翅目短角亚目蝗总科昆虫的统称,中国有600多种,为害性大的有东亚飞蝗和亚洲飞蝗。除西藏和新疆外,各地均有分布,在长江以北、黄淮海地区经常发生。

1.为害状识别

东亚飞蝗主要为害小麦、玉米、高粱、粟、水稻、稷等多种禾本科植物。也可为害棉花、大豆、蔬菜等。成、若虫咬食植物的叶片和茎,大发生时成群迁飞,把成片的农作物吃成光秆。中国史籍中的蝗灾,主要是东亚飞蝗,先后发生过800多次。

2.形态识别

成虫:东亚飞蝗成虫有群居型、散居型、中间型3种类型。群居型体色为黑褐色,前胸背板中隆线较平直或微凹;散居型体色为绿色至黄褐色;前胸背板中隆线呈弧形隆起;中间型体色为灰色;触角丝状,多呈浅黄色,有复眼1对,单眼3个;前胸背板马鞍状,隆线发达,前翅发达,常超过后足胫节中部,具暗色斑纹和光泽;后翅无色透明;后足腿节内侧基半部黑色,近端部有黑色环,后足胫节红色。

卵:卵粒浅黄色,一端略尖,另一端稍圆微弯曲。卵块黄褐色或淡褐色,长筒形,中间略弯曲。

若虫:若虫共5龄,末龄蝗蛹体长26~40 mm,翅节长达第4、5腹节,群居型体长红褐色,散居型体色较浅,在绿色植物多的地方为绿色。

3.发生规律

东亚飞蝗北京以北每年发生1代,渤海湾、黄河下游、长江流域每年发生2代,广西、广东、台湾每年发生3代,海南可发生4代。各地均以卵在土中越冬。遇有干旱年份,荒地随天气干旱水面缩小而增大时,利于蝗虫生育,宜蝗面积增加,容易酿成蝗灾。飞蝗密度小时为散居型,密度大了以后,个体间相互接触,可逐渐聚集成群居型,群居型飞蝗有远距离迁飞的习性。地形低洼、沿海盐碱荒地、泛区、内涝区都易成为飞蝗的繁殖基地。成虫产卵时对地形、土壤性状、土面坚实度、植被等有明显的选择性。地势低洼积水,排水不良;土质黏重、土壤偏酸的田块;多年连作地,土壤得不到深耕,耕作层浅缺少有机肥;栽培过密、氮肥使用过多,株行间通风透光差;苗期低温多雨,成株期高温高湿或长期连阴雨的年份,有机肥未充分腐熟时发生为害较重。

> **看一看**
> **蝗虫数字诗**
> 一只蝗虫,二根触须,
> 三个单眼,四片翅翼,
> 五脏俱全,六条胸足,
> 七月产卵,八月出土,
> 九天翱翔,蹦劲十足。

4.防治方法

(1)农业防治 兴修水利,植树造林,垦荒种植,提高耕作和栽培技术,减少发生基地的面积。因地制宜种植飞蝗不喜食的作物,如甘薯、马铃薯、麻类等。合理施肥,增施磷钾肥;合理密植,增加田间通风透光度。

(2)生物防治 使用高效低毒生物农药,保护天敌。施用蝗虫微孢子虫30×10^9孢子/hm²。

(3)化学防治 要根据发生的面积和密度,做好飞机防治与地面机械防治相结合,全面扫残与重点挑治相结合,夏蝗重治与秋蝗扫残相结合。于蝗蝻3龄以前,喷洒下列药剂:4.5％高效氯氰菊酯乳油1 500～2 000倍液;10％氯氰菊酯乳油2 500～4 000倍液;5.7％氟氯氰菊酯乳油800～1 000倍液;2.5％溴氰菊酯乳油4 000倍液;20％氰·马(氰戊菊酯·马拉硫磷)乳油1 500倍液;60％敌百虫·马拉硫磷乳油800～1 000倍液;50％马拉硫磷乳油800倍液。大面积发生时,用25％辛·氰乳油1 200倍液、5％丁烯氟虫腈悬浮剂2 000～2 500倍液、25％除虫脲可湿性粉剂1 500倍液,采取飞机喷雾。

(六)小麦叶蜂

麦叶蜂俗称齐头虫、青布袋虫等,属膜翅目叶蜂科,有小麦叶蜂、黄麦叶蜂和大麦叶蜂3种。其中,小麦叶蜂最常见,分布在华北、东北、华东等地区。

1.为害状识别

小麦叶蜂为害大麦、小麦。以幼虫为害麦叶,从叶边缘向内咬成齐头状缺刻,重者可将叶尖全部吃光。

2.形态识别(图1-11)

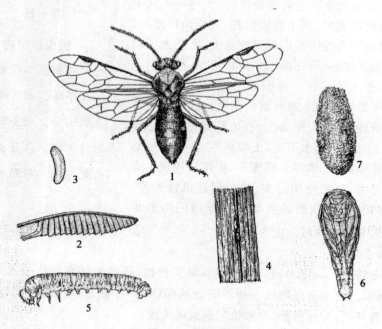

图1-11 小麦叶蜂

1.成虫 2.雌虫产卵器 3.卵
4.产于叶上的卵 5.幼虫 6.蛹 7.土茧

成虫：体长 8～9.8 mm，雄体略小，黑色微带蓝光，后胸两侧各有一白斑。翅透明膜质，雌虫腹末有锯状产卵器。

卵：肾形扁平，淡黄色，表面光滑。

幼虫：共 5 龄，老熟幼虫 17.7～18.8 mm，头深褐色，体灰绿色，多皱，胸部较粗，腹部较细，腹部 2～8 节及第 10 节各有一对腹足，腹足末端尖，有一弯曲的爪。

蛹：长 9～10 mm，雄蛹略小，淡黄到棕黑色。腹部细小，末端分叉。

3. 发生规律

小麦叶蜂在北方麦区一年发生 1 代，以蛹在土中越冬，3 月中下旬或稍早时成虫羽化，交配后用锯状产卵器沿叶背面主脉锯一裂缝，边锯边产卵，卵粒可连成一串。4 月上旬到 5 月初幼虫发生为害，幼虫有假死性。5 月上中旬老熟幼虫入土作土茧越夏，到 10 月间化蛹越冬。小麦叶蜂在冬季气温偏高，土壤水分充足，春季气温偏高、土壤湿度大适其发生，为害重。沙质土壤麦田比黏性土受害重。

4. 防治方法

(1)农业防治　在种麦前深耕时，可把土中休眠的幼虫翻出，使其不能正常化蛹，以致死亡；有条件的地区实行水旱轮作，进行稻麦倒茬，可消灭危害。

(2)人工捕打　利用麦叶蜂幼虫的假死习性，傍晚时进行捕打。

(3)药剂防治　在小麦孕穗期，幼虫 1～3 龄幼虫期，可以使用下列杀虫剂：80％敌敌畏乳油 50 mL/667 m²、50％辛硫磷乳油 50 mL/667 m²、40％氧乐果乳油 30～40 mL/667 m²、5％氯氰菊酯乳油 37 mL/667 m²、1.8％阿维菌素乳油 15 mL/667 m²、1％甲氨基阿维菌素苯甲酸盐乳油 5～10 mL/667 m²，也可用 2.5％敌百虫粉剂或 4.5％甲敌粉剂 1.5～2.5 kg/667 m² 喷粉，或掺细干土 20～25 kg 顺麦垄撒施。宜选择在傍晚或上午 10 时前。

二、工作准备

(1)实施场所　粮油作物生产基地、多媒体实训室。

(2)仪器与用具　放大镜、体视显微镜、镊子、采集瓶、各种杀虫剂、喷雾器、调查记载表等。

(3)标本与材料　稻象甲、甘薯小象甲、甘薯大象甲、油菜茎象甲、黄曲条跳甲、油菜蓝色叶甲、蝗虫、麦叶蜂等各虫态永久标本及破坏性(浸渍、针插)标本及挂图。

(4)其他　教材、PPT、资料单、影像资料、相关图书、网上资源等。

【任务设计与实施】

一、任务设计

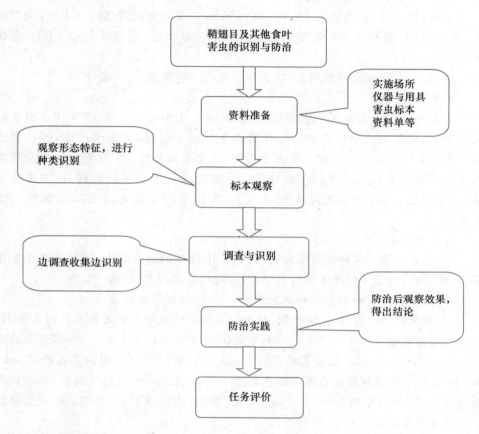

二、任务实施

（一）鞘翅目及其他食叶类害虫标本观察

观察稻象甲、甘薯小象甲、甘薯大象甲、油菜茎象甲、黄曲条跳甲、油菜蓝色叶甲、蝗虫、麦叶蜂等昆虫的成虫、卵、幼虫、蛹的形态特征及为害状，认识其成虫和幼虫2～3个重要识别特征，从而能将各种鞘翅目及其他食叶害虫的成虫、幼虫区别开，同时能够总结出鞘翅目昆虫的共同特征。

没有标本的，通过挂图观察、多媒体课件讲授、观看视频、查阅教材等方法进行学习。

(二)鞘翅目及其他食叶类害虫田间识别与观察

在教师准备好教学现场的前提下,引导学生在课前以小组为单位到粮油作物生产基地或者附近农田,寻找稻象甲、甘薯小象甲、甘薯大象甲、油菜茎象甲、黄曲条跳甲、油菜蓝色叶甲等鞘翅目害虫及蝗虫、麦叶蜂等其他食叶类害虫的发生场所,以备本工作任务的实施。

对所找的食叶害虫进行认真、细致地观察其形态特征与为害状,然后对照教材或参考读物查询到是哪一种或哪一类? 能否在周围发现其他虫态? 可否观察到这种害虫的一些重要习性? 如稻象甲有假死性和趋光性,善游水,好攀登;黄曲条跳甲在中午前后活动最盛,具有趋黄性等等。可否利用这些习性进行防治? 同时给害虫及为害状进行拍照,采集害虫各虫态的标本。

(三)鞘翅目及其他食叶类害虫防治示范

在粮油作物田间,以班级为单位,选取某种已经达到防治指标或发生较重的鞘翅目或其他食叶类害虫,师生共同制订防治方案,如果用化学防治法,需制订好药剂品种、施药方法、施药面积、药剂浓度或剂量、施药次数、施药间隔期等,然后实施。后以小组为单位每隔2 d检查一次防治效果,共4～6次。最后各组写出防治报告,全班统一讨论、分析、总结。

【任务评价】

评价内容	评价标准	分值	评价人	得分
标本观察	观察认真,认识种类多	30分	教师	
田间观察与识别	害虫识别准确,观察认真	40分	组间互评	
防治示范	防效调查数据合理,讨论踊跃	20分	师生共评	
团队协作	小组成员间团结协作	5分	组内互评	
职业素质	责任心强,学习主动、认真、方法多样	5分	组内互评	

【任务拓展】

正确认识农药

(一)农药类型

农药是在植物病虫害防治中广泛使用的各类药物的总称。常按农药的来源、用途及作用分类。

1.按农药的来源及化学性质分类

(1)矿物源农药 是指以天然矿物质为原料加工制成的农药。如硫酸铜、硫黄等。

（2）有机农药　是指通过有机化学合成的方法加工制成的农药。已成为使用最多的一类农药。如有机磷、氨基甲酸酯类和拟除虫菊酯类等。

（3）生物源农药　利用生物资源开发生产的农药。根据来源不同,可分为植物源农药、动物源农药、微生物源农药。如苦参碱、农用链霉素、苏云金杆菌、白僵菌等。

2.按农药的用途分类

（1）杀虫剂　以害虫为防治对象的农药,防治农林、卫生及仓储等害虫或有害节肢动物。根据药剂对害虫的作用方式,又可分为胃毒剂、内吸剂、触杀剂、熏蒸剂等。

（2）杀菌剂　能够直接杀灭或抑制植物病原菌生长和繁殖的农药,或能诱导植物产生抗病性能,抑制病害发展与危害的农药。

（3）杀螨剂　防治螨类的农药。

（4）杀鼠剂　专门杀灭鼠类等啮齿动物的农药。

（5）杀线虫剂　防治植物寄生性线虫的农药。

（6）除草剂　能够杀灭农田杂草的农药。根据对植物作用的性质,分为灭生性除草剂和选择性除草剂;根据除草剂的作用方式可分为触杀性除草剂、内吸传导性除草剂、激素性除草剂。

此外,还有杀软体动物剂、植物生长调节剂。

（二）农药的毒性与残留

1.农药的毒性

毒性是指农药对人畜及有益生物的毒害性质。农药的毒性常用致死中量 LD_{50} 来表示。致死中量是使试验动物死亡半数所需的剂量,一般用 mg/kg 为计算单位,这个数值越大,表示农药的毒性越小,农药的毒性（径口）分为剧毒（$\leqslant 5$ mg/kg）、高毒（$5\sim50$ mg/kg）、中毒（$50\sim500$ mg/kg）、低毒（$500\sim5\,000$ mg/kg）和微毒（$>5\,000$ mg/kg）。农药的毒性可以分为急性毒性、亚急性毒性和慢性毒性 3 种形式。

急性毒性是指一次服用或吸入药剂后,很快表现出中毒症状的毒性。亚急性毒性是指低于急性中毒剂量的农药,被长期（$1\sim4$ 周）连续进入体内,进而表现出中毒症状的毒性。慢性毒性是指长期接触或长期摄入小剂量某些农药后,6 个月以上逐渐表现中毒症状的毒性。

2.农药对植物的药害及防止措施

由于农药使用不当,而对农作物的生长发育及产品质量造成不良影响,称为药害。分为慢性药害和急性药害。慢性药害指在喷药后缓慢出现药害的现象。急性药害指在喷药后很快(几小时或几天内)出现药害的现象。要避免药害的发生,必须根据防治对象和农作物特点,正确选用农药,按规定的用量、浓度和时间使用农药。对已经出现药害的作物,可采用以下方法处理:清水冲洗、加强肥水管理、喷施缓解药害的药剂。

3.农药残留

是农药使用后一个时期内没有被分解而残留于生物体、收获物、土壤、水体、大气中的微量农药原体、有毒代谢物、降解物和杂质的总称。世界各国都存在着程度不同的农药残留问题。

农药残留会导致人畜急性中毒事故,慢性中毒导致疾病的发生,甚至影响到下一代,危害人的健康。由于不合理使用农药,特别是除草剂,导致药害事故频发,影响农业丰产增收。农药最高残留限量也成为各贸易国之间重要的技术壁垒,影响国际贸易。对于农药残留的控制,要做到选用抗病虫品种,合理轮作,加强田间管理,种子消毒和土壤消毒,使用诱杀措施。充分发挥田间天敌控制作用来防治有害生物。农药在使用中执行《农药合理使用准则》国家标准,选用高效低毒低残留对口农药,适时使用农药,严格控制浓度和使用次数,采用合理的用药方法,注意不同种类农药轮换使用,防止病虫产生抗药性,严格执行农药使用安全间隔期。

工作任务三　钻蛀类害虫的识别与防治

【任务准备】

一、知识准备

为害粮油作物的钻蛀性害虫主要分布在两个类群,一个是鳞翅目,例如螟蛾科的玉米螟、二化螟、三化螟、豆荚螟、高粱条螟、粟灰螟、粟穗螟、二点螟、桃蛀螟等,还有夜蛾科的棉铃虫、烟青虫、二点委夜蛾等,以及小卷蛾科的大豆食心虫等等,它们都是以幼虫钻蛀到作物茎秆、果穗(或果实)、心叶等内部取食造成为害;另一个是双翅目潜蝇科的豆秆黑潜蝇、油菜潜叶蝇、美洲斑潜蝇、南美斑潜蝇等,除豆秆黑潜蝇以幼虫蛀枝、蛀茎为害外,其他几种都是以幼虫在叶片中潜食叶肉,造成仅留上下表皮的细长隧道。

对于钻蛀性害虫,除早期预防外,抓住初孵幼虫尚未钻入植株之前这一有利时机是药剂防治的关键,尽管潜叶蝇类是将卵产于叶片的叶肉中,防治幼虫也要掌握在 2 龄前(虫道很小时)用药。

(一)玉米螟

玉米螟俗称玉米钻心虫,属鳞翅目螟蛾科。我国玉米螟共有 2 个种,亚洲玉米螟分布最广、为害最重,为世界性害虫,我国除青藏高原外各地均有分布。在华北、东北、华东及西北严重为害玉米等旱粮作物。欧洲玉米螟在我国的新疆和宁夏是主要发生区,在内蒙古呼和浩特、宁夏永宁和河北张家口一带与亚洲玉米螟混生,但仍以亚洲玉米螟为主。

1. 为害状识别

玉米螟的食性较杂,主要寄主有玉米、高粱、谷子、黍、棉花、大麻、甘蔗、向日葵、甜菜、甘薯等作物。野生寄主主要有艾蒿、野苋、苍耳、野蓼等。

玉米螟对玉米的为害最大,以幼虫蛀茎为害,破坏茎秆组织,影响养分输送,使植株受损,严重时茎秆遇风折断。初孵幼虫先取食嫩叶的叶肉,保留下表皮,3~4龄后咬食其他坚硬组织,心叶期则集中在心叶内为害。被害叶长出喇叭口后,呈现出不规则的半透明薄膜窗孔、孔洞或排孔,统称花叶;被害严重的叶片支离破碎不能展开,雄穗不能正常抽出。在孕穗时,心叶中的幼虫都集中到上部,为害幼嫩穗苞内未抽出的玉米雄穗。当玉米雄穗抽出后,大部分幼虫开始蛀入雄穗柄和雌穗以上的茎秆,造成雄穗及上部茎秆折断。到雌穗逐渐膨大或开始抽丝时,初孵幼虫喜集中在花丝内为害,其中部分大龄幼虫则向下转移蛀入雌穗着生节及其附近茎节,破坏营养物质的运输,严重影响雌穗的发育和籽粒的灌浆。这是蛀茎盛期,也是影响玉米产量最严重的时期。

为害高粱时,主要为害茎部。在孕穗前,幼虫多集中于心叶内为害,形成花叶。孕穗后为害苞叶内的嫩穗。抽穗后为害茎秆和穗茎,植株和穗茎容易折断,影响籽粒的灌浆和成熟。

为害谷子时,幼虫在靠近地面处蛀入茎秆。苗小时造成枯心苗,抽穗前受害则多数不能抽穗,抽穗后受害形成虫伤株,植株易被风吹折断。一般玉米螟的蛀孔高于二点螟,蛀孔外有虫粪,可将它们区别开。

2. 形态识别(图 1-12)

成虫:雄蛾体长 10~14 mm,翅展 20~26 mm,褐黄色。前翅内横线为暗褐色波状纹,外横线为暗褐色锯齿状纹,两线之间有 2 个褐色斑。外缘线与外横线间有 1 条宽大的褐色带。后翅淡褐色,亦有褐色横线,当翅展开时,与前翅内外横线正好相接。雌蛾体长 13~15 mm,翅展 25~34 mm,前翅淡黄色,不及雄蛾鲜艳,内、外横线及斑纹不明显,后翅黄白色,腹部较肥大。

卵:扁椭圆形,长约 1 mm,宽 0.8 mm。一般 20～60 粒黏在一起,排列成鱼鳞状,边缘不整齐。初产时乳白色,后变为黄白色,半透明,临孵化前颜色灰黄。

老熟幼虫:体长 20～30 mm,淡褐色。头壳及前胸背板深褐色,有光泽,体背灰黄或微褐色,背线明显,暗褐色。中、后胸毛片每节 4 个,腹部 1～8 节每节 6 个,前排 4 个较大,后排 2 个较小。

蛹:体长 15～18 mm,纺锤形,红褐色或黄褐色。尾端臀棘黑褐色,尖端有 5～8 根钩刺,缠连于丝上,黏附于虫道蛹室内壁。

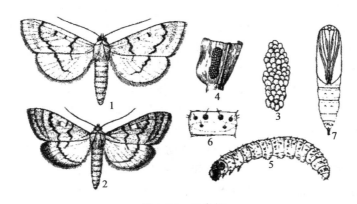

图 1-12　**玉米螟**

雌成虫　2.雄成虫　3.卵块　4.卵产于玉米叶背　5.幼虫　6.幼虫第 2 腹节背面　7.蛹

3.发生规律

(1)生活史　玉米螟在我国的年发生代数随纬度的变化而变化,1 年可发生 1～7 代。在北纬 45°以北的黑龙江和吉林的长白山区年发生 1 代;北纬 40°～45°间的吉林、辽宁及内蒙古大部分地区和河北北部年发生 2 代;北纬 30°～45°间的长江以北广大地区年发生 2～3 代;而在北纬 25°～20°间的广西、广东和台湾等地年发生 5～6 代;在同一省区,海拔高则代数相应减少。但各地的玉米螟均以末代老熟幼虫在寄主秸秆、穗轴或根茬中越冬。

各个世代以及每个虫态的发生期因地而异。在同一发生区也因年度间的气温变化而略有差别。通常情况下,第一代玉米螟的卵盛期在 1～3 代区大致为春玉米心叶期,幼虫蛀茎盛期为玉米雌穗抽丝始期;第二代卵和幼虫的发生盛期在 2～3 代

查一查

玉米螟在本地一年发生几代?

区大体为春玉米穗期和夏玉米心叶期;第三代卵和幼虫的发生期在 3 代区为夏玉米穗期。

(2)发生条件　影响玉米螟发生的因素主要有以下 4 个方面:①虫口基数。上一代虫口基数的多少,是影响玉米螟为害轻重的重要因素。虫口基数大,在环境条件适宜的情况下,往往造成严重的为害。②温湿度。玉米螟适于高温高湿条件下发育,各个虫态生长发育的适温为 16~30℃,相对湿度 60% 以上。玉米螟主要发生在 6~9 月,温度适宜。因此,玉米螟发生数量,决定于湿度和雨水。③玉米品种。玉米品种不同被害差异很大,玉米组织中存在一种抗螟物质丁布,成虫将卵产于丁布含量高的玉米品种上,其孵化的幼虫死亡率很高。④天敌。玉米螟的天敌种类很多,但对玉米螟抑制作用较大的是赤眼蜂。赤眼蜂寄生于玉米螟卵中,使卵不能正常孵化,或孵化的幼虫不能正常生长,对压低螟虫为害,能起到一定的作用。

4.防治方法

(1)农业防治　选用抗虫品种,如滑丰 986、郑单 958、张玉 9 号、浚单 18 等。越冬期防治,4 月底以前应把玉米秆、穗轴作为燃料烧完,或作饲料加工粉碎完毕。并应清除苍耳等杂草越冬寄主,这是消灭玉米螟的基础措施。

> **试一试**
>
> **赤眼蜂防治玉米螟**
>
> 无毒无害无污染,
>
> 省工省力又省钱,
>
> 放蜂时期掌握好,
>
> 以蜂治螟夺高产。

(2)生物防治　在玉米螟产卵始期至产卵盛末期,当田间玉米百株卵量达到 1~3 块时即为放蜂的最佳时期。每 667 m² 设 4~5 个放蜂点,第一次每 667 m² 放蜂 7 000~8 000 头,隔 5~7 d 再放第二次,每 667 m² 放蜂 12 000~13 000 头,每 667 m² 总放蜂量 20 000 头。用玉米叶把卵卡卷起来,卵卡高度距地面 1 m 为宜。

在心叶中期,用每克含孢子 100 亿以上的白僵菌粉 1 000 g 加水 1 000~2 000 L,灌注心叶,或用 1 000 g 杀螟杆菌加细土或炉灰 100~300 g。每株施于心叶内 2 g 左右。

(3)化学防治

心叶期防治:如果没在心叶中期施生物制剂,可在心叶末期,用 50% 辛硫磷乳油 1 kg,拌 50~75 kg 过筛的细砂制成颗粒剂,投撒玉米心叶内杀死幼虫,1.5~2 kg/hm² 辛硫磷即可。

穗期防治:用 50% 敌敌畏乳剂 0.5 kg,加水 500~600 L,在雌穗苞顶开一小口,注入少量药液,1 L 药液一般可灌雌穗 360 个。也可在花丝蔫须后,剪掉花丝,用90％的敌百虫0.5 kg、水150 kg、黏土250 kg配制成泥浆涂于剪口,效果良好。

（二）二化螟和三化螟

水稻二化螟和三化螟,俗称水稻钻心虫、水稻螟虫等,均属鳞翅目螟蛾科。

1.为害状识别

二化螟在国内分布很广,但以长江流域及以南各省区的丘陵山区发生较重。寄主除水稻外,还有玉米、谷子、甘蔗、茭白、芦苇及禾本科杂草。二化螟以幼虫为害水稻,造成枯心、枯鞘、半枯穗、死孕穗、白穗和虫伤株等症状。三化螟广泛分布于长江流域以南稻区,特别是沿江、沿海平原地区受害严重,北限近年已达北纬38°,即山东烟台附近。三化螟食性单一,只为害水稻,以幼虫钻蛀稻株,取食叶鞘组织、穗苞和稻茎内壁,分蘖期形成枯心,孕穗至抽穗期形成枯孕穗和白穗,转株为害还形成虫伤株,严重影响水稻生产。

2.形态识别（图1-13）

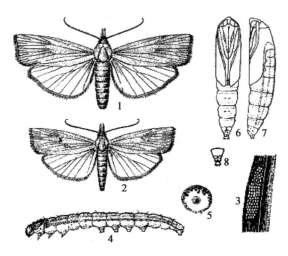

图1-13 二化螟

1.雌成虫 2.雄成虫 3.卵块 4.幼虫
5.幼虫腹足趾钩 6.雌蛹 7.雄蛹 8.腹部末端

二化螟和三化螟的形态特征区别见表1-3。

表 1-3　二化螟和三化螟的形态特征区别

虫态	二化螟	三化螟
成虫	体长 10～15 mm,翅展 20～31 mm,前翅近长方形。雌蛾前翅灰黄至淡褐色,翅面有一些褐色不规则小点,外缘有 7 个小黑点,后翅白色。雄蛾体稍小,翅色较深,前翅中央还有 1 个灰黑色斑点,下面有 3 个同色斑点。	体长 9～12 mm,翅展 18～36 mm。前翅为近三角形,雌蛾黄白色,翅中央有一明显黑点,腹部末端有一丛黄褐色茸毛。雄蛾灰黄色,前翅翅中央有一小黑点,由翅顶角斜向中央有一条暗褐色斜纹,外缘有 1 列 7～9 个小黑点。
卵	扁椭圆形,近孵化时为紫黑色。卵块多为长带状,卵粒呈鱼鳞状排列,上盖透明胶质物。	长椭圆形,卵粒叠 3 层,密集成块,上覆盖着褐色绒毛,像半粒发霉的大豆。
幼虫	老熟时体长 20～30 mm。头部及前胸背板黄褐色,胴部淡褐色,背面有 5 条紫褐色纵线。腹足较发达。	4～5 龄,老熟时长 20～30 mm,头淡黄褐色,胴部淡黄绿色或黄白色,背中线暗绿色。腹足不发达。
蛹	长 11～17 mm,圆筒形,初为黄褐色,腹部背面有 5 条棕色纵线,以后蛹变为红褐色,纵线渐消失。	长 10～15 mm,瘦长,初乳白色,后渐变为淡黄褐色有银色光泽,后足伸出翅芽外,雄蛹伸出较长。

3.发生规律

二化螟在我国一年发生 1～5 代,以幼虫在稻桩、稻草、茭白、玉米等根茬或茎秆中越冬。春季,老熟幼虫可爬出为害麦类、油菜、蚕豆等茎秆。由于越冬环境复杂,幼虫化蛹、羽化时间很不一致,故田间有世代重叠现象。

三化螟在我国从南至北每年发生 2～7 代,以老熟幼虫在稻桩内越冬。春季气温达 16℃时,开始化蛹。越冬蛹约经 14 d 羽化为成虫,飞往稻田产卵。

两种螟虫成虫均夜晚活动,有趋光性,喜在高大、茎粗、叶色浓绿的稻田产卵。刚孵出的幼虫称蚁螟,蚁螟蛀入稻茎的难易及存活率与水稻生育期有密切的关系:水稻分蘖期,稻株柔嫩,孕穗期稻穗外只有 1 层叶鞘,蚁螟很易从近水面的茎基部蛀入,孕穗末期,当剑叶叶鞘裂开,露出稻穗时,蚁螟极易侵入,其他生育期蚁螟蛀入率很低。因此,分蘖期和孕穗至破口露穗期这两个生育期,是水稻受螟害的"危险生育期"。二化螟的蛀茎能力比三化螟强,抗寒力强,且耐旱、耐淹。就栽培制度而言,纯双季稻区比多种稻混栽区螟害发生重;而在栽培技术上,基肥足,水稻健壮,抽穗迅速、整齐的稻田螟害轻;追肥过迟和偏施氮肥,水稻徒长,螟害重。二化螟寄主作物种类多,尤其是茭白较多的地方,有利于其繁殖为害,杂交稻田,其发生量大。天敌对二化螟的自然控制能力较强,已知的寄生蜂有29种,一般的寄生率达40%以上,还有寄生蝇、寄生菌和线虫等,与捕食性天敌,对其共同起抑制作用。

4.防治方法

采取防、避、治相结合的防治策略,以农业防治为基础,在掌握害虫发生期、发生量和危害程度的基础上合理施用化学农药。

(1)农业防治 主要采取消灭越冬虫源、灌水灭虫、避害等措施。①冬闲田在冬季或翌年早春3月底以前翻耕灌水。早稻草要放到远离晚稻田的地方暴晒,以防转移危害;晚稻草则要在春暖后化蛹前做燃料处理,烧死幼虫和蛹。②4月下旬至5月上旬,灌水淹没稻桩3~5 d,能淹死大部分老熟幼虫和蛹。③尽量避免单、双季稻混栽,可以有效切断虫源田和桥梁田之间的联系。

(2)生物防治 用杀螟杆菌1~2 kg对水500~1 000 kg,泼浇稻桩。

(3)药剂防治 为充分利用卵期天敌,应尽量避开卵孵盛期用药。一般在早、晚稻分蘖期或晚稻孕穗、抽穗期卵孵高峰后5~7 d,当枯鞘丛率5%~8%,或早稻每667 m²有中心受害株100株或丛害率1%~1.5%或晚稻受害团高于100个时,应及时用药防治;未达到防治指标的田块可挑治枯鞘团。一般每667 m²用78%精虫杀手可溶性粉剂40~50 g或80%杀虫单粉剂35~40 g或25%杀虫双水剂200~250 mL或20%三唑磷乳油100 mL,对水40~50 L喷雾,或对水200 L泼浇或400 L大水量泼浇。

(三)大豆食心虫

1.为害状识别

大豆食心虫属鳞翅目小卷蛾科。俗称大豆蛀荚虫、小红虫等。主要分布于东北、华北、西北和湖北、江苏、浙江、安徽、山东等地,以东北3省、河北、山东受害较重。食性较单一,主要为害大豆,也取食野生大豆和苦参。以幼虫蛀食豆荚,幼虫蛀入前均作一白丝网罩住幼虫,一般从豆荚合缝处蛀入,被害豆粒咬成沟道或残破状。

2.形态识别(图1-14)

成虫:体长5~6 mm,翅展12~14 mm,黄褐至暗褐色。前翅前缘有10条左右黑紫色短斜纹,外缘内侧中央银灰色,有3个纵列紫斑点。雄蛾前翅色较淡,有翅缰1根,腹部末端较钝。雌蛾前翅色较深,翅缰3根,腹部末端较尖。

卵:扁椭圆形,长约0.5 mm,橘黄色。

幼虫:体长8~10 mm,初孵时乳黄色,老熟时变为橙红色。

成虫

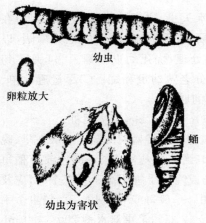

幼虫

卵粒放大

蛹

幼虫为害状

图 1-14　大豆食心虫

蛹:长约 6 mm,红褐色。腹末有 8~10根锯齿状尾刺。

3. 发生规律

大豆食心虫一年仅发生一代,以老熟幼虫在豆田、晒场及附近土内做茧越冬。翌年 7 月中下旬向土表移动化蛹,7 月下旬至 8 月初化为蛹盛期,蛹期对环境抵抗力弱。8 月上中旬为羽化盛期。7 月末到 9 月初,成虫羽化后由越冬场所逐渐飞往豆田,飞翔力不强。上午多潜伏在豆叶背面或荚秆上,受惊时才作短促飞翔。早期出现的成虫以雄虫为多,后期则多为雌虫,盛期性比大致为 1∶1。成虫有趋光性,黑光灯下可大量诱到成虫。成虫产卵时间多在黄昏。成虫产卵对豆荚部位、大小、品种特性等有明显的选择性。绝大多数的卵产在豆荚上,少数卵产于叶柄、侧枝及主茎上。以 3~5 cm 的豆荚上产卵最多,2 cm 以下的很少产卵;幼嫩绿荚上产卵较多,老黄荚上较少。一般豆荚上产卵 1~3 粒不等。

初孵幼虫行动敏捷,在豆荚上爬行时间一般不超过 8 h,个别可达 24 h 以上。8 月下旬为入荚盛期,入荚的幼虫可咬食约两个豆粒,并在荚内为害直达末龄,正值大豆成熟时,幼虫逐渐脱荚入土作茧越冬。

大豆食心虫喜中温高湿,高温干燥和低温多雨,均不利于成虫产卵。冬季低温会造成大量死亡。土壤的相对湿度为 10%~30% 时,有利于化蛹和羽化,低于 10% 时有不良影响,低于 5% 则不能羽化。大豆食心虫喜欢在多毛的品种上产卵,结荚时间长的品种受害重,大豆荚皮的木质化隔离层厚的品种对大豆食心虫幼虫钻蛀不利。

4. 防治方法

(1)农业防治　①选种抗虫品种。选种光荚大豆品种、木质化程度高的品种等。尽量选无荚毛和荚毛弯曲、木质隔离层结构好、入荚死亡率高的大豆品种。②合理轮作,尽量避免连作。③豆田翻耕,尤其是秋季翻耕,增加越冬死亡率。④大豆收获后一般采用的防治方法:一是边收边脱粒,这样可以防止食心虫收获后在荚内继续为害。二是收后垛前在大豆垛底施药,减少明年的虫源。三是豆田进行秋翻秋耙,破坏收割前脱荚入土的食心虫的越冬场所,增加死亡率。

(2)生物防治　赤眼蜂对大豆食心虫的寄生率较高。在8月上旬成虫产卵盛期放赤眼蜂一次,每亩放1万头蜂;5 d后第二次放蜂,每亩放1万头蜂。释放方法:首先要按照放蜂量、放蜂点数及有效赤眼蜂头数,将赤眼蜂成品蜂卡撕成小块,用针线别(缝)在放蜂点大豆植株秆上部。

撒施菌制剂。在8月末大豆食心虫幼虫脱荚入土前,用白僵菌菌土防治幼虫。方法是将每克含30亿活孢子的白僵菌菌粉按2∶50的比例配置成菌土,撒入田间或垄台上,使幼虫被白僵菌菌丝侵染而死亡。

(3)药剂防治　①敌敌畏熏蒸。在成虫盛发期每亩用80%敌敌畏乳油100～150 mL,用高粱秆或玉米秆切成20 cm长,吸足药液制成药棒,亩播40～50棒熏蒸成虫,注意敌敌畏对高粱有药害。②喷粉。用20%倍硫磷粉剂,可用2%杀螟松粉剂或用3%混灭威粉剂,每667 m²用1.5～2 kg。③喷雾。成虫产卵盛期,喷施2%阿维菌素3 000倍液+25%灭幼脲1 500倍液,幼虫入荚前,再喷一次。也可选用10%多来悬浮剂65～130 mL/667 m²,或10%氯氰菊酯乳油35～45 mL/667 m²,或5.7%百树得乳油26～44 mL/667 m²等。

(四)棉铃虫

棉铃虫别名玉米穗虫、棉桃虫、钻心虫、青虫、棉铃实夜蛾等,属鳞翅目夜蛾科。

1. 为害状识别

棉铃虫广泛分布于世界各地,我国各省区也普遍发生。食性很杂,已知有200多种寄主植物,在农作物中有棉花、玉米、小麦、豌豆、芝麻、烟草、番茄、茄子、辣椒、马铃薯、甘蓝、南瓜等。幼虫为害小麦,食叶成缺刻或孔洞,蛀食或咬断麦穗。玉米雌穗受棉铃虫幼虫为害,造成受害果穗不结实,减产严重。

2. 形态识别(图1-15)

成虫:体长14～18 mm,翅展30～38 mm,灰褐色。前翅有褐色肾形纹及环状纹,肾形纹前方前缘脉上具褐纹2条,肾纹外侧具褐色宽横带,端区各脉间生有黑点。后翅淡褐色至黄白色,端区黑色或深褐色。

卵:半球形,0.44～0.48 mm,初乳白后黄白色,孵化前深紫色。

幼虫:体长30～42 mm,体色因食物或环境不同变化很大,由淡绿、淡红至红褐或黑紫色。绿色型和红褐色型常见。绿色型,体绿色,背线和亚背线深绿色,气门线浅黄色,体表面布满褐色或灰色小刺。红褐色型,体红褐或淡红色,背线和亚背线淡褐色,气门线白色,毛瘤黑色。腹足趾钩为双序中带,两根前胸侧毛连线与前胸气门下端相切或相交。

蛹:长 17～21 mm,黄褐色,腹部第5～7 节的背面和腹面具 7～8 排半圆形刻点,臀棘钩刺 2 根,尖端微弯。

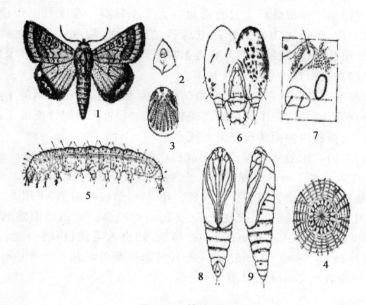

图 1-15　棉铃虫

1.成虫　2.卵　3.卵放大　4.卵顶部花冠放大　5.幼虫　6.幼虫头部正面

7.幼虫前胸侧面　8.蛹腹面　9.蛹侧面

3.发生规律

棉铃虫在内蒙古、新疆年生 3 代,华北 4 代,长江流域以南 5～7 代,以蛹在土中越冬,翌春气温达 15℃以上时开始羽化。华北 4 月中下旬开始羽化,5 月上中旬进入羽化盛期。1 代卵见于 4 月下旬至 5 月底;1 代成虫见于 6 月初至 7 月初,6 月中旬为盛期;7 月为 2 代幼虫为害盛期,7 月下旬进入 2 代成虫羽化和产卵盛期,4 代卵见于 8 月下旬至 9 月上旬,所孵幼虫于 10 月上中旬老熟入土化蛹越冬。第 1 代主要于麦类、豌豆、苜蓿等早春作物上为害,第 2、3、4 代主要为害棉花,第 4、5 代幼虫有时还会成为玉米、花生、豆类、蔬菜和果树等作物上的主要害虫。成虫昼伏夜出,对黑光灯趋性强,萎蔫的杨柳枝对成虫有诱集作用,卵散产在嫩叶或果实上,每雌可产卵 100～200 粒,多的可达千余粒。产卵期历时 7～13 d,卵期 3～4 d,孵化后先食卵壳,脱皮后先吃皮,低龄虫食嫩叶,2 龄后蛀果,蛀孔较大,外具虫粪,有转移习性,幼虫期15～22 d,共 6 龄。老熟后入土,于 3～9 cm 处化蛹。蛹期 8～10 d。

该虫喜温喜湿,成虫产卵适温 23℃ 以上,20℃ 以下很少产卵,幼虫发育以 25～28℃ 和相对湿度 75％～90％ 最为适宜。北方湿度对其影响更为明显,月降雨量高于 100 mm,相对湿度 70％ 以上为害严重。

4. 防治方法

(1)黑光灯诱杀　利用棉铃虫的趋光性,诱杀成虫,降低为害率。

(2)保护和利用天敌　利用中华草蛉、广赤眼蜂、小花蝽等自然天敌,控制其为害。如用赤眼蜂防治,一般在棉铃虫产卵始、盛期连续放蜂 2～3 次,每次每亩放 1.5 万～2 万头。亦可用每克含活孢子 160 亿的 Bt 乳剂 250～300 倍液,或棉铃虫核型多角体病毒喷雾施用。

(3)药剂防治　掌握各代卵盛孵期,可选用 4.5％高效氯氰菊酯乳油 3 000～3 500 倍液、40％菊杀乳油 3 000 倍液、5％氟啶脲乳油 1 500 倍液、20％除虫脲胶悬剂 500 倍液、10％溴氟菊酯乳油 1 000 倍液、20％氰戊菊酯乳油 2 000 倍液、茴蒿素杀虫剂 500 倍液喷雾防治。

(五)钻蛀类其他害虫(表 1-4)

表 1-4　钻蛀类其他害虫

害虫	形态识别	发生规律	防治方法
豆荚螟	成虫长 10～12 mm,翅展 20～24 cm,体灰褐色或暗黄褐色。老熟幼虫长 14～18 mm,前胸背板近前缘中央有"人"字形黑斑,两侧各有 1 个黑斑,后缘中央有 2 个小黑斑。	广东、广西 7～8 代/年,山东、陕西 2～3 代/年。以老熟幼虫在寄主植物附近土表下 5～6 cm 深处结茧越冬。主要为害豆科作物。	合理轮作;灌溉灭虫;选种抗虫品种;于产卵始盛期释放赤眼蜂;在始花期、盛花期喷阿维菌素、氟虫脲、高效氟氯氰菊酯等。
高粱条螟	成虫黄灰色,长 10～14 mm,前翅灰黄色,中央有一小黑点,外缘有 7 个小黑点,翅正面有 20 多条黑褐色纵纹。老熟幼虫淡黄色,长 20～30 mm,夏型腹部各节背面有 4 个黑色斑点,上生刚毛,排成正方形,前两个卵圆形,后两个近长方形。	东北南部、华北大部,黄淮流域一年发生 2 代;江西 4 代;广东及台湾 4～5 代。以老熟幼虫在玉米及高粱秆中越冬。北方越冬幼虫于 5 月中下旬化蛹,南方于 3 月上中旬即可出现成虫。	参照玉米螟防治方法。

续表 1-4

害虫	形态识别	发生规律	防治方法
粟灰螟	成虫翅展 18～25 mm,雄娥体淡黄褐色,前翅浅黄褐色,中室顶端及中室里各具小黑斑 1 个,外缘生 7 个小黑点成一列;雌蛾色较浅,前翅无小黑点。末龄幼虫长 15～23 mm,头红褐色或黑褐色,胸部黄白色,体背具紫褐色纵线 5 条。	北方一年 1～3 代,以老熟幼虫在谷茬、谷草内越冬。幼虫多在谷株近地面处蛀茎为害,一头幼虫可能转株为害 2～3 株。	结合秋耕耙地,拾烧谷茬,因地制宜调节播种期,躲过产卵盛期。选种抗虫品种,种植早播诱集田集中防治。卵盛孵期至幼虫蛀茎之前撒毒土。
粟穗螟	成虫长 7～11 mm,体、前翅白色略带红色,前翅前缘具小黑点 5 个,中室中央及端部各生 1 个黑点;末龄幼虫长约 20 mm,蜡黄色,胸部、腹部背面生浅红褐色纵纹 2 条。	华北、华东 1 年 2 代,西南 1 年 1～3 代,以老熟幼虫在谷子或高粱穗内、场面四周及仓库缝隙越冬。以幼虫在谷子、高粱、黍的穗上吐丝结网,在网中蛀食籽粒。	
豆秆黑潜蝇	成虫为小型蝇,长 2.5 mm 左右,体色黑亮,腹部有蓝绿色光泽,3 龄幼虫体长约 3.3 mm。	广西年发生 13 代以上,浙江 6 代,黄淮流域 4～5 代。以蛹和少量幼虫在寄主根茬和秸秆上越冬。幼虫先潜食叶肉,经主脉蛀入叶柄,再往下蛀入分枝及主茎。	选用抗虫品种,加强苗期田间治理,冬春处理秸秆,在成虫发生期和幼虫初阶段喷敌敌畏、马拉硫磷等。
油菜潜叶蝇	雌成虫长 2.3～2.7 mm,雄虫 1.8～2.1 mm,体暗灰色,有稀疏刚毛。翅半透明,有紫色反光。幼虫蛆状,长 2.9～3.4 mm,黄色。前端可见黑色口钩。	一年 3～8 代,淮河以北以蛹越冬,淮河以南蛹、幼虫、成虫和卵均可越冬,南岭以南无越冬现象。以幼虫在叶片中潜食叶肉,还可危害豌豆、蚕豆、白菜、甘蓝、莴笋、萝卜等。	收获后及时耕翻,清洁田园;成虫期用甘薯、胡萝卜煮汁,加入 0.05% 敌百虫喷施。幼虫喷阿维菌素等。

二、工作准备

(1)实施场所　粮油作物生产基地、多媒体实训室。

(2)仪器与用具　体视显微镜、解剖刀、镊子、采集瓶、捕虫网、放大镜、各种杀虫剂、喷雾器、记载用具等。

（3）标本与材料 玉米螟、二化螟、三化螟、豆荚螟、高粱条螟、粟灰螟、粟穗螟、二点螟、桃蛀螟、棉铃虫、烟青虫、二点委夜蛾、大豆食心虫、豆秆黑潜蝇、油菜潜叶蝇、美洲斑潜蝇、南美斑潜蝇等等各虫态永久标本及破坏性（浸渍、针插）标本。

（4）其他 教材、资料单、PPT、影像资料、相关图书、网上资源等。

【任务设计与实施】

一、任务设计

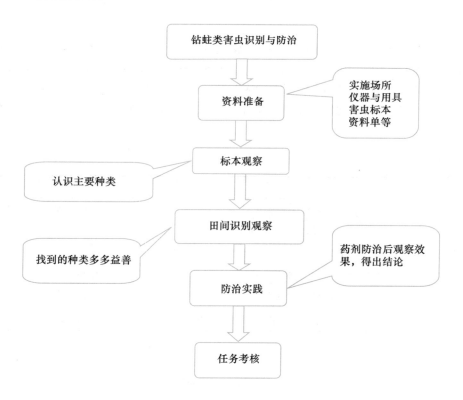

二、任务实施

1. 钻蛀类害虫标本观察

对当地粮油作物上的钻蛀类害虫，通过标本观察（没有标本的可通过多媒体课件、观看视频、查阅教材等）方法，熟知钻蛀类害虫的主要种类及其主要的形态特征，能将各种钻蛀类害虫识别出来。·

2.钻蛀类害虫田间识别与观察

（1）寻找教学现场　在教师准备好教学现场的前提下，引导学生在课前以小组为单位到粮油作物生产基地或附近农田，寻找粮油作物钻蛀害虫的发生植株或地段，以备本工作任务的实施。

（2）钻蛀性害虫识别　对所找的钻蛀性害虫进行认真、细致地观察其形态特征与为害状，然后对照教材或参考读物查询到是哪一种或哪一类。能否在周围发现其他虫态？可否观察到这种害虫的一些重要习性？可否利用这些习性进行防治？同时给害虫的为害状进行拍照，采集害虫各虫态的标本，以为后期检验防治效果做对照。

3.钻蛀类害虫防治实践

选择当地粮油作物上的某种钻蛀性害虫，经小组集体讨论，查阅相关文献，从备用的各种农药中选出1～2种，制订防治方案（施药方法、施药面积、药剂浓度或剂量、施药次数、施药间隔期等），然后施药防治或用其他方法防治，调查防效。经过观察，有了较为明显地防治效果了，则小组提出验收申请，请老师和全班同学集体验收、考核。

【任务评价】

评价内容	评价核标准	分值	评价人	得分
寻找教学现场	找到的钻蛀害虫种类较多	20分	组内互评	
钻蛀害虫田间识别	观察细致，害虫识别准确	20分	教师	
综合防治实践	防治方法正确，操作熟练，防治效果明显	20分	师生共评	
钻蛀害虫标本观察	观察细致，认识的种类较多	30分	教师	
团队协作	小组成员间团结协作	5分	组内互评	
职业素质	责任心强、学习主动、认真、方法多样	5分	组内互评	

工作任务四　地下害虫的识别与防治

【任务准备】

一、知识准备

地下害虫种类很多，包括地老虎、蛴螬、蝼蛄、金针虫、根蛆、根象甲、根叶甲、拟地甲、蟋蟀等。其寄主种类复杂，多在春秋两季为害，主要为害作物的种子、地下部及近地面的根茎部。现选择其中的主要种类介绍。

查一查

地下害虫有什么共同特点？

（一）蝼蛄

蝼蛄俗名拉拉蛄、土狗、地拉蛄。属直翅目蝼蛄科。我国的蝼蛄主要包括华北蝼蛄、东方蝼蛄、台湾蝼蛄和普通蝼蛄。华北蝼蛄又称单刺蝼蛄，主要分布在北方各地；东方蝼蛄又称非洲蝼蛄，在我国各地均有分布，南方为害较重；台湾蝼蛄发生于台湾、广东、广西；普通蝼蛄仅分布在新疆。作物生产中发生的蝼蛄主要有华北蝼蛄和东方蝼蛄。

1. 为害状识别

蝼蛄为多食性害虫，食性复杂，喜食新播的种子，咬食作物根部，或将幼苗根、茎部咬断，使幼苗枯死，受害的根部呈乱麻状。由于蝼蛄通常栖息于地下，潜行土中形成隧道，使幼苗根部透风和土壤分离，造成幼苗因失水干枯致死，缺苗断垄，严重的甚至毁种。

2. 形态识别

（1）华北蝼蛄（图 1-16）

成虫：身体肥大，体长 39～66 mm。身体黄褐色，全身密布黄褐色细毛；前胸背板暗褐色，中央有一心形暗红色斑点。前翅黄褐色，长 14～16 mm，后翅长 30～35 mm；腹部圆筒形，有 7 条褐色横线，背面黑褐色，腹面黄褐色；足黄褐色，前足发达，中后足细小，后足胫节背侧内缘有棘 1 个或消失。

卵：椭圆形，初产时为黄白色，渐变为黄褐色，孵化前为深灰色；初产时长 1.6～1.8 mm，宽 1.3～1.4 mm；孵化前长 2.4～3 mm，宽 1.5～1.7 mm。

若虫：与成虫体形相似，但翅不发达，仅有翅芽。初孵若虫体长 3.6～4 mm，乳白色，仅复眼淡红色，以后颜色逐渐加深，头部变为淡黑色，前胸背板黄白色；2 龄以后变为黄褐色，5、6 龄以后基本与成虫同色，末龄若虫体长 36～40 mm。

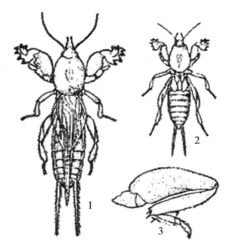

图 1-16　华北蝼蛄

1. 成虫　2. 若虫　3. 成虫后足

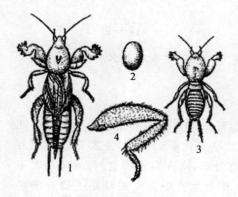

图 1-17　东方蝼蛄

1.成虫　2.卵　3.若虫　4.成虫后足

（2）东方蝼蛄（图 1-17）

成虫：体长为 29～35 mm，灰褐色，全身密被细毛，头圆锥形，触角丝状，前胸背板卵圆形，腹部近纺锤形，腹末具有 1 对尾须。前足为开掘足，腿节下缘平直，后足胫节背面内侧具有 3～4 个刺。

卵：椭圆形，初产时长 2.8 mm，宽 1.5 mm；孵化前 4 mm，宽 2.3 mm；最初为乳白色，渐变为黄褐色，孵化前为暗紫色。

若虫：与成虫体形相似，但翅仅有翅芽。初孵若虫体长约 4 mm，头、胸细，腹部肥大，乳白色，后渐变灰褐色，腹部淡黄色。2～3 龄后体色接近成虫。老龄时体长约 25 mm。

3.发生规律

北方地区华北蝼蛄 2～3 年发生 1 代，东方蝼蛄 1～2 年发生 1 代。以成虫或若虫在地下越冬。4 月以后，旬平均气温 12℃ 以上时，蝼蛄出窝活动，5 月上旬至 6 月中旬是蝼蛄最活跃的时期，也是第一次为害的高峰期。当旬平均气温 22℃ 以上时转入地下，成虫开始产卵，6～8 月为产卵盛期。9 月旬平均气温下降到 18℃ 左右时，再次上到地表，形成第二次为害高峰。10 月以后，旬平均气温下降到 8℃ 以下陆续钻入深层土中越冬。蝼蛄昼伏夜出，以夜间 9～11 时活动最盛，特别是在气温高、湿度大、闷热的夜晚。蝼蛄具趋光性，并对香甜物质具有强烈趋性。蝼蛄具有趋湿性，成、若虫均喜松软潮湿的壤土或沙壤土，20 cm 表土层含水量 20% 以上最适宜，小于 15% 时活动减弱。

4.防治方法

（1）田间管理　深翻土壤、精耕细作干扰和破坏蝼蛄生存的环境；施用腐熟的有机肥，减少卵的成活率；在为害期，追施碳酸氢铵等化肥，气味对蝼蛄有一定驱避作用；合理进行灌溉，扰乱蝼蛄的生活规律；改良盐碱地，可减轻为害。

（2）人工挖窝灭卵

（3）灯光诱杀　成虫羽化期可设置白炽灯、日光灯、高压汞灯等诱杀成虫，开灯时间晚上 7～11 时，降雨前或闷热天气，诱杀效果更明显。

（4）粪坑诱杀　在蝼蛄为害较重的地块，每隔 5～20 m，挖 40 cm 见方，30 cm 深的坑，于傍晚放马粪、鲜草、块茎，以及炒香的豆饼、麦麸等饵料，上面盖青草，可诱集蝼蛄，第 2 天清晨移开盖草进行人工捕杀。

（5）毒饵诱杀　将90％晶体敌百虫1 kg用60～70℃适量温水溶解成药液，或50％二嗪农乳油1 kg、或40％乐果乳油、或90％敌百虫原药用10倍热水稀释，再按1：（10～30）比例与炒香的麦麸、豆饼、棉籽饼或煮半熟的秕谷等拌匀，拌时可加适量水，拌潮为宜，制成毒饵，用量45～75 kg/hm²，于傍晚成小堆分散施入田间，也可在播种时将毒饵施入播种沟中。

（6）毒土杀虫　用50％辛硫磷乳油，按药：水：土比例为1：15：150配制毒土，在成虫盛发期顺垄撒施，用量225 kg/hm²。

（7）药剂浇灌　用50％敌敌畏或40％乐果乳油1 000倍液浇灌，毒杀土中为害的蝼蛄。

（二）蛴螬

蛴螬别名白土蚕、地漏子等，是鞘翅目金龟甲总科幼虫的总称。其成虫通称金龟子。蛴螬在我国分布很广，各地均有发生，但以北方发生较普遍，主要种类有东北大黑鳃金龟、暗黑鳃金龟、铜绿丽金龟等，均能危害多种农作物。

1.为害状识别

蛴螬为害主要是春秋两季最重。蛴螬咬食幼根、幼苗、嫩茎，断口形状为刀切状或端口整齐，使作物失去营养枯萎而死，全株凋零，手易拔出，最终造成缺苗断垄。蛴螬危害植株造成枯黄而死时，它又转移到别的植株继续危害。蛴螬啃食块根、块茎形成粗浅虫疤。此外，因蛴螬造成的伤口还可诱发病害。

2.形态识别

（1）东北大黑鳃金龟

成虫：长椭圆形，体长16～23 mm、宽8～12 mm，黑色或黑褐色，有光泽。胸、腹部生有黄色长毛，前胸背板宽为长的两倍，前缘钝角、后缘角几乎呈直角。每鞘翅3条隆线。前足胫节外侧3齿，中后足胫节末端2距。臀节外露，背板向腹下包卷。雄虫末节腹面中央具有三角形凹陷，雌虫具有菱形隆起骨片。

卵：初为椭圆形，乳白色略带黄绿色光泽，长约2.5 mm，宽约1.5 mm；后期近球形，白色有光泽，长约2.7 mm，宽约2.2 mm。

幼虫：3龄幼虫体长35～45 mm，头宽4.9～5.3 mm。头部前顶毛每侧3根，内唇端感区刺多为14～16根。肛孔呈三射裂缝状，前方着生扁而尖端呈钩状的刚毛，并向前延伸到肛腹片后部1/3处。

蛹：体长21～23 mm，宽11～12 mm，椭圆形。初期为黄白色，后变为黄褐色至红褐色。尾节三角形，具突起1对，呈钝角向后叉开。

（2）暗黑鳃金龟（图1-18）

成虫：体长17～22 mm，宽9～11.5 mm。黑色或黑褐色，无光泽。前胸背板前

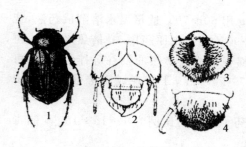

图 1-18　暗黑鳃金龟
1.成虫　2.幼虫头部　3.幼虫内唇
4.幼虫肛腹板

缘长有褐色长毛。鞘翅两侧缘平行,纵肋不明显。前足胫节外齿 3 个。腹部臀节背板不向腹面包卷。

卵:初为椭圆形,后期为圆形。长 2.5～2.7 mm,宽 1.5～2.2 mm。

幼虫:体长 35～45 mm,头宽 5.6～6.1 mm。与大黑鳃金龟形态近似。不同之处在于前顶刚毛每侧 1 根,幼虫体无光泽。

蛹:体长 20～25 mm,宽 10～12 mm。尾节三角形,尾角呈钝角叉开。

3. 发生规律

蛴螬年发生代数因种类、地域而异。一般一年 1 代,或 2～3 年 1 代,长者 5～6 年 1 代。成虫交配后 10～15 d 产卵,产在松软湿润的土壤内,每头雌虫可产卵 100 粒左右。蛴螬一般白天藏在土中,晚上 8～9 时进行取食、活动。蛴螬有假死性和负趋光性,并对未腐熟的粪肥有趋性。当 10 cm 土温达 5℃时开始上升土表,13～18℃时活动最盛,23℃以上则往深土中移动,至秋季土温下降到其活动适宜范围时,再移向土壤上层。

4. 防治方法

(1)加强田间管理　施用的农家肥应充分腐熟。施用碳酸氢铵、腐殖酸铵、氨水、氨化磷酸钙等化肥,所散发的氨气对蛴螬等地下害虫具有驱避作用。

(2)利用天敌　蛴螬有时可被大的寄生蜂寄生。细菌 *Bacillus* 属的几个种可感染蛴螬,通常称为"奶化病"。

(3)人工捕杀　定植后发现小苗被害可挖出土中的幼虫;利用成虫的假死性,在其停落的作物上捕捉或振落捕杀;也可设置黑光灯诱杀成虫,还可捕获不同性别或信息素的成虫作为诱饵,也可直接用性诱剂来诱捕。

尝一尝

油炸金龟甲是一道佳肴,你吃过吗?

(4)药剂防治　①药剂拌种。以 50%辛硫磷乳油为例拌种,辛硫磷:水:种子的比例为 1:50:600。②毒土防治。毒土是用 50%辛硫磷乳油每 667 m² 200～250 g,加水 10 倍喷于 25～30 kg 细土上拌匀制成。毒土顺垄条施、撒于种沟或地面,随即耕翻或混入厩肥中施用。③药剂灌根。在蛴螬发生较重的地块可以药液灌根,用 80％敌百虫可溶性粉剂和 25％西维因可湿性粉剂各 800 倍液灌根,每株 150～250 g。

(三)金针虫

金针虫又名铁丝虫、铁条虫等,是鞘翅目叩甲科幼虫的总称。我国的主要种类有沟金针虫、细胸金针虫、褐纹金针虫、宽背金针虫等。

1.为害状识别

金针虫咬食刚播下的种子,食害胚乳使其不能发芽。已发芽的种子,金针虫可以取食其幼芽。已出苗植株,金针虫可为害须根、主根和茎的地下部分,使幼苗枯死。在生长期间,金针虫可从根或地下茎上蛀洞或截断,在叶柄基部蛀洞或蛀入嫩心。上述为害会造成缺苗断垄,甚至已出苗的植株死亡。

2.形态识别

(1)沟金针虫(图 1-19)

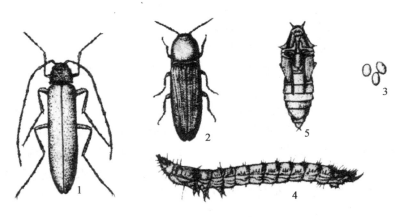

图 1-19　沟金针虫
1.雄成虫　2.雌成虫　3.卵　4.幼虫　5.蛹

成虫:栗褐色,密被金灰色细毛。头扁平,头顶三角形凹陷,密布刻点。雌虫体长 14～17 mm,宽 4～5 mm;雄虫体长 14～18 mm,宽约 3.5 mm。雄虫体细长,雌虫体扁平。雌虫前胸发达,前窄后宽,正中部有极细小的纵沟,背面呈半球形隆起,雄虫触角丝状 12 节,长可达鞘翅末端,鞘翅上的纵沟较明显,足细长,有后翅。

卵:乳白色,椭圆形。长约 0.7 mm,宽约 0.6 mm。

幼虫:初孵时乳白色,头及尾部略带黄色,后渐变黄色。雌成虫体长 14～17 mm,宽 4.5 mm,较扁平;雄成虫长 14～18 mm,宽约 3.5 mm;老熟幼虫体长 20～30 mm,细长筒形略扁,体节宽大于长。体金黄色,体壁坚硬光滑,具有黄色细毛。

头部扁平,前头及口器暗褐色,上唇呈三叉状突起,胸、腹部背面中央呈一条细纵沟。尾端分叉,并稍向上弯曲,各叉内侧有 1 个小齿。

蛹:乳白色,长纺锤形。雌蛹长 16～22 mm,宽约 4.5 mm;雄蛹长 15～19 mm,宽约 3.5 mm。

(2)细胸金针虫

成虫:体长 8～9 mm,宽约 2.5 mm。体形细长扁平,头、胸部黑褐色,鞘翅、触角和足红褐色。触角红褐色,细短。前胸背板长稍大于宽,略呈圆形。鞘翅狭长,末端趋尖,每翅具 9 行纵列点刻。

幼虫:体长 23 mm,宽约 1.3 mm;体淡黄色、圆筒形,有光泽。尾节圆锥形,不分叉,背面近前缘两侧各有一个褐色圆斑,其后方有 4 条褐色纵纹。

3. 发生规律

沟金针虫,在北方 3～4 年完成 1 代,幼虫期长,老熟幼虫于 8 月下旬到 16～20 cm 深的土层内作室化蛹,蛹期 12～20 d,成虫羽化后在原蛹室越冬,翌春开始活动,4～5 月为活动盛期,成虫在夜晚活动、交配,产卵于 3～7 cm 深的土层中,卵期 35 d,成虫具有假死性。细胸金针虫,主要以幼虫在土壤中越冬,翌春平均气温在 0℃ 左右时开始活动,4～5 月 10 cm 土温达 7～13℃ 为害最重,成虫期较长,有世代重叠现象。

土壤温度主要影响金针虫的活动和为害,一般土壤温度达到 10℃ 时成、幼虫开始活动,土温 10～15℃ 时为害最为严重,土温高于 20℃ 或低于 10℃ 时幼虫到深土层越夏或越冬。土壤湿度主要影响金针虫种类的分布和发生量,沟金针虫和宽背金针虫较耐干旱,其适宜的土壤湿度为 15%～18%,但如表土过于潮湿,金针虫也向土壤深处转移,故浇水可暂时减轻金针虫为害。细胸金针虫和褐纹金针虫不耐干燥,要求土壤含水量 20%～25%,灌溉条件好的地块有利于其发生。

4. 防治方法

(1)加强栽培管理　精耕细作、合理施肥、合理间作或套作、合理轮作倒茬。清除杂草,减少食物来源。产卵化蛹期中耕除草,消灭虫源。

(2)人工诱杀　于成虫盛发期在田埂上堆放青草可诱集细胸金针虫,次日清晨捕杀;沟金针虫成虫有趋光性,可设置黑光灯诱杀成虫,减少田间卵量。

(3)生物防治　利用植物性农药如苦参碱等防治金针虫。也可以利用昆虫病原微生物防治金针虫,寄生金针虫的真菌种类主要有白僵菌和绿僵菌。金针虫成虫出土后,可以利用性信息素诱杀。

(4)药剂防治　①土壤处理可以用 50%辛硫磷乳油 3～3.75 kg/hm²,加水 10 倍,喷于 375～450 kg 细土上拌匀成毒土,顺垄条施,或撒于种沟或地面;或用 5%

辛硫磷颗粒剂 15～75 g 拌细土 30 倍翻入土中。②拌种可以用 50％辛硫磷乳油 50 000 倍液拌种。③灌根可选用 50％辛硫磷乳油 1 000 倍液、90％敌百虫 800 倍液、48％毒死蜱乳油 1 000～2 000 倍液。④毒饵诱杀可以用 50％辛硫磷乳油 750～1 500 mL,拌饵料 45～60 kg,制成毒饵,22.5～37.5 kg/hm²,撒于沟内。

(四)地老虎

地老虎又名切根虫、夜盗虫、地蚕等。属于鳞翅目夜蛾科昆虫。对作物生产造成危害大的种类其中有小地老虎、黄地老虎、大地老虎等。

1.为害状识别

以幼虫危害幼苗为主。1～2 龄幼虫躲在杂草或心叶里,昼夜取食;3 龄后白天躲到表土下,夜间出来为害;5～6 龄食量增加,为害严重,将幼苗近地面的茎部咬断,有时还将断苗拖至穴里,幼苗斜立露在穴外,造成缺苗断垄,严重的甚至毁种。

2.形态识别

(1)小地老虎(图 1-20)

成虫:体长 16～24 mm,翅展 42～54 mm,深褐色,前翅暗褐色,具有显著的肾状斑、环形纹、棒状纹和 2 个黑色楔状纹。在肾状纹外侧有一明显的尖端向外的楔形黑斑。在亚缘线上侧有 2 个尖端向内的楔形黑斑。雌虫触角丝状,雄虫栉状(端半部为丝状)。

卵:直径约 0.6 mm,半球形,表面有纵横交错的隆起线纹。初产时乳白色,孵化前为灰褐色。

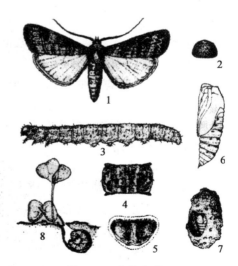

幼虫:老熟幼虫体稍扁,长 37～50 mm,暗褐色。体表粗糙,布满龟裂状的皱纹和黑色小颗粒,背中央有 2 条淡褐色纵带。头部唇基形状为等边三角形。腹部 1～8 节背面有 4 个毛片,后方的 2 个较前方的 2 个要大 1 倍以上。腹部末节臀板有 2 条深褐色纵带。

蛹:体长 18～24 mm,暗褐色。腹部第 4～7 节基部有圆形刻点,背面的大而色深。腹端具臀棘 1 对。

(2)黄地老虎

成虫:体长 14～19 mm,翅展 32～43 mm,灰褐至黄褐色。雌蛾触角丝状、雄

图 1-20　小地老虎

1.成虫　2.卵　3.幼虫　4.幼虫第 4 腹节背面观
5.幼虫腹末臀板　6.蛹　7.土室　8.幼苗被害状

蛾触角双栉齿状。额部具钝锥形突起,中央有一凹陷。前翅黄褐色,全面散布小褐点,各横线为双条曲线但多不明显,肾形纹、环状纹和楔状纹明显,且围有黑褐色细边,其余部分为黄褐色;后翅灰白色,半透明。

幼虫:体长 33～45 mm,头部黄褐色,体表光滑,体多皱纹而淡,臀板上有两块黄褐色大斑,中央断开,小黑点较多。

3. 发生规律

(1)世代及年生活史　小地老虎 1 年 1～7 代,发生世代由南向北逐渐减少。在东北以老熟幼虫及蛹越冬,北方春季虫源来自南方,北方平原区 3 月下旬至 4 月下旬为成虫盛发期,宁夏、内蒙古等地 4 月下旬为成虫盛发期,卵期 7～13 d,幼虫期 30～40 d。以第 1 代幼虫对春播作物为害最重。

黄地老虎 1 年 1～5 代,在黑龙江、新疆北部 1 年 2 代,河北、内蒙古、陕西、甘肃的河西 2～3 代,黄淮地区 3～4 代,多以 6 龄老熟幼虫越冬。成虫发生期略晚于小地老虎,华北地区为 4 月下旬至 5 月上旬,新疆北部为 5 月中旬。第 1 代卵期 5～9 d,幼虫期平均 30 d,第 1 代为害较重。

(2)习性　地老虎成虫昼伏夜出,对糖蜜等酸甜气味有强烈的趋性;小地老虎对黑光灯趋性强,老熟幼虫有假死性。地老虎卵多产在 5 cm 以下杂草、残枝落叶、植株下部老叶和地表土块上。幼虫共 6 龄,1～2 龄幼虫在杂草及作物幼苗顶心嫩叶处咬食叶肉成透明小孔,昼夜为害;3 龄后扩散,白天潜伏在作物及杂草根部附近的表土下干、湿层之间,晚间出来为害,行动敏捷,并可自相残杀。3 龄前食量较小,4 龄后剧增,可咬断嫩茎,并将断茎拖入土中,6 龄后抗触杀药剂能力极强。

(3)发生与环境条件关系　小地老虎喜温喜湿,温度为 18～26℃,相对湿度为 70%,土壤含水量 20% 左右时最适宜其发生和为害;壤土、黏壤土、沙壤土及管理粗放发生重。黄地老虎多发生于土壤含水量适宜、土质疏松的地块;灌水对减轻幼虫为害有重要作用。

4. 防治方法

(1)除草灭虫　精耕细作,或在初龄幼虫期铲除杂草,可消灭部分虫、卵。

(2)诱杀成虫　用糖醋液或用甘薯、胡萝卜等发酵液诱杀成虫,或用黑光灯诱杀成虫。

(3)诱杀或捕杀幼虫　用泡桐叶或莴苣叶诱捕幼虫,于每日清晨到田间捕捉;对高龄幼虫也可在清晨到田间检查,如果发现有断苗,拨开附近的土块,进行捕杀。

(4)药剂防治　幼虫 3 龄前用喷雾、喷粉或撒毒土进行防治;3 龄后,田间出现断苗,可用毒饵或毒草诱杀。喷雾用 2.5% 三氟氯氰菊酯乳油 3 000～5 000 倍液,或 2.5％溴氰菊酯乳油 2 000 倍液,40.7％毒死蜱乳油 1 000～2 000 倍液喷于苗间及根际附近土壤;用 50％辛硫磷乳油加细土配成 1∶50 的毒土,或 50％敌敌畏加细沙配成 1∶1 000 的毒沙,每公顷用 300～375 kg 顺垄撒施幼苗根际附近,毒杀幼虫;用 90％敌百虫 0.5 kg,对水 3～5 kg,喷于 50 kg 炒香的饵料(麦麸、米糠或切碎的鲜草)上拌匀制成毒饵,傍晚撒到幼苗根际附近,每隔 1.5 m 左右一小堆,每公顷用毒饵 37.5～45 kg 为宜。

（五）其他地下害虫（表 1-5）

表 1-5　其他地下害虫

害虫	为害状	形态特征	发生规律	防治方法
网目拟地甲	成虫和幼虫为害作物幼苗,取食嫩茎、嫩根,影响出苗,幼虫还能钻入根茎、块根和块茎内取食为害,造成幼苗枯萎,以致死亡。	成虫椭圆形,黑色略带褐色,一般鞘翅上都附有泥土,头部较扁,背面似铲状。前胸发达,前缘呈半月形。鞘翅近长方形。前、中、后足各有距 2 个。初孵幼虫乳白色;老熟体细长,深灰黄色,背板色深。腹部末节小,纺锤形。	在东北、华北地区年发生 1 代,以成虫在土中、土缝、洞穴和枯枝落叶下越冬。幼虫孵化后即在表土层取食幼苗嫩茎嫩根,6～7 龄,具假死性。成虫羽化后多在作物和杂草根部越夏,只能爬行,假死性特强。	提早播种或定植,错开害虫发生期;用 5％喹硫磷颗粒剂拌种或喹硫磷喷洒或灌根处理。
大蟋蟀	成虫和若虫均能为害作物的茎、叶、果实和种子,有时也为害作物的根部。受害幼苗整株枯死;受害成苗被咬去顶芽,不能正常生长,甚至死亡。	成虫体长为 45 mm 左右,黄褐或深褐色。头圆形,较前胸宽。后足为跳跃足。雄虫发音器在前翅基部,听器在前足胫节上。雌虫产卵器管状,很长。卵圆筒形稍弯曲,浅黄色。若虫似成虫,体小,只有翅芽。	一年发生 1 代。以若虫在土穴内越冬。昼伏夜出,喜欢在疏松的沙土营造土穴而居。卵数十粒聚集产于卵室中,每一雌虫约产卵 500 粒以上,卵经 15～30 d 孵化。成、若虫白天潜伏洞穴内,洞口用松土掩盖,夜间拨开掩土出洞活动。	翻土取卵;青草诱杀;玉米粉毒饵诱杀。

二、工作准备

(1)实施场所　粮油作物生产基地、多媒体实训室。

(2)仪器与用具　体视显微镜、镊子、铁锹、三角纸、采集瓶、各种杀虫剂、喷雾器、调查记载表等。

(3)标本与材料　华北蝼蛄、东方蝼蛄、东北大黑鳃金龟、暗黑鳃金龟、铜绿丽金龟、沟金针虫、细胸金针虫、褐纹金针虫、宽背金针虫、小地老虎、黄地老虎、大地老虎、网目拟地甲、大蟋蟀等各虫态永久标本及破坏性(浸渍、针插)标本。

(4)其他　教材、资料单、PPT、视频、影像资料、相关图书、网上资源等。

【任务设计与实施】

一、任务设计

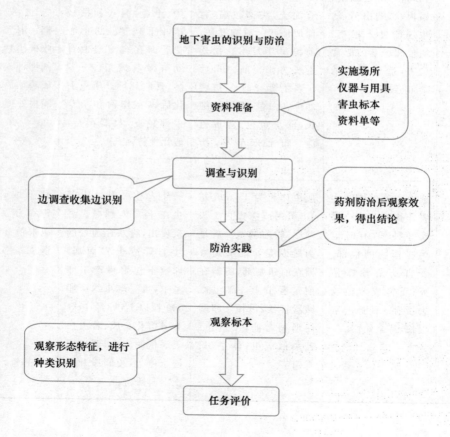

二、任务实施

1. 地下害虫发生情况调查与识别

以小组为单位，采用挖土调查法调查地下害虫的发生情况，一般采用五点取样法，样点面积 50 cm×50 cm，深 80 cm。边挖土、边检查、边对照教材识别、边填写表 1-6。

表 1-6　地下害虫越冬种类、数量调查记载表

调查时间：　　　　　地块类型：　　　　　调查面积：　　　　　调查人：

| 样点 | 蝼蛄/头 | | 蛴螬/头 | | | 金针虫/头 | | | 地老虎/头 | | | 备注 |
	华北蝼蛄	东方蝼蛄	大黑鳃金龟	暗黑鳃金龟	其他	沟金针虫	细胸金针虫	其他	小地老虎	黄地老虎	其他	其他地下害虫
1												
2												
3												
4												
5												
总计												
平均												
头/m²												

填写表 1-6 后，根据以下防治指标判断是否需要防治。蛴螬类 2 头以上/m²、蝼蛄类 0.5 头以上/m²、金针虫类 5 头以上/m²、地老虎 0.5 头以上/m² 时，或被害率达 5％应及时进行防治。

2. 综合防治实践

经小组集体讨论，查阅相关文献，从备用的各种杀虫剂中选出 1～2 种，制订某种地下害虫的防治方案（施药方法、施药面积、药剂浓度或剂量、施药次数、施药间隔期等），然后施药防治或用其他方法防治，调查防效。经过观察，有了较为明显的防治效果了，则小组提出验收申请，请老师和全班同学集体验收、评价。

3. 地下害虫形态特征观察

对未发生的其他地下害虫，通过标本观察、多媒体课件、观看视频、查阅教材等方法，认识重要地下害虫的种类及其主要形态特征，并了解其发生发展规律，掌握各类地下害虫的综合防治方法。

【任务评价】

评价内容	评价标准	分值	评价人	得分
发生情况调查与识别	调查方法准确,操作熟练,害虫判断准确。数据统计正确	30分	组间互评	
综合防治实践	防治方法正确,操作熟练,防治效果明显	30分	师生共评	
地下害虫形态观察	观察认真,认识种类多	30分	教师	
团队协作	小组成员间团结协作	5分	组内互评	
职业素质	责任心强,学习主动、认真、方法多样	5分	组内互评	

【任务拓展】

常用的杀虫剂

（一）有机磷类杀虫剂

1. 敌敌畏（DDVP）

具有触杀、熏蒸和胃毒作用,残效期1~2 d。对人畜中毒。对鳞翅目、膜翅目、同翅目、双翅目、半翅目等害虫均有良好的防治效果,击倒迅速。常见加工剂型有50%、80%乳油。用50%乳油1 000~1 500倍液或80%乳油2 000~3 000倍液喷雾可防治蚜虫、蛾蝶幼虫等多种害虫;在仓库内可用于熏蒸杀虫,具体用量为0.26~0.30 g/m³。

2. 敌百虫

对害虫有很强的胃毒作用,兼有触杀作用,对植物有渗透性,但无内吸传导作用。在弱碱性溶液内可变成敌敌畏,但不稳定,很快分解失效。毒性低、防治范围广。主要用于防治多种咀嚼式口器害虫。常见剂型有90%固体敌百虫、80%可溶性粉剂。一般使用浓度为90%固体敌百虫或80%敌百虫可溶性粉剂稀释500~800倍液喷雾。

3. 辛硫磷（肟硫磷、倍腈松）

具触杀和胃毒作用。对人畜低毒。可用于防治鳞翅目幼虫及蚜、螨、蚧等。常见剂型有:3%、5%颗粒剂,25%微胶囊剂,50%、75%乳油。一般使用浓度为50%乳油1 000~1 500倍液喷雾。5%颗粒剂每公顷30 kg防治地下害虫。

4. 氧乐果（氧化乐果）

具触杀、内吸和胃毒作用,是一种广谱性杀虫、杀螨剂。该药对人畜高毒,主要用于防治刺吸式口器的害虫,如蚜、螨等,也可防治咀嚼式口器的害虫。常见剂型有:40%乳油,20%粉剂,一般使用浓度为40%乳油稀释1 000～2 000倍喷雾。

5.乙酰甲胺磷(杀虫灵、高灭磷、杀虫磷)

具胃毒、触杀和内吸作用。能防治咀嚼式口器、刺吸口器害虫和螨类。它是缓效型杀虫剂,后效作用强。对人畜低毒。常见剂型有:30%、40%、50%乳油,5%粉剂,25%、50%、70%可湿性粉剂。一般使用浓度为30%乳油稀释300～600倍或40%乳油稀释400～800倍喷雾。

6.马拉硫磷(马拉松、4049、马拉赛昂)

触杀、熏蒸,无内吸。进入虫体内被氧化,而进入温血动物体内则被水解。对人畜低毒,残效期短,对刺吸式、咀嚼式口器的害虫都有效。45%乳油、25%油剂、70%乳油。防治菜青虫、菜蚜、黄条跳甲等,用45%乳油1 000倍液喷雾。

7.乐斯本(毒死蜱、氯吡硫磷)

具触杀、胃毒及熏蒸作用。对人畜中毒。是一种广谱性杀虫剂,对于鳞翅目幼虫、蚜虫、叶蝉及螨类效果好,也可用于防治地下害虫。常见剂型有:40.7%、40%乳油。一般使用浓度为40.7%乳油稀释1 000～2 000倍喷雾。

(二)沙蚕毒类杀虫剂

1.杀虫双

具较强的内吸、触杀及胃毒作用,并有一定的熏蒸作用。对于鳞翅目幼虫、蓟马等效果好。对人畜中毒。常见剂型有:25%水剂、3%颗粒剂、5%颗粒剂。一般使用浓度为25%水剂3 kg/hm²,对水750～900 kg喷雾。

2.杀螟丹(巴丹、派丹、沙蚕胺)

具较强触杀、胃毒作用,并兼有一定的熏蒸、内吸作用,能杀卵。中毒。对鳞翅目、鞘翅目、同翅目害虫效果好。50%可溶性粉剂稀释2 000倍喷雾。

(三)氨基甲酸酯类杀虫剂

1.仲丁威(巴沙、扑杀威)

强内吸,且具胃毒、熏蒸和杀卵作用。杀虫迅速,残效期短。低毒。对叶蝉、飞虱有特效。剂型:25%乳油,3%粉剂。25%乳油稀释3 000～5 000倍液喷雾。

2.抗蚜威(辟蚜雾)

具触杀、熏蒸和渗透叶面作用。中毒。能防治对有机磷杀虫剂产生抗性的蚜虫。药效迅速,残效期短,对作物安全,对天敌毒性低。是综合防治蚜虫较理想的药剂。剂型有50%可湿性粉剂、10%烟剂、5%颗粒剂。50%可湿性粉剂每公顷150～270 g对水450～900 L喷雾。

3.甲萘威(西维因、胺甲萘)

具触杀、胃毒和微弱内吸作用。对咀嚼式口器及刺吸式口器的害虫均有效,但对蚧、螨类效果差。喷药 2 d 后才发挥作用。低温时效果差。残效期一般 4~6 d。对人畜低毒。常见剂型有：5%粉剂，25%和 50%可湿性粉剂等。一般使用浓度为 50%可湿性粉剂稀释 750 倍喷雾。

(四)拟除虫菊酯类杀虫剂

1.氯菊酯(二氯苯醚菊酯、除虫精)

具有触杀作用。兼有胃毒和杀卵作用,但无内吸性。杀虫谱广,对害虫击倒快,残效长,杀虫毒力比一般有机磷高约 10 倍。可防治 130 多种害虫,对鳞翅目幼虫有特效。对人畜低毒。常见剂型为 10%乳油,一般使用浓度为 1 000~2 000 倍液喷雾。该药为负温度系数的药剂,即低温时效果好。但对钻蛀性害虫、螨类、蚧类效果差。

2.氰戊菊酯(中西杀灭菊酯、速灭杀丁)

具强触杀作用,有一定的胃毒和拒食作用。效果迅速,击倒力强。对人畜中毒。对鱼、蜜蜂高毒。可用于防治鳞翅目、半翅目、双翅目的幼虫。常见剂型为 20%乳油,每公顷用 300~600 mL 对水喷雾。

3.顺式氰戊菊酯(来福灵)

具强触杀作用,有一定的胃毒和拒食作用。效果迅速,击倒力强。对人畜中毒。对鱼、蜜蜂高毒。可用于防治鳞翅目、半翅目、双翅目的幼虫。常见剂型为 5%乳油。一般使用浓度为 5%乳油稀释 2 000~5 000 倍喷雾。

4.三氟氯氰菊酯(功夫、功夫菊酯)

具强触杀作用,并具胃毒和驱避作用,速效,杀虫谱广。对鳞翅目、半翅目、鞘翅目、膜翅目等害虫均有良好的防治效果。对人畜中毒。常见剂型有 2.5%乳油。一般使用浓度为 2.5%乳油稀释 3 000~5 000 倍喷雾。

5.甲氰菊酯(灭扫利、杀螨菊酯)

具触杀、胃毒及一定的忌避作用。中毒。可用于防治鳞翅目、鞘翅目、同翅目、双翅目、半翅目等害虫及多种害螨。常见剂型为 20%乳油。20%乳油稀释 2 000~3 000 倍液喷雾。

(五)新烟碱类杀虫剂

1.吡虫啉(咪蚜胺、一遍净、蚜虱净)

具触杀、内吸、胃毒作用。低毒、低残留,超高效,不易产生抗性。速效性好(药后 1 d 即有较高的防效),残留期长(达 25 d 左右)。药效和温度呈正相关。主要用于防治刺吸式口器害虫。对蚜虫、叶蝉、粉虱、蓟马等效果好。特别适于种子处理。剂型有 10%、15%可湿性粉剂,10%乳油。防治蚜虫,每 1 kg 种子用药 1 g(有效成分)处理;叶面喷雾时,10%可湿性粉剂用 150 g/hm² 。

2.啶虫脒(比虫清)

具有触杀、胃毒和较强的渗透作用,杀虫速效、用量少、活性高、杀虫谱广、持效期长达 20 d 左右,对环境相容性好等。对人畜低毒,对天敌杀伤力小,可广泛用于防治作物上各种刺吸式口器害虫。对抗性蚜虫效果非常良好;用颗粒剂做土壤处理,可防治地下害虫。剂型有 3%、5%乳油及可湿性粉剂,3%微乳剂等。防治作物上的蚜虫可用 3%乳油稀释 1 000～1 500 倍药液喷雾。

3.烯啶虫胺

具有低毒、高效、残效期长和卓越的内吸、渗透作用等特点。可有效防治蚜虫、叶蝉和蓟马等多种刺吸口器害虫。剂型有 50%可溶粒剂、10%可溶粒剂;防治蚜虫用 10%可溶性液剂稀释 2 000～3 000 倍均匀喷雾。

(六)特异性杀虫剂

1.灭幼脲(灭幼脲三号、苏脲一号)

灭幼脲(灭幼脲三号、苏脲一号):广谱特异性杀虫剂,属几丁质合成抑制剂。具胃毒和触杀作用,迟效,一般药后 3～4 d 药效明显。对人畜低毒。对天敌安全,对鳞翅目幼虫有良好的防治效果,常见剂型有 25%、50%胶悬剂。一般使用浓度为 50%胶悬剂加水稀释 1 000～2 500 倍,每公顷施药量 120～150 g 有效成分。在幼虫 3 龄前用药效果最好,持效期 15～20 d。

2.除虫脲(灭幼脲 1 号、伏虫脲、敌虫灵)

有胃毒和触杀作用,通过抑制害虫的几丁质合成而干扰角质精层的形成,对咀嚼式口器害虫各发育阶段都敏感。剂型有 5% 及 20%除虫脲悬浮剂。5%悬浮剂 1 000～1 500 倍稀释液,可防治菜青虫、小菜蛾、黏虫、斜纹夜蛾等。

3.噻嗪酮(扑虱灵、优乐得)

使害虫死于脱皮期,并能减少成虫产卵,阻止卵孵化。作用缓慢,低毒。对某些鞘翅目和半翅目的害虫及害螨,具有持久的杀幼虫或幼螨的活性。对于粉虱、叶蝉类防治效果好。25%可湿性粉剂稀释 1 500～2 000 倍液喷雾。

4.伏虫脲(农梦特)

属几丁质合成抑制剂,对鳞翅目害虫毒性强,表现在卵的孵化、幼虫蜕皮、成虫的羽化受阻而发挥杀虫效果,特别是幼龄时效果好。对蚜虫、叶蝉等刺吸口器害虫无效。对人畜低毒。常见剂型有 5%乳油。一般使用浓度为 5%乳油稀释 1 000～2 000 倍液喷雾。

5.定虫隆(抑太保、氟定脲)

酰基脲类低毒杀虫剂,主要为胃毒作用,兼有触杀作用,属几丁质合成抑制剂。

杀虫速度慢,一般在施药后 5~7 d 才显高效。对人畜低毒。可用于防治鳞翅目、直翅目、鞘翅目、膜翅目、双翅目等害虫,但对叶蝉、蚜虫、飞虱等无效。常见剂型有 5％乳油。一般使用浓度为 5％乳油稀释 1 000~2 000 倍液喷雾。

6.吡蚜酮(吡嗪酮)

属三嗪酮类杀虫剂。作用方式独特,不对昆虫产生直接毒性,但是昆虫一旦接触到该药剂,就立即停止取食。对刺吸式口器害虫特别是蚜虫、白粉虱、黑尾叶蝉有独特的防治效果,可用于多种抗性品系害虫的防治。选择性高,低毒。制剂有 25％可湿性粉剂、50％水分散粒剂。防治蚜虫,用 50％水分散粒剂配成 2 500~5 000 倍液喷雾。

(七)生物源杀虫剂

1.印楝素

拒食、忌避、毒杀,传导。高效,无抗性。低毒,易降解、无残留。广谱,主要用于防治鳞翅目、同翅目、鞘翅目等害虫。0.3％乳油 800~1 500 mL 对水 750 L 喷雾。

2.苦参碱(苦参素)

一种低毒、低残留、环保型农药。具有杀虫活性、杀菌活性、调节植物生长功能等多种功能。对刺吸式口器昆虫蚜虫、鳞翅目昆虫菜青虫、茶毛虫、小菜蛾,以及茶小绿叶蝉、白粉虱等害虫有明显的防治效果。1％苦参碱醇溶液,0.2％苦参碱等。防治菜青虫在幼虫处于 2~3 龄时每 667 m² 用 0.3％苦参碱水剂 500~700 mL,加水 40~50 kg 进行喷雾。

3.藜芦碱

无残留、无污染、对作物安全。高效,无抗药性。持效期 7~14 d。广谱,防治刺吸式害虫及菜青虫等。10~25 g/667 m²,对水 600~800 倍喷雾。

4.阿维菌素(爱福丁、爱螨力克)

大环内酯抗生素类杀虫、杀螨、杀线虫剂。是灰色链霉菌素的发酵代谢产物。触杀、胃毒。高效,渗透力强。持效期 10~15 d。安全、无污染。抑制神经传导。广谱,防治鳞、双、同、鞘翅目等及螨、线虫。1.8％乳油等。治虫 3 000~4 000 倍液;治线虫,土壤处理 1 mL/m²。

5.甲维盐(甲氨基阿维菌素苯甲酸盐)

是从发酵产品阿维菌素 B1 开始合成的一种新型高效半合成抗生素杀虫剂。低毒,无残留,无公害。具强烈的触杀、胃毒、内吸、内渗、熏蒸、驱避作用。击倒快、持效期长、展着性好、耐雨水冲刷。超高效,在非常低的剂量(0.084~2 g/hm²)下具有很好的效果。对鳞翅目昆虫的幼虫和其他许多害虫及螨类的活性极高。每

667 m² 用 30～45 mL 对水喷雾或 1 000～2 000 倍液喷雾。

6. 苏云金杆菌(苏云金芽孢杆菌、Bt)

是一种细菌性杀虫剂,杀虫的有效成分是细菌及其产生的毒素。原药为黄褐色固体,属低毒杀虫剂。可用于防治直翅目、鞘翅目、双翅目、膜翅目,特别是鳞翅目的多种害虫。常见剂型有可湿性粉剂(100 亿活芽/g)、Bt 乳剂(100 亿活孢子/mL)。如用 100 亿孢子/g 的菌粉对水稀释 2 000 倍喷雾,可防治多种鳞翅目幼虫。30℃以上施药效果最好。不能与杀菌剂混用。

7. 白僵菌

是一种真菌性杀虫剂,无环境污染,害虫不易产生抗性,可用于防治鳞翅目、同翅目、膜翅目、直翅目等害虫。对人畜及环境安全,对蚕感染力很强。常见的剂型为粉剂(每克菌粉含有孢子 50 亿～70 亿个)及 1.0%、0.6% 和 1.8% 乳油。一般使用浓度为:菌粉稀释 50～60 倍喷雾。

8. 核多角体病毒

是一种病毒杀虫剂,具有胃毒作用。对人、畜、天敌、植物及环境安全,害虫不易产生抗性,不耐高湿,易被紫外线照射失活,作用较慢。适于防治鳞翅目害虫。常见的剂型为粉剂、可湿性粉剂。在害虫产卵盛期每公顷用(3～45)×10^{11} 个核多角体病毒对水喷雾。

项目二 吸汁类害虫的识别与防治

【学习目标】

完成本项目后,你应该能:

1. 从作物受害状上判断出是否是吸汁害虫所致;
2. 从形态特征上认识粮油作物生产中常见的吸汁害虫的种类;
3. 了解各类吸汁害虫的发生规律,掌握防治各类吸汁类害虫的关键技术。

【学习任务描述】

通过培训,让职业农民了解刺吸式与锉吸式口器的基本构造,能够从为害状上判断出是否是吸汁害虫所致;熟知吸汁害虫的主要种类,能从形态特征上认识粮油作物生产中常见的吸汁害虫种类,能够根据其发生规律,制订出综合防治措施并实施、检验。

【案例】

灰飞虱"吸干"38万亩秧苗

6月16日,在山东郯城县马头镇崔庄村,玉米种植户老崔看着光秃秃的庄稼地欲哭无泪。20多天前,他种了7亩玉米,种上不久,老崔晚上查看庄稼地的时候,发现地里有小虫嗡嗡乱飞,密集得让人难以睁眼。接着,虫灾暴发,7亩已经长到近半米高的玉米苗全部被虫子吸干汁液,枯倒在田地里。农业局的专家称,他的7亩玉米已经没有打药的价值,只能重新播种。

受灾的不光是老崔一家,全县35万亩玉米全部受灾,3万多亩新插秧的水稻也全部受灾。

灰飞虱是一种常见的刺吸式口器害虫,在麦田越冬,6月初于小麦收获前迁入水稻秧田。它吸食水稻和玉米的汁液,是玉米粗缩病和水稻条纹病的重要"凶手"。

为什么今年暴发了如此严重的灰飞虱虫灾?郯城县农业局相关负责人介绍,"罪魁祸首"是去年的"暖冬"。冬季气温高,昆虫过冬成活的就多,夏季就容易发生虫灾。加之前些日子郯城县一直高温少雨,这样的天气不利于作物生长,却大大有利于灰飞虱的繁殖,这场严重的灰飞虱虫灾就此暴发。

那么,灰飞虱究竟长什么样子? 它是怎样繁殖和危害的? 都危害一些什么作物? 怎么样进行防治? 通过本项目的学习,你会找到答案的。

工作任务一　蚜虫的识别与防治

【任务准备】

一、知识准备

蚜虫是同翅目蚜总科昆虫的统称。蚜虫的"蚜"字是由"芽"转化而来的,因为它们最喜欢的取食部位是植物的嫩芽。由于它们能大量排泄黏滞含糖的蜜露,因而又称蜜虫、腻虫或油汗等。目前已经发现的蚜虫总共有 10 个科约 4 400 种,其中多数属于蚜科。蚜虫也是地球上最具破坏性的害虫之一。大约有 250 种是对于农林业危害严重的害虫。

(一)蚜虫的基本特征

1. 蚜虫的形态特征

蚜虫体型微小,身长多在 1～3 mm 内,体柔软。触角相对较长,通常 6 节,末节中部起突然变细,明显分为基部和鞭部两部分。第 3～6 节基部常有圆形或椭圆形的感觉圈。每种蚜虫,有具翅的和无翅的个体。具翅的个体,前翅大而后翅小。腹部第 6 节背面有 1 对"腹管"。腹部末端的突起部为尾片。身体的颜色常因种而有差别,有绿、黄、红、蓝、黑色等。

蚜虫取食是以刺吸式口器吸取植物汁液。刺吸式口器(图 1-21)是咀嚼式口器(由上唇、上颚、下颚、下唇和舌 5 个主要部分组成)的特化,下唇延长成一个收藏或保护口针

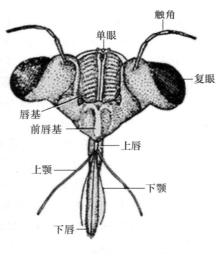

图 1-21　昆虫刺吸式口器

的喙,上颚和下颚的一部分演变成细长的口针。刺吸式口器有专门的抽吸构造——食道唧筒,用于吸食植物汁液。

2.蚜虫的生物学特征

(1)不完全变态　蚜虫一生经过卵、若虫、成虫三个虫态,若虫与成虫形态、习性和生活环境相似,仅体小、翅和附肢短,性器官不成熟,这是典型的不完全变态。

(2)多型现象　每种蚜虫至少有两个型——有翅孤雌型和无翅孤雌型,有些种类多达 5 个或 6 个型,即干母、有翅孤雌蚜、无翅孤雌蚜、性母、雌性蚜与雄性蚜。

(3)繁殖方式多样,繁殖力强　无翅雌虫(干母)在夏季营孤雌生殖,卵胎生(产幼蚜),条件适宜时,4～5 d 即可繁殖一代。秋末天气转凉时,出现雌蚜虫和雄蚜虫,交配后,雌蚜虫产卵,以卵越冬。

(4)能扩散迁飞　当食物或环境不适宜时,蚜虫往往会产生有翅型个体,向它处扩散或迁飞。

3.影响蚜虫发生的环境因素

每种蚜虫都有其发生周期和消长规律。同时,气候因素、食物因素和天敌因素以及人为因素等常对蚜虫种群的发生和消长起着重要作用,并相互作用和制约。

(1)气候因素　①温度。一般来讲,在一定范围内,温度越高蚜虫的发育越快,世代历期越短。②湿度。天气干旱时,蚜虫发生量一般较大。这是因为湿度低时,植物中的含水量相对较少,而营养物质相对较多,因此有利其生长发育。③光。蚜虫识别颜色的能力与人眼很不相同,蚜虫对黄色光有正的趋性,而对银灰色的光有负的趋性。

(2)食物因素　不同种蚜虫的食性范围有很大差别。食性广的,寄主植物可以包括数百种亲缘关系很远的植物,如桃蚜的寄主植物就包括蔷薇科、菊科、十字花科、杨柳科、豆科、伞形花科等 50 多个科 300 多种植物。食性窄的,如豆蚜只危害豆科植物,而禾谷缢管蚜可危害蔷薇科、禾本科、莎草科、香蒲科植物。

(3)天敌因素　蚜虫的天敌有很多种,包括有真菌、细菌、线虫、天敌昆虫、螨、蜘蛛、两栖爬行类和鸟类等。①天敌病原体。可以使蚜虫大量生病死亡的病原体不多,其中以真菌中的蚜霉菌属最重要。②寄生性天敌昆虫。重要的有蚜茧蜂科和蚜小蜂科。例如蚜茧蜂成虫将卵产于蚜虫体内实现寄生,蚜虫的各虫态除卵外都可被蚜茧蜂寄生。蚜茧蜂的繁殖力很强,每头雌蜂可产卵 77～844粒。③捕食性天敌昆虫。主要隶属于瓢虫科、草蛉科、食蚜蝇科、瘿蚊科、斑腹蝇科、姬猎蝽科和花蝽科。例如北方常见食蚜瓢虫有:七星瓢虫、多异瓢虫、异色瓢虫、龟纹瓢虫等,成虫日食蚜量平均 120～160 头,幼虫 1～4 龄平均各龄食蚜80～120 头。再如食蚜蝇,常见的有黑带食蚜蝇、大灰食蚜蝇、4 条小食蚜蝇、宽带食蚜蝇等。大灰食蚜蝇及黑带食蚜蝇各龄幼虫日食蚜量平均 120 头,其中大灰蚜蝇一生可食蚜 840～1 500 头。

（二）麦蚜

麦蚜是为害小麦蚜虫的简称,有多种:麦长管蚜在全国麦区均有发生,是大多数麦区的优势种之一;麦二叉蚜主要分布在我国北方冬麦区,特别是华北、西北等地发生严重;禾谷缢管蚜分布于华北、东北、华南、华东、西南各麦区,在多雨潮湿麦区常为优势种之一;麦无网蚜主要分布在北京、河北、河南、宁夏、云南和西藏等地。麦蚜的寄主种类较多,除主要危害麦类作物外,也危害稻、高粱、粟等禾本科作物以及禾本科、莎草科等杂草。

1. 为害状识别

麦蚜在小麦苗期,多群集在麦叶背面、叶鞘及心叶处;小麦拔节、抽穗后,多集中在茎、叶和穗部危害,并排泄蜜露,影响植株的呼吸和光合作用。被害处呈浅黄色斑点,严重时叶片发黄,甚至整株枯死。穗期危害,造成小麦灌浆不足,籽粒干瘪,千粒重下降,引起严重减产。以乳熟期危害最重、损失最大。麦蚜又是传播植物病毒的重要昆虫媒介,以传播小麦黄矮病毒危害最重。

2. 形态识别

麦长管蚜:无翅孤雌蚜体长卵形,草绿色至橙红色,头部略显灰色,腹侧具灰绿色斑。有翅孤雌蚜体椭圆形,绿色;触角黑色。腹管长圆筒形,黑色,尾片长圆锥状。

麦二叉蚜（图 1-22）:无翅孤雌蚜体卵圆形,淡绿色,背中线深绿色,腹管浅绿色,顶端黑色,中胸腹部具短柄,触角 6 节,尾片长圆锥形。有翅孤雌蚜体长卵形,体绿色,背中线深绿色,头、胸黑色,腹部色浅,触角黑色共 6 节,前翅中脉二叉状。

3. 发生规律

麦蚜的生活周期可分不全周期和全生活周期两种类型。4 种常见麦蚜在温暖地区可全年行孤雌生殖,不发生性蚜世代,表现为不全周期型;在北方寒冷地区,则表现为全生活周期型。年发生代数因地而异,一般可发生 10～20 代。

麦长管蚜和麦二叉蚜终年在禾本科植

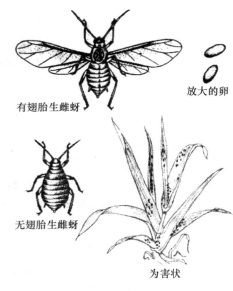

有翅胎生雌蚜

放大的卵

无翅胎生雌蚜

为害状

图 1-22　麦二叉蚜

物上繁殖生活。以成、若蚜或以卵在冬麦田的麦苗和禾本科杂草基部或土缝中越冬。遇温暖的晴天,越冬的成、若蚜仍能在麦苗和杂草上活动。来年春暖后,卵孵化成干母,干母产生有翅和无翅孤雌蚜后代;越冬成、若蚜则直接恢复危害和繁殖。在杂草上的越冬蚜,繁殖1~2代后产生有翅蚜迁向麦田。随着气温的上升和小麦的生长发育不断进行孤雌生殖,扩大种群。麦长管蚜在小麦灌浆乳熟期是繁殖高峰期。当小麦进入拔节至孕穗期,麦二叉蚜繁殖达到高峰。小麦蜡熟期,大量产生有翅蚜,陆续飞离麦田,迁向禾本科植物上继续危害和繁殖,并在其上或自生麦苗上越夏。秋播麦苗出土后,大部分麦蚜又开始迁回冬麦苗上危害。

4. 防治方法

(1)农业防治　适时集中播种。冬小麦适当晚播,春小麦要适时早播。合理施肥浇水。此外,结合积肥,在播种前清除小麦田附近早熟禾等禾本科杂草,对于防止小麦蚜早期迁入也有一定的作用。

(2)生物防治　麦田内麦蚜天敌种类与数量很多,当瓢虫、草蛉、食蚜蝇等天敌与麦蚜的数量比例在1∶(80~120),或蚜霉率60%(雨水较多时,蚜虫被霉菌寄生致死),或僵蚜率达30%时,暂不要用药。若有蚜株率达90%以上,百株蚜量达500~800头,天敌难以控制麦蚜时,宜选用选择性强的药剂如抗蚜威、吡虫啉等,以保护天敌。

(3)化学防治　主要抓好苗期蚜虫防治和蚜虫发生初期的防治。

种子处理可以用下列杀虫剂:10%吡虫啉可湿性粉剂200~400 g/100 kg 种子;40%乙酰甲胺磷乳油100 mL/150~250 kg 种子;35%丁硫克百威种子处理剂以种子重量0.8%的药剂拌种,还可兼治地下害虫。

小麦苗期,田间蚜虫发生初期,华北地区可于4月上中旬,发现中心株时,及时施药防治:10%吡虫啉可湿性粉剂30~40 g/667 m²;10%烯啶虫胺水剂10~20 mL/667 m²;1.8%阿维菌素乳油10~15 mL/667 m²;50%抗蚜威可湿性粉剂20~30 g/667 m²;20%丁硫克百威乳油60~80 mL/667 m²;3.15%阿维菌素·吡虫啉乳油25~40 mL/667 m²;48%毒死蜱乳油10~20 mL/667 m²;25%吡蚜酮可湿性粉剂16~20 g/667 m²;24%抗蚜威·吡虫啉可湿性粉剂13~20 g/667 m²,对水40~50 kg 匀喷雾,间隔7~10 d,视虫情连喷1~3次。

防治穗期麦蚜,当达到防治指标时,可选用下列药剂:3%啶虫脒乳油40~50 mL/667 m²;20%高效氯氰菊酯·辛硫磷乳油40~60 mL/667 m²;10%氟氯氰菊酯·唑磷乳油30~50 mL/667 m²;2%氰戊菊酯·吡虫啉乳油30~50 mL/667 m²;20%吡虫啉·仲丁威乳油60~80 mL/667 m²,对水40~50 kg,均匀喷雾。如发生严重时,间隔7~10 d,再喷1次。

（三）玉米蚜

1. 为害状识别

玉米蚜又称玉米缢管蚜，可为害玉米、高粱、小麦、大麦、水稻及多种禾本科杂草。玉米蚜在玉米苗期群集在心叶内，刺吸为害。随着植株生长集中在新生的叶片为害。孕穗期多密集在剑叶内和叶鞘上为害。边吸取玉米汁液，边排泄大量蜜露，覆盖叶面上的蜜露影响光合作用，易引起霉菌寄生，被害植株长势衰弱，发育不良，产量下降。玉米蚜还能传播多种禾本科谷类病毒。

2. 形态识别

有翅胎生雌蚜：体长 1.5～2.5 mm，头、胸、足为黑色，腹部为暗绿色，无显著粉被。腹管前各节有暗色侧斑，其基部及端部狭长，管口稍缢缩。触角6节，第3节有感觉圈 10～20 个，基节 1～3 节为绿色，其余各节为黑色。触角、喙、足、腹节间、腹管和尾片黑色，额瘤发达粗糙。

无翅胎生雌蚜：体长 1.3～2.0 mm，长卵形，体灰绿色至蓝绿色，常有一层蜡粉。腹管、足、尾片及臀板为黑色。触角短，约为体长的 1/3，第 6 节的鞭状部为基部长的 1.5～2 倍，触角端部两节稍为暗黑色，其余各节为土色。腹管暗褐色，短圆筒形，端部稍缢缩，周围略带红褐色。尾片短，中部稍收缩。

3. 发生规律

一年发生 20 余代，冬季以成蚜、小若蚜在麦类心叶及向阳生长的早熟禾等禾本科杂草的心叶及叶鞘内侧越冬。翌年 3～4 月间，气温达 11～13℃时开始活动，集中在麦苗和杂草心叶里继续危害。4月底5月初向春玉米、高粱迁移。玉米抽雄前，一直群集于心叶里繁殖为害，抽雄后扩散至雄穗、雌穗上繁殖为害，扬花期是玉米蚜繁殖为害的最有利时期，故防治适期应在玉米抽雄前。适温高湿，即旬平均气温23℃左右，相对湿度 85% 以上，玉米正值抽雄扬花期时，最适于玉米蚜的增殖为害，而暴风雨对玉米蚜有较大控制作用。杂草较重发生的田块，玉米蚜也偏重发生。

4. 防治方法

（1）农业防治　加强田间管理，及时清除田间地头杂草。采用麦垄套种玉米栽培法比麦后播种的玉米提早 10～15 d，能避开蚜虫繁殖的盛期，可减轻为害。

（2）药剂拌种　玉米播种前，可用 70% 吡虫啉湿拌种剂 420～490 g/100 kg 种子、5.4% 戊唑·吡虫啉悬浮种衣剂 108～180 g/100 kg 种子拌种，减少蚜虫的为害。

（3）喷药防治　在玉米拔节期，发现中心蚜株，可喷施下列药剂：30% 乙酰甲胺磷乳油 150～200 mL/667 m²；40% 嘧啶氧磷乳油 50～80 mL/667 m²；50% 抗蚜威可湿性粉剂 20～40 g/667 m²；25% 唑蚜威可湿性粉剂 60～80 g/667 m²；20% 丁硫克百威乳油 60～80 mL/667 m²；10% 吡虫啉可湿性粉剂 10～20 g/667 m²，对水

40～50 kg,均匀喷雾。当有蚜株率达 30%～40%,出现"起油株"时应进行全田普治,可以用下列药剂:2.5%高效氯氟氰菊酯乳油 12～20 mL/667 m²;10%氯噻啉可湿性粉剂 10～20 g/667 m²;25%噻虫嗪水分散粒剂 8～10 g/667 m²;25%吡蚜酮可湿性粉剂 16～20 g/667 m²;10%烯啶虫胺水剂 10～20 mL/667 m²;48%噻虫啉悬浮剂 7～14 mL/667 m²,对水 40～50 kg 均匀喷雾,为害严重时,可间隔 7～10 d 再喷 1 次。

(四)油菜蚜

我国油菜蚜有 3 种,即萝卜蚜、桃蚜和甘蓝蚜,均属同翅目蚜科。俗称蜜虫、腻虫、油虫等。是为害油菜最严重的害虫之一。萝卜蚜和桃蚜在全国都有发生,其中又以萝卜蚜数量最多;甘蓝蚜主要发生在北纬 40°以北和海拔 1 000 m 以上的高原、高山地区。

1. 为害状识别

成蚜、若蚜都在油菜顶端或嫩叶背面刺吸汁液,使受害叶变黄卷缩,植株生长不良,影响抽薹、开花、结实。为害严重时,植株矮缩,生长停滞,甚至枯蔫而死。油菜抽薹、开花、结果阶段,蚜虫密集为害,造成落花、落蕾和角果发育不良,籽粒秕小,严重的甚至颗粒无收。蚜虫还能传播油菜病毒病,其造成的损失,往往要比蚜虫本身的为害还要严重。

2. 形态识别

(1)萝卜蚜

有翅胎生雌蚜:头、胸黑色,腹部绿色,第 1～6 腹节各有独立缘斑,腹管前后斑愈合,第 1 节有背中窄横带,第 5 节有小型中斑,第 6～8 节各有横带,第 6 节横带不规则。

无翅胎生雌蚜:体长 2.3 mm,宽 1.3 mm,绿色或黑绿色,被薄粉,表皮粗糙,有菱形网纹,腹管长筒形,顶端收缩,长度为尾片的 1.7 倍,尾片有长毛 4～6 根。

(2)桃蚜

无翅孤雌蚜:体长 2.6 mm,宽 1.1 mm。体淡红色,头部深色,体表粗糙,但背中域光滑,第 7、8 腹节有网纹;额瘤显著,中额瘤微隆;触角长 2.1 mm,第 3 节长 0.5 mm,有毛 16～22 根;腹管长筒形,端部黑色,为尾片的 2.3 倍;尾片黑褐色,圆锥形,近端部 1/3 收缩,有曲毛 6～7 根。

有翅孤雌蚜:头、胸黑色,腹部淡色;触角第 3 节有小圆形次生感觉圈 9～11 个;腹部第 4～6 节背中融合为 1 块大斑,第 2～6 节各有大型缘斑,第 8 节背中有 1 对小突起。

(3)甘蓝蚜

有翅胎生雌蚜:体长约 2.2 mm,头、胸部黑色,复眼赤褐色。腹部黄绿色,有数条不很明显的暗绿色横带,两侧各有 5 个黑点,全身覆有明显的白色蜡粉;无额瘤;

触角第 3 节有 37～49 个不规则排列的感觉孔;腹管很短,远比触角第 5 节短,中部稍膨大。

无翅胎生雌蚜:体长 2.5 mm 左右,全身暗绿色,被有较厚的白蜡粉,复眼黑色,触角无感觉孔;无额瘤;腹管短于尾片;尾片近似等边三角形,两侧各有 2～3 根长毛。

3. 发生规律

(1)萝卜蚜　1 年发生代数因地区而不同,在北方 1 年发生 10 多代到 20 多代,在华南可发生 46 代左右。北方寒冷地区,以无翅成蚜和卵随秋菜入菜窖内越冬,翌年在越冬寄主上繁殖几代后,产生有翅蚜,向其他蔬菜上转移蔓延,扩大危害。到晚秋,继续胎生繁殖,或产生两性蚜交配产卵越冬。在北方温室内可终年繁殖危害。温暖地区,以无翅雌蚜在蔬菜心叶等隐蔽外及杂草上越冬。

(2)桃蚜　1 年发生的世代数随地区不同而异。一般在华北地区 1 年可发生10 余代,在南方则多达 30～50 代。由于蚜虫的发育期短,无翅胎生雌蚜产若蚜期长,世代重叠特别严重,甚至无法分清世代。一部分桃蚜以卵在蔷薇科果树的芽腋、小分枝或枝梢的裂缝处越冬;另一部分在蔬菜心处产卵越冬,亦可以无翅胎生雌蚜在菜心中越冬。温室内,终年在蔬菜上胎生繁殖,不进行越冬。

(3)甘蓝蚜　在新疆等地 1 年发生约 20 代。北方以卵在晚甘蓝及球茎甘蓝、萝卜和白菜上越冬。越冬卵一般在 4 月开始孵化,先在种株上繁殖,5 月下旬迁移到春菜上辗转危害,再扩大到夏菜和秋菜上危害,10 月上旬即开始产卵越冬。在温暖地区可终年繁殖。

桃蚜、萝卜蚜和甘蓝蚜 3 种蚜虫对黄色、橙色有强烈的趋性,绿色次之,对银灰色有负趋性。利用黄皿诱杀,是研究菜蚜迁飞、扩散的有效方法;用银灰色塑料薄膜网眼遮盖育苗,可达到早期避蚜的目的。

4. 防治方法

(1)农业防治　加强调查,监测蚜虫的迁飞动向,以防蚜虫传毒导致病毒病的为害。夏季采取少种十字花科蔬菜以及结合间苗、清洁田园,借以减少蚜源,保持苗期土壤湿润,选育抗虫品种。

(2)物理防治　黄板诱蚜,在秋播油菜地设置黄板,上涂一层油,色板高于地面 45 cm,可大量诱杀有翅蚜;或用银灰、白色或黑色薄膜覆盖油菜行间 40～50 d,有驱蚜防病作用,苗床四周铺宽约 15 cm 的银灰色薄膜,苗床上方挂银灰薄膜条,可避蚜防病毒病。

(3)生物防治　保护天敌或人工饲养释放蚜茧蜂、草蛉、食蚜蝇、多种瓢虫及蚜霉菌等可减少蚜害,田间释放蚜茧蜂,每亩 3 500 头,控制蚜虫效果较好。

(4)药剂防治　用 20% 蚜灭磷可湿性粉剂 1 kg 拌种 100 kg,可防苗期蚜虫。

苗期有蚜株率达 10％、虫口密度为 1～2 头/株;开花期有 10％茎枝有蚜虫,每枝有蚜 3～5 头时开始喷药,可用下列药剂:10％吡虫啉可湿性粉剂 10～20 g/667 m²;3％啶虫脒乳油 40～50 mL/667 m²;1.8％阿维菌素乳油 20～40 mL/667 m²;2.5％氯氟氰菊酯乳油 30～45 mL/667 m²;4.5％高效氯氰菊酯乳油 20～40 mL/667 m²;2.5％溴氰菊酯乳油 30～45 mL/667 m²;20％氰戊菊酯乳油 20～30 mL/667 m²;5.7％氟氯氰菊酯乳油 30～50 mL/667 m²;40％氧乐果乳油 50～75 mL/667 m²;48％毒死蜱乳油 50～60 mL/667 m²;50％抗蚜威可湿性粉剂 10～20 g/667 m²;25％唑蚜威可湿性粉剂 20～30 g/667 m²;50％混灭威乳油 38～50 mL/667 m²;50％丁醚脲悬浮剂 60～80 mL/667 m²;10％氯噻啉可湿性粉剂 10～20 g/667 m²;25％噻虫嗪水分散粒剂 8～10 g/667 m²;25％吡蚜酮可湿性粉剂 16～20 g/667 m²;10％烯啶虫胺水剂 20～40 mL/667 m²;48％噻虫啉悬浮剂 7～14 mL/667 m²,对水 40～50 kg 均匀喷施,间隔 7～10 d 1 次,连续防治 2～3 次。

　　(五)其他蚜虫(表 1-7)

表 1-7　其他蚜虫

虫名	形态识别	发生规律	防治方法
大豆蚜	长卵形,长 0.96～1.52 mm,黄色或黄绿色,体侧有显著的乳状突起。头部淡黑色,顶端突起。复眼暗红色。触角与体躯等长。尾片黑色,圆锥形;尾板末端钝圆,有许多毛。	1 年可在大豆上繁殖约 25 代。在东北、华北、山东以卵在鼠李的枝条芽腋或隙缝间越冬。越冬卵孵化为干母,以孤雌胎生繁殖 1～2 代后发生迁移蚜,迁飞到大豆幼苗上危害。8 月末至 9 月初产生有翅性母蚜,飞回越冬寄主上,产生两性蚜,交配产卵越冬。高温高湿对大豆蚜不利。	药剂防治参照麦蚜。
花生蚜	又称苜蓿蚜、豆蚜、槐蚜,有翅胎生雌蚜长 1.5～1.8 mm,体黑绿色,有光泽。触角 6 节。翅基、翅痣、翅脉均为橙黄色。腹管黑色,圆筒形长是尾片的 2 倍。尾片乳突黑色上翘,两侧各生 3 根刚毛。无翅胎生雌蚜体长 1.8～2.0 mm,体较肥胖,黑色至紫黑色,具光泽。	山东、河北年生 20 代,广东、福建 30 多代。主要以无翅胎生若蚜于避风向阳处的荠菜、苜蓿、地丁等寄主上越冬,也有少量以卵在枯死寄主的残株上越冬。在华南各省能在豆科植物上继续繁殖,无越冬现象。春末夏初气候温暖,雨量适中利于该虫发生和繁殖。旱地、坡地及生长茂密地块发生重。主要天敌有瓢虫、食蚜蝇、草蛉等。	药剂防治参照麦蚜。

二、工作准备

(1)实施场所　粮油作物生产基地、多媒体实训室。

(2)仪器与用具　体视显微镜、镊子、三角纸、采集瓶、各种杀虫剂、喷雾器、调查记载表等。

(3)标本与材料　麦长管蚜、禾谷缢管蚜、麦二叉蚜、麦无网长管蚜、玉米蚜、高粱蚜、大豆蚜、花生蚜、萝卜蚜、桃蚜、甘蓝蚜、瓢虫、草蛉、食蚜蝇、蚜茧蜂等各虫态标本。

(4)其他　教材、PPT、视频、影像资料、相关图书、网上资源等。

【任务设计与实施】

一、任务设计

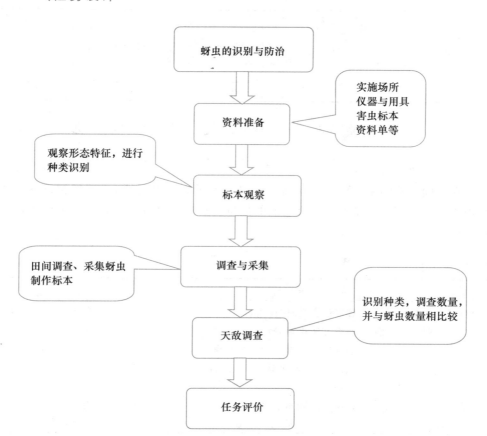

二、任务实施

1.蚜虫标本观察

实训室里,在老师的指导下,熟练地使用体视显微镜,分组对各种蚜虫个体大小、体色、腹管、尾片、口气、体型等形态特征进行观察,比较各种蚜虫的差别。

2.蚜虫田间调查与采集

(1)蚜虫的田间调查　以麦蚜为例。调查时间:小麦返青拔节期至乳熟期止,开始每5d调查1次,当日增蚜量超过300头时,每3d调查1次。调查方法:采用单对角线5点取样,每点固定50株,当百株蚜量超过500头时,每点可减少至20株。调查有蚜株数、蚜虫种类及其数量,记录结果并汇入表1-8。

表 1-8　小麦蚜虫系统调查表

地点:　　　　　　　　　品种:　　　　　　　　　地块类型:

调查日期	生育期	调查株数	有蚜株数	有蚜株率/%	蚜虫种类及其数量/头								百株蚜量/头	备注
					麦长管蚜		麦二叉蚜		禾谷缢管蚜		麦无网长管蚜			
					有翅	无翅	有翅	无翅	有翅	无翅	有翅	无翅		

(2)采集蚜虫　采集蚜虫(连同植株受害部位),带回实训室,全班统一浸制成标本。

3.天敌识别与调查

在田间寻找瓢虫、草蛉、食蚜蝇、蚜茧蜂等蚜虫的天敌昆虫,对照教材或参考资料识别种类及其各个虫态。调查它们的数量,与蚜虫数量比较,看天敌昆虫能否控制住蚜虫。

【任务评价】

评价内容	评价标准	分值	评价人	得分
蚜虫标本观察	观察认真,操作得当,认识种类多	20分	组内互评	
发生情况调查与识别	调查方法准确,操作熟练,种类识别准确。数据统计真实准确	30分	组间互评	
天敌识别与调查	识别准确,调查认真,结果符合实际情况	30分	教师	
团队协作	小组成员间团结协作	10分	组内互评	
职业素质	责任心强,主动、认真去做,方法多样	10分	组内互评	

【任务拓展】

科学使用农药

科学合理的使用农药是作物化学保护成功的关键。结合农业生产实践和自然环境,进行综合分析,灵活使用不同农药品种、剂型、施药技术和用药策略,可以有效地提高防治效果,避免药害以及残留污染对非靶标生物和环境的损害,并可以延缓抗药性的发生发展。

1.药剂种类的选择

各种农药的防治对象均具有一定的范围,且常表现出对种的毒力差异,甚至同种农药对不同地区和环境里的同一种有害生物也会表现出不同的防治效果,尤其是因不同地区的用药差异形成的抗药性种群,药效差异更大。因此,必须根据有关资料和当地的田间药效试验结果来选择有效的防治药剂品种。

2.剂型的选择

农药不同的剂型均具有其最优使用场合,根据具体情况选择适宜的剂型,可以有效地提高防治效果。如防治水稻后期的螟虫和飞虱,采用粉剂喷粉或采用液剂喷雾的效果不如采用粒剂、或撒毒土和泼浇防治。

3.适期用药

各种有害生物在其生长和发育过程中,均存在易受农药攻击的薄弱环节,适期用药不仅可以提高防治效果,同时还可以避免药害和对天敌及其他非靶标生物的影响,减少农药残留。

4.采用适宜的施药方法

不同的防治对象和保护对象需要不同的施药方法进行处理,选择适宜的施药方法,既可以得到满意的效果,又可以减少农药用量和飘移污染。一般来说,在可能的情况下,尽量选择减少飘移污染的集中施药技术。如可以通过种苗处理防治的病虫害,尽量不要在苗期喷药防治,这不仅省工、高效、无飘移污染,而且对天敌生物和非靶标生物影响小,有利于建立良性农田生态环境。

5.注意环境因素的影响

合理用药必须考虑温度、湿度、雨水、光照、风、土壤性质和植物长势等环境因素。温度影响药剂毒力、挥发性、持效期、有害生物的活动和代谢等;湿度影响药剂的附着、吸收、植物的抗性、微生物的活动等;雨水造成对农药的稀释、冲洗和流失等;光照影响农药的活性、分解和持效期等;风影响农药的使用操作、飘移污染等;土壤性质影响农药的稳定性和药效的发挥;而植物长势则主要影响农药接近有害生物。一般通过选择适当的农药剂型、施药方法、施药时间来避免环境因素的不利影响,发挥其有利的一面,达到合理用药的目的。

6. 充分利用农药的选择性

合理用药必须充分利用农药的选择性,减少对非靶标生物和环境的危害。如利用内吸性杀虫剂进行根区施药。避免花期施药,不采用喷粉的方法施药,在不影响药效的情况下添加适量的石炭酸或煤焦油等蜜蜂的驱避剂,可以减少对蜜蜂的毒害。利用拌种、涂茎等施药方法,减少前期喷药,可以有效地保护天敌。在鱼塘、水源应选择对鱼低毒的农药,水产养殖稻田施药前灌深水,尽量使用使药剂沉积在植物上部的施药方法,避免农药飘移或流入鱼塘,可以避免对鱼的毒害。

7. 抗药性治理

合理用药要采取适当用药策略延缓抗药性的发生发展。如采用无交互抗性农药轮换使用或混用,采用多种药剂搭配使用,避免长期连续单一使用一种农药;利用其他防治措施,或选择最佳防治适期,提高防治效果,控制农药使用次数,减轻选择压力;尽可能减少对非靶标生物的影响,保护农田生态平衡,防止害虫再猖獗而增加用药次数等。

工作任务二　害螨的识别与防治

【任务准备】

一、知识准备

(一)害螨的基本特征

1.害螨的形态特征

严格地讲,螨类不是昆虫,而属于节肢动物门的蛛形纲蜱螨目。体小型或微小型,圆形或椭圆形,身体分节不明显,一般由 4 个体段构成:颚体段(相当于昆虫的头部);前肢体段、后肢体段(相当于昆虫的胸部);末体段(相当于昆虫的腹部)。无翅、无触角、无复眼。一般具有 4 对足,少数种类有 2 对足(图 1-23)。

螨类的刺吸式口器由 1 对螯肢和 1 对足须组成,螯肢端部特化为口针,基部愈合成颚刺器,头部背面向前延伸,形成口上板,与下口板愈合成一管子,包围口针。足须有感觉作用,帮助寻找食物。

2.农业害螨的为害特点

农业害螨主要危害作物的叶、嫩茎、叶鞘、花蕾、花萼、果实、块根、块茎以及农产品的加工品等。绝大多数农业害螨的危害特点十分相似,危害时均以其细长的口针刺破植物表皮细胞,吸食汁液,使被害部位失绿、枯死或畸形,但不同植物、不同被害部位常表现出不同的受害状。由于螨类个体较小,较难发现,因而常常被误诊为病害。

3.螨类的生物学特征

螨类的生殖方式有两性生殖和孤雌生殖 2 类。大多数螨类营两性生殖。螨类个体发育阶段因种类而异。叶螨的个体发育一般要经过卵、幼螨、第 1 若螨(前若螨)、第 2 若螨(后若螨)和成螨 5 个阶段。在进入第 1 若螨、第 2 若螨和成螨之前各有 1 个静息期,不食不动,足向体躯收缩,类似于昆虫的蛹期。蜕皮后进入下一个发育阶段。螨类世代历期的长短和年发生代数因

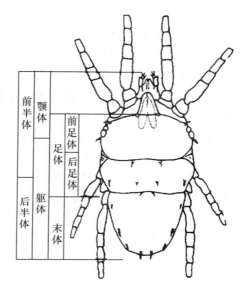

图 1-23 螨类的体躯构造

种类而异,主要农业害螨一般世代历期 20～40 d,年发生 3～10 代,多的达 20 多代。

螨类的扩散传播有主动和被动 2 种方式,爬行可能是螨类在植株上和植株间主动扩散的主要方式。被动扩散传播则有多种情况,在食物恶化或缺乏时,几百至几千个体群集成团,凭借蛛丝串连下垂,随风飘荡吹向较远的植株;螨体也可随气流传至高空,作远距离迁移;螨类有一定的抗水能力,所以流水也是它的一种传播途径;在田间从事生产的人畜和各种农机具,也会成为螨类的传播者;苗木、果实的运输,也是螨类远距离传播的一种途径。

(二)小麦红蜘蛛

小麦红蜘蛛俗名麦蜘蛛、火龙、赤蛛、火蜘蛛。属蛛形纲蜱螨目。为害小麦的红蜘蛛主要有麦长腿蜘蛛(麦岩螨)和麦圆蜘蛛(麦圆叶爪螨)两种。

1.为害状识别

麦蜘蛛春秋两季危害麦苗,成、若虫以刺吸式口器刺入小麦组织取食危害,叶片被害后,呈现黄白色斑点,叶色发黄,蒸腾作用增大,麦苗抗寒能力下降,受害严重时,麦株枯死或不能抽穗。

2.形态识别

麦长腿蜘蛛成虫体长 0.62～0.85 mm、宽约 0.2 mm,体纺锤形,两端较尖,紫红

色至褐绿色。

麦圆蜘蛛成虫体长 0.6～0.8 mm、宽 0.43～0.65 mm,体形略圆,头胸部凸出,深红色。

3. 发生规律

麦长腿蜘蛛每年发生 3～4 代,完成 1 个世代需 24～46 d,平均 32 d。麦圆蜘蛛每年发生 2～3 代,完成 1 个世代需 46～80 d,平均 57.8 d。两者都是以成虫和卵在植株根际和土缝中越冬。翌年 2 月中旬成虫开始活动,越冬卵孵化,3 月中下旬虫口密度迅速增大,为害加重,5 月中下旬麦株黄熟后,成虫数量急剧下降,以卵越夏。10 月上中旬,越夏卵陆续孵化,在小麦幼苗上繁殖为害,12 月以后若虫减少,越冬卵增多,以卵或成虫越冬。

4. 防治方法

加强农业防治,重视田间虫情监测,及时发现,及早防治,将麦蜘蛛消灭于点片发生时期。

(1)农业防治 ①灌水灭虫。在红蜘蛛潜伏期灌水,可使虫体被泥水粘于地表而死。灌水前先扫动麦株,使红蜘蛛假死落地,随即放水,收效更好。②精细整地。早春中耕,能杀死大量虫体,麦收后浅耕灭茬,秋收后及早深耕,因地制宜进行轮作倒茬,可有效消灭越夏卵及成虫,减少虫源。③加强田间管理。一要施足底肥,保证苗齐苗壮,并要增加磷钾肥的施入量,保证后期不脱肥,增强小麦自身抗病虫害能力。二要及时进行田间除草,以有效减轻其为害。实践证明,一般田间不干旱、杂草少、小麦长势良好的麦田,小麦红蜘蛛很难发生。

(2)化学防治 小麦红蜘蛛虫体小、发生早且繁殖快,易被忽视,因此应加强虫情调查。从小麦返青后开始每 5 d 调查 1 次,当麦垄单行 33 cm 有虫 200 头或每株有虫 6 头,大部分叶片密布白斑时,即可施药防治。防治方法以挑治为主,即哪里有虫防治哪里、重点地块重点防治,这样不但可以减少农药使用量,还可提高防治效果。小麦起身拔节期于中午喷药,小麦抽穗后气温较高,10 时以前和 16 时以后喷药效果最好。可用人工背负式喷雾器加水 50～75 kg,药剂喷雾要求均匀周到、匀速进行。如用拖拉机带车载式喷雾器作业,要用二挡匀速进行喷雾,以保证叶背面及正面都能喷到药剂。防治红蜘蛛可选用 1.8% 阿维菌素 5 000～6 000 倍液,或 1.2% 苦·烟乳油 800～1 000 倍液、15% 哒螨灵乳油 2 000～3 000 倍液、20% 扫螨净可湿性粉剂 3 000～4 000 倍液、20% 绿保素(螨虫素＋辛硫磷)乳油 3 000～4 000 倍液等。

(三)玉米叶螨

玉米叶螨即玉米红蜘蛛,我国危害玉米的红蜘蛛中,截形叶螨和棉叶螨为两个优势种。俗名统称火蜘蛛、火龙等。这两种红蜘蛛的寄主相当广泛,除危害玉米、小麦、棉花、大豆、高粱、谷子、绿豆及茄子等蔬菜外,还可危害麻类及多种杂草。

1.为害状识别

红蜘蛛一般在抽穗之后开始为害玉米,发生早的年份,在玉米 6 片叶时即开始为害。若螨和成螨群聚叶背吸取汁液,使叶片呈灰白色或枯黄色细斑,严重时,整个叶片发黄、皱缩,直至干枯脱落,玉米籽粒秕瘦,造成减产、绝收。

2.形态识别

(1)二斑叶螨

雌成螨:体背两侧各具 1 块暗红色长斑,有时斑中部色淡分成前后两块。

雄成螨:体近卵圆形,前端近圆形,腹末较尖,多呈鲜红色。

卵:球形,光滑,初无色透明,渐变橙红色,将孵化时现出红色眼点。

幼螨:初孵时近圆形,无色透明,取食后变暗绿色,眼红色,足 3 对。

若螨:前期若螨体近卵圆形,色变深,体背出现色斑;后期若螨体黄褐色,与成虫相似。

(2)朱砂叶螨

雌成螨:体椭圆形;体背两侧具有一块三裂长条形深褐色大斑。

雄成螨:体菱形,一般为红色或锈红色,也有浓绿黄色的,足 4 对。

卵:近球形,初期无色透明,逐渐变淡黄色或橙黄色,孵化前呈微红色。

幼螨和若螨:卵孵化后为 1 龄,仅具 3 对足,称幼螨。幼螨蜕皮后变为 2 龄,又叫前期若螨;前期若螨再蜕皮,为 3 龄,称后期若螨,若螨均有 4 对足。雄螨一生只蜕 1 次皮,只有前期若螨。幼螨黄色,圆形,透明,具 3 对足。若螨体似成螨,具 4 对足。前期体色淡,后期体色变红。

3.发生规律

(1)二斑叶螨 南方一年生 20 代以上,北方 12～15 代。越冬场所随地区不同,在华北以雌成虫在杂草、枯枝落叶及土缝中吐丝结网潜伏越冬;在华中以各种虫态在杂草及树皮缝中越冬;在四川以雌成虫在杂草或豌豆、蚕豆作物上越冬。2 月均温达 5～6℃时,越冬雌虫开始活动,3～4 月先在杂草或其他为害对象上取食,4 月下旬至 5 月上中旬迁入瓜田,先是点片发生,而后扩散全田。6 月中旬至 7 月中旬为猖獗为害期。靠近村庄、果园、温室和长满杂草的向阳沟渠边的玉米田发生早且重,其次是常年旱作田。

(2)朱砂叶螨 在北方一年发生 12～15 代,长江流域 18～20 代,华南地区每年发生 20 代以上。以雌成螨在草根、枯叶及土缝或树皮裂缝内吐丝结网群集越冬,最多可达上千头聚在一起。7 月中旬雨季到来,叶螨发生量迅速减少,8 月若天气干旱可再次大发生。干旱少雨时发生严重;暴雨对朱砂叶螨的发生有明显的抑制作用;轮作田发生轻,邻作或间作瓜类和果树的田块发生较重。

4.防治方法

(1)农业防治 合理安排轮作的作物和间作、套种的作物,避免叶螨在寄主间相互转移为害。以水旱轮作效果最好。加强田间管理,保持田园清洁,及时铲除田边杂草及枯枝老叶并烧毁,减少虫源。干旱时应注意灌水,增加田间湿度,不利于其繁殖和发育。结合田间管理,发现叶螨时,顺手抹掉;若叶螨多时,将叶片摘下处理。收获后,及时清除田间残枝、落叶和杂草,集中烧毁。有条件的地方可进行深翻、冬灌。

(2)化学防治 玉米拔节期以后单株虫量达 200 头以上时,可选用下列药剂:15%哒螨灵乳油 2 000～2 500 倍液;73%克螨特乳油 2 000～3 000 倍液;20%甲氰菊酯乳油 1 000～2 000 倍液;20%复方浏阳霉素乳油 1 000～2 000 倍液;20%双甲脒乳油 1 000～1 500 倍液;2.5%高效氯氟氰菊酯乳油 2 000～4 000 倍液;5%噻螨酮乳油 2 000～3 000 倍液;1.8%阿维菌素乳油 3 000～4 000 倍液;20%三氯杀螨醇乳油 600～1 000 倍液,间隔 7～10 d 喷 1 次,连续 2～3 次。药剂应轮换使用,以免产生抗药性。喷药要均匀,一定要喷到叶背面;另外,对田边的杂草等寄主植物也要喷药,防止其扩散。

(四)其他害螨(表 1-9)

表 1-9　其他害螨

虫名	形态识别	发生规律	防治方法
豆叶螨	雌螨长 0.46 mm,宽 0.26 mm。体椭圆形,深红色,体侧具黑斑;雄螨长 0.32 mm,宽 0.16 mm,体黄色,有黑斑。	北方 1 年发生 10 代左右,以雌成螨在缝隙或杂草丛中越冬。5 月下旬绽花时开始发生,夏季是发生盛期,冬季在豆科植物、杂草、地面叶片上栖息,全年世代平均天数为 41 d。降雨少、天气干旱的年份易发生。	田间 2%～5%的叶片出现叶螨,每片叶上有 2～3 头时,应进行挑治,喷双甲脒、三唑锡、氟虫脲、噻螨酮、甲氰菊酯、克螨特、苯丁锡、哒螨灵等。
截形叶螨	成螨雌螨长 0.55 mm,宽0.3 mm。体椭圆形,深红色,足及颚体白色,体侧具黑斑。雄螨长 0.35 mm,宽 0.2 mm。	1 年发生 10～20 代。华北地区以雌螨在土缝中或枯枝落叶上越冬;华中以各虫态在多种杂草上或树皮缝中越冬;华南地区冬季继续繁殖为害。早春气温高于 10℃,越冬成螨开始大量繁殖、扩散、为害。	药剂防治参照小麦红蜘蛛。

二、工作准备

(1)实施场所　发生害螨的粮油作物生产基地、多媒体实训室。

(2)仪器与用具　体视显微镜、米尺、载玻片、凡士林、取样板、各种杀螨剂、喷雾器、调查记载表等。

(3)标本与材料　麦长腿红蜘蛛、麦圆红蜘蛛、朱砂叶螨、二斑叶螨、截形叶螨、豆叶螨等各虫态标本。

(4)其他　教材、PPT、视频、影像资料、相关图书、网上资源等。

【任务设计与实施】

一、任务设计

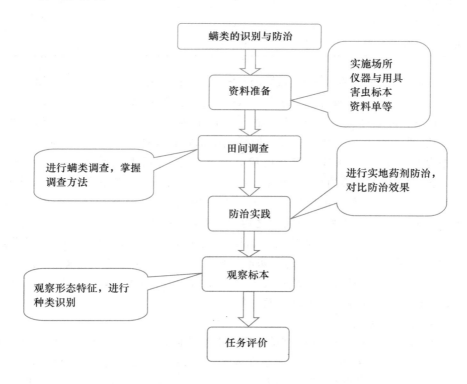

二、任务实施

1.螨类田间调查

(1)玉米害螨的调查　①定点观测。选择有代表性的玉米田2～3块,从玉米出苗开始到收获为止,每 5 d 调查 1 次。每块田采用对角线 5 点取样,当单株虫量在 400 头以下时,每点取 5 株;当单株虫量高于 400 头时,每点取 2 株。调查时在植株的上、中、下部各取 1 片叶,即从下部发绿的第 1 片叶开始,依次调查第 4 叶和第 7 叶上的害螨和天敌的发生数量,计算单株虫量和百株虫量。②发生程度分析。根据定点调查结果,按 5 级标准(表 1-10)确定发生程度。

表 1-10　玉米害螨发生程度分级标准

症状	百株虫量	损失率范围/%	发生程度	
			定性	定量
植株叶色基本正常	<20 000	<4	轻度	1
下部叶片轻微发黄	20 000~70 000	4~8	中度偏轻	2
中、下部叶片褪绿发黄	70 000~140 000	8~12	中度	3
中、下部叶片发黄后期呈干枯状	140 000~200 000	12~16	中度偏重	4
整株叶片发黄后期呈焦枯状	>200 000	>16	大发生	5

(2)麦类害螨的调查　①螨量消长调查。选择有代表性的不同类型麦田各 1 块,从 3 月初开始,到 5 月底结束,每 5 d 1 次。每块田对角线 5 点取样。用 15 cm×25 cm 的长方形取样板 1 块,在其一面间隔 3 cm 等距离安放 2.5 cm×7.5 cm 的载玻片 4 块,玻片涂上凡士林或虫胶。取样时把取样板紧挨麦苗基部,然后向玻片一侧拍击麦苗 6 次,使麦害螨跌落在玻片上面被粘住,然后把取样玻片带回室内,置镜下计数。为便于计数的正确,事先可在白纸上画与玻片面积相等的方框,其上画 3 条横线等分之,计数时把取样玻片放入此框内,在镜下检查时只要移动白纸,其所画横线的间隔可以在视野的范围之内,以避免计数重复和漏算。最后计算出每一样点在 75 cm^2 上(4 块载玻片面积总和)的总螨量,然后按取样板的长度计算出取样麦田的害螨数量。看是否达到防治指标。②田间螨量普查。在螨量高峰期进行。按不同类型田的比例,选择有代表性的麦田 10~15 块,每块田对角线 5 点取样,按上述方法调查各田块害螨的发生数量。

2.螨类防治实践

经小组集体讨论,查阅相关文献,从备用的各种杀螨剂中选出 1~2 种,制订防治方案(施药方法、施药面积、药剂浓度或剂量、施药次数、施药间隔期等),然后施药防治或用其他方法防治,调查防效。经过观察,有了较为明显的防治效果,则小组提出验收申请,请老师和全班同学集体验收、评价。

3.螨类标本观察

在实训室,在指导老师的指导下,熟练地使用体视显微镜,分组对螨类标本进行观察,对世代各个虫态进行识别,对各种不同种类的螨类进行细致观察,并比较不同,总结出差别,能够进行准确的识别。

【任务评价】

评价内容	评价标准	分值	评价人	得分
田间调查	调查方法准确,数据统计真实准确	30 分	组间互评	
综合防治实践	防治方法正确,操作熟练,防治效果明显	30 分	师生共评	
螨类标本观察	观察认真,操作得当,认识种类多	20 分	教师	
团队协作	小组成员间团结协作	10 分	组内互评	
职业素质	责任心强,学习主动、认真、方法多样	10 分	组内互评	

【任务拓展】

常用的杀螨剂

1.卡死克(氟虫脲)

具有胃毒和触杀作用,低毒。抑制昆虫表皮几丁质合成。作用缓慢,药后 10 d 显药效,对天敌安全。对叶螨属和全爪螨属幼、若螨有效,也能防治鳞翅目、鞘翅目等害虫。剂型:5%乳油。防治大豆红蜘蛛用 1 000～2 000 倍液喷雾。

2.哒螨酮(哒螨灵、速螨酮、灭螨灵、扫螨净)

具触杀和胃毒作用,高效、广谱,可杀螨各个发育阶段,残效长达 30 d 以上。对人畜中毒。常见剂型有 20%可湿性粉剂、15%乳油。一般使用方法为 20%可湿性粉剂稀释 2 000～4 000 倍喷雾,在害螨大发生时(6～7 月)喷洒此药。除杀螨外,对飞虱、叶蝉、蚜虫、蓟马等害虫防效甚好。但该药也杀伤天敌,一年最好只用一次。

3.噻螨酮(尼索朗)

具强杀卵、幼螨、若螨作用。药效迟缓,一般施药后 7 d 才显高效。残效达50 d 左右。属低毒杀螨剂。常见剂型有 5%乳油、5%可湿性粉剂。一般使用浓度为 5%乳油稀释 1 500～2 000 倍液,叶均 2～3 头螨时喷雾。

4.四螨嗪(阿波罗)

具触杀作用,持效期较长。对鸟类、鱼类、天敌昆虫安全。对人畜低毒。对螨卵活性强、成螨效果差,剂型有 10%、20%可湿性粉剂,25%、50%悬浮剂,20%悬浮剂稀释 2 000～25 000 倍喷雾,10%可湿性粉剂 1 000～1 500 倍喷雾。

5.苯螨特(西斗星、杀螨特、西螨特)

主要为触杀作用,速效性、残效性强。低毒。可作用于螨虫的各个阶段,对成螨、螨卵均有效。10％乳油稀释 1 000～2 000 倍液喷雾。

6.克螨特（丙炔螨特）

具有触杀、胃毒作用，无内吸作用。对成螨、若螨有效，杀卵效果差。对人畜低毒，对鱼类高毒。常见剂型为 73％乳油。一般使用浓度为 73％乳油稀释 2 000～3 000 倍液喷雾。

7.吡螨胺（必螨立克）

最新一代化学杀螨剂。对螨类各个生长期均有速效、高效，持效期长，低毒，可防治叶螨科、跗线螨科、瘿螨科、细须螨科等多种螨类以及蚜虫、粉虱等害虫。剂型为 10％乳油。稀释 1 000～2 000 倍液喷雾。

8.华光霉素（日光霉素、尼柯霉素）

抗生素类杀螨剂。高效、低毒、低残留，对植物无药害，对天敌安全。杀螨并防治多种真菌病害。2.5％可湿性粉剂稀释 600～1 000 倍液喷雾。

工作任务三　其他吸汁害虫的识别与防治

【任务准备】

一、知识准备

吸汁害虫主要包括以刺吸式和锉吸式口器危害植物的一些害虫。前面分别对蚜虫类、螨类进行了学习，本任务着重学习同翅目的飞虱类、叶蝉类、粉虱类、缨翅目的蓟马类的主要害虫。

吸汁害虫具有种类多、体型小、繁殖快、生活隐蔽等特点，其取食植物汁液后被害植物一般没有显著的破损，有些种类是植物病毒病的传播者，不仅能够诱发煤污病，还为钻蛀害虫的侵害创造有利条件，故持续防治吸汁害虫应以农业防治为基础，以生物防治为主导，经济有效地利用生物、物理和化学等相辅相成的综合治理措施，将吸汁害虫持续控制在经济危害水平之下。

(一)稻飞虱

飞虱是同翅目飞虱科昆虫的统称。为害水稻的飞虱常见种类有褐飞虱、白背飞虱和灰飞虱。其中褐飞虱和白背飞虱具远距离迁飞习性。褐飞虱食性单一，在自然情况下仅在水稻和普通野生稻上可完成世代发育。白背飞虱寄主除水稻外，还有大麦、小麦、玉米、高粱、甘蔗、稗、白茅、早熟禾、李氏禾等。灰飞虱寄主除水稻外,还有大麦、小麦、玉米、稗、看麦娘、蟋蟀草、千金子、双穗雀稗、李氏禾等。

1. 为害状识别

稻飞虱成虫、若虫均能为害,在稻丛下部刺吸汁液,并由唾液腺分泌有毒物质,阻塞输导组织或引起稻株萎缩。产卵时,产卵器能刺伤茎叶组织,形成伤口,造成稻株水分和养分散失。此外,稻飞虱的分泌物常招致霉菌滋生,对稻株的光合作用和呼吸作用产生影响。水稻严重受害时,稻丛下部变黑、发臭、腐烂,导致枯死倒伏。水稻孕穗、抽穗期受害后,稻叶发黄,生长低矮,影响抽穗或结实;乳熟期受害后,稻谷千粒重明显下降,瘪粒增加。

褐飞虱和灰飞虱除上述为害外,还能传播水稻或其他作物的病毒病。褐飞虱能传播水稻锯齿叶矮缩病等。灰飞虱能传播水稻黑条矮缩病、条纹叶枯病、小麦丛矮病、玉米矮缩病等。灰飞虱由其传播病毒所引起的经济损失常大于直接为害。

2. 形态识别

(1)褐飞虱(图 1-24)

成虫:有长、短两种翅型。长翅型连翅体长 3.8～4.8 mm,短翅型体长 3.5～4.0 mm。体黄褐或褐色至深褐色,具油状光泽。头顶褐色,近方形,前缘向前突出较小。中胸背板褐色。前翅黄褐色,透明,翅斑黑褐色。

卵:长约 1 mm,宽 0.2 mm。产在叶鞘和叶片组织内,紧密排成 1 列。卵粒香蕉形,较弯,卵帽顶端圆弧,稍露出产卵痕。

若虫:分 5 龄。1 龄体长 1.1 mm,体黄白或灰褐色,腹部背面有一倒"凸"形白斑,无翅芽。2 龄体长 1.5 mm,体淡黄至灰褐色,腹背倒"凸"形斑不清晰,翅芽不明显。3 龄体长 2.0 mm,黄褐至暗褐色,腹部第 3、4 节背面各有 1 对"山"字形蜡白斑,翅芽明显,前翅芽尖端不到后胸后缘。4 龄体长 2.4 mm,体褐色,前翅芽尖端伸达后胸后缘。5 龄体长 3.2 mm,体褐色,前翅芽尖端伸达腹部第 3、4 节。

(2)白背飞虱

成虫:长翅型雄虫连翅体长 3.6～4.0 mm。体黑褐色。头顶黄

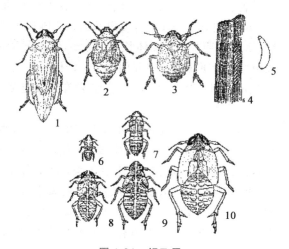

图 1-24　褐飞虱
1. 长翅型成虫　2. 短翅型雌成虫　3. 短翅型雄成虫
4. 卵　5. 产在稻叶内的卵　6～10. 第 1～5 龄若虫

白色,较狭长,前缘明显向前突出;额侧脊直。前胸背板和中胸背板的中域为黄白色。前翅淡黄褐色,透明,有时翅端有褐色晕斑,翅斑黑褐色。颜面、胸部腹面、腹部黑褐色。长翅型雌虫体长 4.0~4.5 mm,体多淡黄褐色。

卵:长约 0.8 mm,宽 0.2 mm。卵粒新月形,卵帽向端部渐细,在产卵痕中不外露或稍露出尖部。

若虫:共 5 龄。体近橄榄形,头尾较尖,落水后后足向两侧平伸呈"一"字形。1 龄体长 1.1 mm,灰白色,腹背有清晰的"丰"字形浅色斑纹。2 龄体长 1.3 mm,淡灰褐色,胸背有不规则斑纹。3 龄体长 1.7 mm,灰黑与乳白色相嵌,胸背有数对灰黑色不规则斑纹,翅芽明显。4 龄体长 2.2 mm,前、后翅芽端部平齐达第二腹节后缘。5 龄体长 2.9 mm,翅芽达第 4 腹节,前翅芽端部超过后翅芽。

(3)灰飞虱

成虫:长翅型雄虫连翅体长 3.5~3.8 mm。体黑褐色。头顶淡黄色,四方形,前缘向前突出较小;额侧脊略呈弧形。前胸背板为淡黄褐色,中胸背板黑色。前翅淡黄褐色,透明,脉与翅面同色,翅斑黑褐色。腹部黑褐色。长翅型雌虫体长 4.0~4.2 mm;中胸背板中域淡黄色,两侧具暗褐色宽条纹;腹部背面暗褐色,腹面黄褐色。

卵:长约 0.8 mm,宽约 0.2 mm。卵粒茄形,卵帽顶部钝圆,在产卵痕中露出呈串珠状。

若虫:多为 5 龄。长椭圆形,落水后后足向后斜伸呈"八"字形。1 龄体长 1.0 mm,乳白至淡黄色,无斑纹。2 龄体长 1.2 mm,灰黄至黄色,腹背两侧隐显斑纹,翅芽不明显。3 龄体长 1.5 mm,体灰黄至黄褐色,腹部第 3、4 节背面各有 1 对浅色"八"字形斑纹,翅芽明显。4 龄体长 2.0 mm,前翅芽伸达后胸后缘。5 龄体长 2.7 mm,翅芽达第 4 腹节,前翅芽盖住后翅芽。

3.发生规律

(1)褐飞虱 海南一年发生 12~13 代,世代重叠常年繁殖,无越冬现象。广东、广西、福建南部 1 年发生 8~9 代,3~5 月迁入;贵州南部 6~7 代,4~6 月迁入;赣江中下游、贵州、福建中北部、浙江南部 5~6 代,5~6 月迁入;江西北部、湖北、湖南、浙江、四川东南部、江苏、安徽南部 4~5 代,6~7 月上中旬迁入;苏北、皖北、鲁南 2~3 代,7~8 月迁入;我国广大稻区主要虫源随每年春、夏暖湿气流由南向北迁入和推进,每年约有 5 次大的迁飞,秋季则由北向南回迁。短翅型成虫属居留型,长翅型为迁移型。羽化后不久飞翔力强,能随高空水平气流迁移,春、夏两季向北迁飞时,空气湿度高有利其迁飞。成虫对嫩绿水稻趋性明显,雄虫可行多次交配。成、若虫喜阴湿环境,喜欢栖息在距水面 10 cm 以内的稻株上,田间虫口每丛高于 0.4 头时,出现不均匀分布,后期田间出现塌圈枯死现象。水稻生长后期,大量产生长翅型成虫并迁出,1～3 龄是翅型分化的关键时期。近年我国各稻区由于耕作制度的改变,水稻品种相当复杂,生育期交错,利于该虫种群数量增加,造成严重为害。该虫生长发育适温为 20～30℃,26℃最适,长江流域夏季不热,晚秋气温偏高利其发生,褐飞虱迁入的季节遇有雨日多、雨量大利其降落,迁入时易大发生,田间阴湿,生产上偏施、过施氮肥,稻苗浓绿,密度大及长期灌深水,有利其繁殖,受害重。

(2)灰飞虱 北方稻区一年发生 4～5 代,江苏、浙江、湖北、四川等长江流域稻区发生 5～6 代,福建 7～8 代,田间世代重叠。以 3～4 龄虫在麦田、紫云英或沟边杂草上越冬。在稻田出现远比褐飞虱、白背飞虱早。华北稻区越冬若虫 4 月中旬至 5 月中旬羽化,在幼嫩麦田繁殖 1 代后迁入水稻秧田和直播本田、早栽本田或玉米地,6～7 月大量迁入本田为害,至 9 月初水稻抽穗期至乳熟期第 4 代若虫数量最大,为害最重;南方稻区越冬若虫 3 月中旬至 4 月中旬羽化,以 5～6 月早稻中期发生较多。灰飞虱有较强的耐寒能力,但对高温适应性差,卵产于植株组织中,喜在生长嫩绿、高大茂密的植株上产卵。在田间喜通透性良好的环境,栖息于植株较高的部位,并常向田边聚集。成虫翅型变化稳定,越冬代多为短翅型,其余各代以长翅型居多;雄虫除越冬代外,几乎全为长翅型。

(3)白背飞虱 为迁飞性害虫。在我国由南到北发生代数因地而异。海南省南部年发生 11 代,长江以南 4～7 代,淮河以南 3～4 代,东北地区 2～3 代,新疆、宁夏两自治区 1～2 代。在北纬 26°左右地区以卵在自生稻苗、晚稻残株、游草上越冬,在此以北广大地区虫源由越冬地迁飞而来。

4.防治方法

(1)农业防治 实施连片种植,合理布局,防止褐飞虱迁回转移为害。科学管理肥水,做到排灌自如,防止田间长期积水,浅水勤灌,适时搁田,合理用肥,防止田间封行过早、稻苗徒长荫蔽,增加田间通风透光度,降低湿度,创造促进水稻生长而不利于褐飞虱滋生的田间小气候,是控制褐飞虱为害的重要环节。

(2)生物防治 注意保护利用天敌,推广稻田放鸭食虫。

(3)化学防治 在 2～3 龄若虫高峰期,可选用下列药剂:25%噻嗪酮可湿性粉剂 20～30 g/667m²、40%氯噻啉水分散粒剂 4～5 g/667 m²、50%二嗪磷乳油 75～100 mL/667 m²、40%毒死蜱乳油 84～100 mL/667 m²、10%醚菊酯悬浮剂 50～70 mL/667 m²、50%吡蚜酮水分散粒剂 15～20 g/667 m²、10%吡虫啉可湿性粉剂 10～20 g/667 m²、20%异丙威乳油 200～250 mL/667 m²、100 g/L 乙虫腈悬浮剂 30～40 mL/667 m²、20%速灭威乳油 200～250 mL/667 m²、10%哌虫啶悬浮剂

25～35 mL/667 m²、85％甲萘威可湿性粉剂 60～100 g/667 m²、25％异丙威·吡虫啉可湿性粉剂 30～40 g/667 m²、50％吡虫啉·杀虫单可湿性粉剂 60～80 g/667 m²、60％吡虫啉·杀虫安可湿性粉剂 50～70 g/667 m²,对水 50 kg 搅匀喷雾。

(二)叶蝉类

叶蝉又名浮尘子,是同翅目叶蝉科昆虫的统称。因多为害植物叶片而得名。中国已发现 1 000 多种,常见的主要有黑尾叶蝉、大青叶蝉、白翅叶蝉、小绿叶蝉、菱纹叶蝉、二点叶蝉等十多种。

1. 为害状识别

成虫、若虫均刺吸植物汁液,叶片被害后出现淡白点,而后点连成片,直至全叶苍白枯死。也有的造成枯焦斑点和斑块,使叶片提前脱落。有些种类还传布植物病毒病,如稻普通矮缩病、小麦红矮病等。

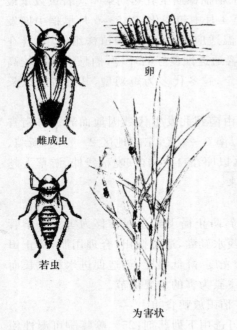

图 1-25　黑尾叶蝉

2. 形态识别(图 1-25)

成虫:小型昆虫,外形似蝉,长仅 3～12 mm,亦有体长超出 1 cm 的种。外形似蝉。单眼 2 或缺,位于头顶边缘或头顶与额之间。触角着生于两单眼之间或单眼之前,触角粗大的第 2 节上无感觉孔。中胸无翅基片,前翅 2 条臀脉在基部不合并。雄虫无鸣器。后足胫节有梭脊,上生刺毛,下方具两列粗大而明显的刺,这是区别相近种类的重要特征。后足基节伸达腹板侧缘,产卵器锯齿状。

卵:长椭圆形,中间微弯曲。

若虫:与成虫外形相似。

3. 发生规律

(1)黑尾叶蝉　一年发生代数随地理纬度而异。河南信阳、安徽阜阳一年发生 4 代;江苏南部、上海、浙江北部以 5 代为主;江西南昌、湖南长沙以 6 代为主;福建福州、广东曲江以 7 代为主;广东广州以 8 代为主。田间世代重叠。主要以若虫和少量成虫在冬闲田、绿肥田、田边等处的杂草上越冬,主要食料是看麦娘。

长江流域以 7 月中旬至 8 月下旬发生量较大;华南稻区则在 6 月上旬至 9 月下旬均有较大发生量。成、若虫均较活泼,受惊即横行或斜走逃避,惊动剧烈则跳跃或飞去。成虫白天多栖于稻丛中、下部,晨间和夜晚在叶片上部为害,趋光性强。卵产于水稻或稗草上,多从叶鞘内侧下表皮产入组织中。若虫多群集于稻丛基部,少数可取食叶片和穗。

冬季温暖,降水少,越冬虫死亡率低,带毒个体体内病毒增殖速度较快,传毒力较强,翌年较易大发生。该虫喜高温干旱,6月气温稳定回升后,虫量显著增多,至7~8月高温季节达发生高峰。单、双季稻混栽区食料连续、丰富,该虫发生量大,为害重;连作稻区早、晚季稻换茬期食料连续性稍差,发生量次之。早栽、密植以及肥水管理不当而造成稻株生长嫩绿、繁茂郁闭,田间湿度增大,有利于该虫发生。

(2)大青叶蝉　各地的世代有差异,从吉林、甘肃的年生2代而至江西的年生5代。以卵在植物体内越冬。初孵若虫常喜群聚取食,偶然受惊便斜行或横行,由叶面向叶背逃避,如惊动太大,便跳跃而逃。成虫趋光性很强,以中午或午后气候温和、目光强烈时,活动较盛,飞翔也多。喜潮湿背风处,多集中在生长茂密,嫩绿多汁的杂草与农作物上昼夜刺吸危害。夏季卵多产于芦苇、野燕麦、早熟禾、拂子茅、小麦、玉米、高粱等禾本科植物的茎秆和叶鞘上。

4. 防治方法

(1)农业防治　种植抗虫品种,加强栽培管理。

(2)化学防治　在若虫低龄期及时喷洒下列药剂:10%吡虫啉可湿性粉剂2 500倍液;2.5%高效氟氯氰菊酯乳油2 000倍液;30%乙酰甲胺磷乳油或50%杀螟松乳油1 000倍液;2%叶蝉散粉剂2 kg/667 m²;90%杀虫单原粉50~60 g/667 m²;25%仲丁威乳油100~150 mL/667 m²、20%异丙威乳油150~200 mL/667 m²、25%速灭威可湿性粉剂100~200 g/667 m²、45%杀螟硫磷乳油55~83 mL/667 m²、45%马拉硫磷乳油83~111 mL/667 m²、40%乐果乳油75~100 mL/667 m²、10%烯啶虫胺水剂40~50 mL/667 m²等,对水50~60 kg均匀喷施。

(三)蓟马类

蓟马是体形微小的缨翅目昆虫的总称。生产上常见的蓟马有稻蓟马、稻管蓟马、玉米黄呆蓟马、端带蓟马、烟蓟马、小麦皮蓟马等。

1. 为害状识别

蓟马类以成虫、幼虫在叶背锉吸汁液,使叶片出现灰白色细密斑点或黄条斑、局部枯死或全叶卷曲焦枯;危害生长点后,抑制生长发育,植株发黄凋萎或产生多头植株;花器和果实受害后,造成落花落果或籽粒空瘪。有些蓟马还是多种植物病毒的媒介。

锉吸式口器是具有不对称上颚的刺吸式口器。喙由上唇、下颚的一部分及下唇组成;右上颚退化或消失,左上颚和下颚的内颚叶变成口针,其中左上颚基部膨大,具有缩肌,是刺锉寄主组织的主要器官;下颚须及下唇须均在。各部分的不对称性是其显著的特点,为缨翅目昆虫蓟马所特有。

2.形态识别

(1)稻蓟马(图 1-26)

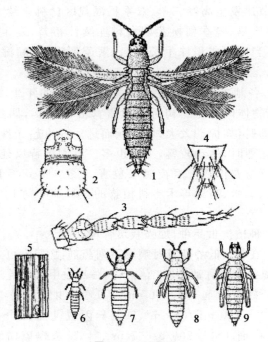

图 1-26　稻蓟马

1. 成虫　2. 头和前胸　3. 触角　4. 腹部末端　5. 水稻叶片内的卵　6～9. 第 1～4 龄若虫

成虫:体长 1.0～1.3 mm,黑褐色。头部近方形,触角 7 节,第 1 节端部和第 3、4 节色淡,其余各节黑褐色。前胸背板发达,后缘角各有 1 对长鬃。前翅翅脉明显,上脉鬃不连续,7 根,其中端鬃 3 根。腹部末端尖削,圆锥状,雌虫第 8～9 腹节有锯齿状产卵器。

卵:长约 0.2 mm,宽 0.1 mm,肾形,微黄色,半透明,孵化前可透见红色眼点。

若虫:共分 4 龄。初孵化时体长 0.3～0.4 mm,乳白色,触角念珠状,第 4 节膨大,复眼红色,头胸部与腹部等长。2 龄若虫体长 0.6～1.0 mm,乳白至淡黄色,复眼褐色,腹部可透见肠道内容物。3 龄若虫体长 0.8～1.2 mm,淡黄色,触角分向头的两边,翅芽明显,腹部显著膨大。4 龄若虫,大小与 3 龄相似,淡褐色,触角向后平贴于前胸背面,可见红褐色单眼 3 个,翅芽伸长达腹部第 5～7 节。

(2)稻管蓟马

成虫:体长 2.0 mm 左右,黑褐色,略有光泽。触角 8 节。翅脉不明显,无脉鬃。腹部末端呈管状,雌虫无产卵器。

卵:长约 0.3 mm,宽约 0.1 mm,白色,短椭圆形,后期稍带黄色。

若虫:体淡黄色,4 龄若虫体侧常有红色斑纹。

(3)黄呆蓟马

雌虫:长翅型体长 1～1.2 mm,体暗黄色,胸部有暗灰斑,腹部背片较暗;前翅灰黄色;足黄色;触角 8 节。

卵:卵壳白色,肾形,乳白至乳黄色。

若虫:初孵若虫小如针尖;头、胸占体的比例较大,触角较短粗;2 龄后体色为乳青或乳黄色,有灰色斑纹;触角末数节灰色。

3.发生规律

(1)稻蓟马　主要分布于南方稻区。稻蓟马年发生 10 余代,以成虫在麦类、看麦娘等禾本科植物叶鞘内越冬。江淮地区以 6 月至 7 月上中旬为主要危害时期,是水稻生长前期的害虫,秧苗和分蘖初期受害重。1～2 龄在叶端卷尖危害,是重要害状特征。水稻生长中后期,稻蓟马很少继续危害,转到田边幼嫩杂草,特别是游草上取食,或旱种的麦苗上取食,后以成虫越冬。成虫可营两性或孤雌生殖,孤雌生殖后代雄性比例高或全为雄虫。

(2)黄呆蓟马　成虫在禾本科杂草根基部和枯叶内越冬。春季 5 月中下旬从禾本科植物上迁向玉米,在玉米上繁殖 2 代,第一代若虫于 5 月下旬至 6 月初发生在春玉米或麦类作物上,6 月中旬进入成虫盛发期,6 月 20 日为卵高峰期,6 月下旬是若虫盛发期,7 月上旬成虫发生在夏玉米上,该虫为孤雌生殖。玉米黄呆蓟马行动迟缓,阴雨天活动减少,有时被触动后也不迁飞爬行。主要在叶背反面为害,呈现断续的银白色条斑,并伴随有小污点,叶正面与银白色条斑相对应的部分呈现黄色条斑。成虫在取食处产卵,产卵于玉米叶肉中,微鼓而发亮,对光可见针尖大小的白点,即卵和卵壳。窝风而干旱环境的玉米上发生多,为害重;干旱年份发生多,为害重;小麦植株矮小而稀疏地块中的套种玉米上发生多,为害重;沟、路、梁边的玉米上发生多,为害重;缺水缺肥的玉米受害最重。

蓟马较喜干旱的环境,25℃左右、相对湿度 60%以下时有利其发生,所以久旱不雨是大发生的预兆。久雨或大雨对其有抑制作用。捕食性天敌有小花蝽、稻红瓢虫、窄姬猎蝽、草蛉、蜘蛛等,对蓟马的发生危害有一定的抑制作用。

4. 防治方法

(1)农业防治 合理密植,适时灌水施肥,加强管理,及时清除田间地头杂草。

(2)种子处理 1.3%咪鲜胺·吡虫啉悬浮种衣剂1:(40~50)(药种比)、35%丁硫克百威种子处理干粉剂210~400 g/100 kg种子。

(3)化学防治 水稻一般在秧田卷叶率达10%~15%或百株虫量达100~200头,本田卷叶率达20%~30%或百株虫量达200~300头,即进行化学防治。玉米田虫口密度大或有可能大发生的地块及时喷洒:20%甲氰菊酯乳油2 000倍液、2.5%联苯菊酯乳油3 000倍液、5%噻嗪酮乳油2 000倍液、20%双甲脒乳油1 000~1 500倍液、1.8%阿维菌素乳油1 500~2 000倍液、10%吡虫啉可湿性粉剂1 500倍液、15%哒腈灵乳油2 500倍液喷雾。每隔10 d左右喷1次,连续防治2~3次。

(四)稻蝽

蝽也叫椿象,是半翅目昆虫的统称。为害水稻的蝽类主要有蝽科的稻黑蝽、稻绿蝽、稻褐蝽(白边蝽)、四剑蝽、斑须蝽和缘蝽科的稻棘缘蝽、大稻缘蝽等。

1. 为害状识别

各类稻蝽除四剑蝽以刺吸水稻苗期叶片汁液为主外,其余皆以成、若虫在水稻灌浆至乳熟期的稻穗及穗茎上群集刺吸谷穗汁液为主,造成秕谷和不实粒,直接影响产量。

2. 形态识别

(1)稻黑蝽 体长6~9.5 mm。黑色椭圆形,小盾片舌形,伸至腹末。分布于淮河以南各省。寄主植物有水稻、甘蔗、小麦、玉米、豆类等。在南岭以北年发生1代,华南年发生2代。

(2)稻绿蝽 别名稻青蝽。体长12~15 mm,淡绿色,小盾片三角形,前缘有3个小白点。除内蒙古、宁夏和黑龙江以外的全国各地均有分布;也见于东南亚、欧洲、美洲和非洲。为害水稻、小麦、玉米、高粱、棉花、豆类等。中国淮河以北一年发生1代,淮河至长江1~2代,长江以南至南岭2~3代,南岭以南4~5代。

(3)稻褐蝽 体长11.5~13 mm,长盾形,淡黄褐色,前胸两侧角和前翅前缘黄白色。分布于南方各省。为害水稻、玉米、高粱等。长江流域一年发生2代。广西柳州3代。

(4)稻棘缘蝽 成虫体长9.5~11 mm,宽2.8~3.5 mm,体黄褐色,狭长,刻点密布。头顶中央具短纵沟,头顶及前胸背板前缘具黑色小粒点,触角第1节较粗,长于第3节,第4节纺锤形。复眼褐红色,单眼红色。前胸背板多为一色,侧角细长,稍向上翘,末端黑。为害水稻、小麦、稗、豆类、玉米、苹果、桑及其他禾本科植物。分布上海、江苏、浙江、安徽、河南、福建、江西、湖南、湖北、广东、云南、贵州、西藏。

（5）大稻缘蝽　别名稻蛛缘蝽、稻穗缘蝽。体长 16～17 mm,体细长,茶褐带绿色,头部前伸,前胸背板长大于宽,小盾片三角形,腹部边缘露出翅外。分布在广东、广西、海南、云南、台湾等省区。寄主有水稻、玉米、豆类、小麦、甘蔗及多种禾本科杂草。

3.发生规律

各类稻蝽均以成虫在杂草丛间或表土缝中越冬。雌成虫产卵于寄主叶片上,聚成卵块。初龄若虫有群集性。以后分散为害。成虫和若虫有假死习性。除白边蝽外,其余成虫有趋光性。在水稻抽穗扬花至乳熟期,集中为害稻穗,黄熟期即转移到其他寄主植物上生活。在山丘区稻田发生较多,尤以杂草多、生长繁茂的稻田受害较烈。

4.防治方法

（1）农业防治　包括结合冬春积肥铲除田边、沟边杂草,减少越冬虫源。

（2）生物防治　水稻抽穗前放幼鸭啄食。

（3）化学防治　越冬成虫出蛰后产卵前、若虫孵化至 3 龄期为防治的关键时期。喷洒下列药剂:10％吡虫啉可湿性粉剂 2 000 倍液,5％丁烯氟虫腈悬浮剂 1 500 倍液,20％氰戊菊酯乳油 2 000 倍液,1.8％阿维菌素乳油 2 000 倍液,18％杀虫双水剂 250～500 倍液,2.5％高效氟氯氰菊酯乳油 1 500 倍液,用药液 50～60 kg/667 m²,均匀喷雾,15 d 后再防治 1 次。

（五）其他吸汁类害虫（表 1-11）

表 1-11　　其他吸汁类害虫

虫名	形态识别	发生规律	防治方法
稻瘿蚊	成虫似蚊状,雌虫长约 4 mm,雄虫长约 3 mm。雌虫淡红色,密布细毛。复眼黑色。触角黄色,15 节;雄虫的触角比雌虫长,15 节,幼虫纺锤形。老熟幼虫长 3.2 mm。	在南方一年发生 6～8 代,世代重叠,但成虫盛发的峰期表现明显,以幼虫在游草、再生稻和野生稻上越冬。第 1、2 代发生数量少,为害早稻轻,第 3 代数量激增,为害中稻和单季晚稻秧田。	冬春季防除田间杂草;选用早熟、分蘖整齐的品种,适时早栽,培育壮秧,合理施肥;用敌百虫等喷雾。

续表 1-11

虫名	形态识别	发生规律	防治方法
小麦红吸浆虫	雌成虫长 2～2.5 mm,体橘红色。前翅透明,有 4 条发达翅脉,后翅退化为平衡棍。触角细长,14 节。雄虫体长 2 mm 左右。卵长 0.09 mm,长圆形,浅红色。幼虫长 3～3.5 mm,椭圆形,橙黄色,头小,无足,蛆形。蛹长 2 mm,裸蛹,橙褐色。	一年发生一代。以老熟幼虫入土至地表 2～20 cm 处结茧越夏越冬,小麦拔节时开始破茧上升,抽穗时羽化为成虫,并在麦穗上产卵,灌浆时卵孵化,幼虫在小麦颖壳内生活 15～20 d 老熟,并在籽粒内完成 3 个龄期的发育,小麦成熟时,老熟幼虫入土。	选用抗性品种;轮作倒茬;深耕土地;春季减少灌溉,少施化肥;撒辛硫磷毒土;小麦抽穗至开花前,喷敌敌畏、溴氰菊酯、杀螟松等。
烟粉虱	成虫长 1 mm 左右。虫体淡黄色到白色,翅白色无斑点,被有蜡粉。卵椭圆形,有小柄。若虫椭圆形。伪蛹淡黄色或黄色,长 0.6～0.9 mm。	亚热带地区年生 10～12 个重叠世代,几乎每月出现一次种群高峰,可传播病毒病。	药剂防治参照稻飞虱。
三点盲蝽	成虫长 7 mm,黄褐色,被黄毛。小盾片及 2 个楔片呈明显的 3 个黄绿色三角形斑。触角黄褐色。卵淡黄色,长 1.2 mm,卵盖上的一端有白色丝状附属物。5 龄若虫体黄绿色,密被黑色细毛。	主要危害作物:棉花、芝麻、大豆、玉米、高粱、小麦、番茄、苜蓿、马铃薯等。年生 3 代。以卵在洋槐、加拿大杨树、柳、榆及杏树树皮内越冬。	药剂防治参照稻蝽。

二、工作准备

【任务设计与实施】

(1)实施场所　粮油作物生产基地或农田、多媒体实训室。

(2)仪器与用具　体视显微镜、镊子、载玻片、三角纸、采集瓶、各种杀虫剂、喷雾器、调查记载表等。

(3)标本与材料　褐飞虱、灰飞虱、白背飞虱、黑尾叶蝉、大青叶蝉、白翅叶蝉、小绿叶蝉、烟粉虱、烟蓟马、稻蓟马、稻管蓟马、玉米黄呆蓟马、稻黑蝽、稻绿蝽、稻褐蝽、稻棘缘蝽、大稻缘蝽、稻瘿蚊、小麦红吸浆虫、三点盲蝽等各虫态永久标本及破坏性(浸渍、针插)标本。

(4)其他　教材、PPT、视频、影像资料、相关图书、网上资源等。

一、任务设计

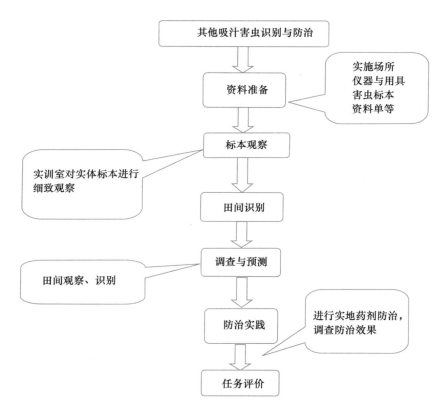

二、任务实施

1.标本观察

在实训室,在指导老师的指导下,熟练地使用体视显微镜,分组对各种标本进行观察,对世代各个虫态进行识别,并对各类刺吸类的害虫进行细致观察,并比较不同,总结出差别,能够进行准确的识别。

2.田间观察与识别

在教师准备好教学现场的前提下,引导学生在课前以小组为单位到粮油作物生产基地,寻找发生蚜虫和螨以外的其他吸汁害虫的地段或植株,以备本任务的实施。

全班同学对所找的粮油作物吸汁害虫进行认真、细致地观察其形态特征与为害状,然后对照教材或参考读物查询到是哪一种或哪一类。能否在周围发现其他虫态? 可否观察到这种害虫的一些重要习性? 同时给害虫的为害状进行拍照,采集害虫各虫态的标本,以为后期检验防治效果做对照。

3.调查与预测

以稻田为例。对稻飞虱类、稻叶蝉类,根据其发生规律,可以选 2～3 个有代表性的稻田,每 2～4 d 调查 1 次,当成虫出现率占总虫量的 20％～40％时,即为盛发高峰,加上产卵前期、卵期即为若虫孵化高峰期,可以确定防治时间。蓟马类移动性小,可用随机取样法,每块地调查 10 点,每点调查 10 株,一般 2 d 调查 1 次,进行预测计算,确定防治适期。

4.药剂防治实践

经小组集体讨论,查阅相关文献,从备用的各种杀虫剂中选出 1～2 种,制订防治方案(施药方法、施药面积、药剂浓度或剂量、施药次数、施药间隔期等),然后施药防治,调查防效。经过观察,有了较为明显的防治效果,则小组提出验收申请,请老师和全班同学集体验收、评价。

【任务评价】

评价内容	评价标准	分值	评价人	得分
标本观察	观察认真,操作得当,认识种类多	20分	组内互评	
田间观察与识别	找到的种类多,观察仔细,害虫识别准确	20分	教师	
调查与预测	调查方法正确,操作熟练,数据统计真准确	20分	教师	
药剂防治实践	防治方法正确,操作熟练,防治效果明显	30分	师生共评	
团队协作	小组成员间团结协作	5分	组内互评	
职业素质	责任心强,学习主动、认真、方法多样	5分	组内互评	

模块二　粮油作物病害诊断与防治

项目一 真菌病害的诊断与防治

【学习目标】

完成本项目后,你应该能:

1.认识粮油作物生产中常见的真菌病害,学会现场诊断方法;

2.从病原形态特征上确诊粮油作物生产中常见的真菌病害的种(类);

3.根据各类真菌病害的发病规律,制订合理的综合防治方案。

【学习任务描述】

通过到粮油作物生产基地或周围农田现场教学,认识粮油作物生产中所见到的真菌病害,学会现场诊断方法,能根据其发病规律,制订合理的综合防治方案并实施、检验。对基地内未发生的真菌病害,通过实训室里的病害标本观察、病原观察、多媒体教学、教材与网络查询等方法学习。

【案例】

教农药零售商用显微镜

现在基层的农药零售商,一般是根据病害的症状对照病害原色图谱,再结合自己的经验去诊断病害。但病害症状表现极为复杂,而且变异性较大,单靠图谱不易准确诊断。例如 2003 年我国辽宁、山东、河北大棚黄瓜大面积发生棒孢褐斑病,很多地方误诊为"黄点病"或炭疽病,如果通过显微镜观察,引起该病的病原多主棒孢是很容易识别的。可见,基层农药零售商或技术人员,如果能够准确诊断病害,做到对症下药,对提高防治效果、解决农产品农药污染等问题,是非常重要的。

2008 年 1 月 12~13 日,中国农业科学院李宝聚一行在山东寿光对 24 位基层农药零售商、技术人员进行作物病害显微镜诊断培训,学员们都非常珍惜这次学习机会,学得很认真。大部分学员回去后很快购置了显微镜,并用来诊断病害,从而"由症状诊断走向了病原诊断"的正确道路。一年来,应用效果良好,业务量大增,有的时候竟有十几位菜农拿着病叶排队，等着诊病买药。

工作任务一　真菌病害症状与病原类群观察

【任务准备】

一、知识准备

（一）作物病害的概念和类型

作物在生长发育、产品运输和储存中，受到不良环境的影响或遭到病原生物的侵染，在生理上、组织上和形态上发生反常变化，造成产量下降、品质变劣，失去经济利用价值，这种违背人类需要的现象，称为作物病害。

作物发病是多种因素综合作用的结果。其中起直接作用的主导因素称为病原，其他对病害发生和发展起促进作用的因素称诱因或发病条件。作物病害的病原种类很多，引起的病害可分为两大类：

（1）非侵染性病害　由气候、土壤及栽培条件等引起。如作物营养失调、水分过多过少、温度过高过低、有毒物质的毒害等。这类病害没有侵染性，因此又称为生理性病害。

（2）侵染性病害　能引起作物发病的生物称为病原生物，简称病原物，包括真菌、细菌、类菌原体、病毒、类病毒、线虫和寄生性种子植物等。所致的病害具有传染性，称为侵染性病害或寄生性病害。

侵染性病害具有以下特点：①病害发生一般不表现大面积同时发生。②病害分布较分散、不均匀，有由点到面、由少到多、由轻到重的发展过程。③发病部位（病斑）在植株上分布比较随机。④症状表现多数有明显病征，如真菌、细菌、线虫、寄生性种子植物等病害。病毒、菌原体等病害虽无病征，但多表现全株性病状，且这些病状多数从顶端开始，然后在其他部位陆续出现。多数病害的病斑有一定的形状、大小。⑤一旦发病后多数症状难以恢复。

（二）真菌病害的症状类型

作物遭受病原真菌的侵染后，引起同化、呼吸、蒸腾等新陈代谢作用的改变，扰乱了作物正常的生理程序，造成作物的根、茎、叶、花、果实、种子等表现各种异常状态，称病害症状。症状包括病状和病征两大类。

1.病状

病状是作物染病后,作物本身表现的种种不正常状态,有以下 5 种类型。

(1)变色　作物病部细胞内的叶绿素形成受到抑制或被破坏,表现不正常的颜色。一般不造成细胞死亡。常见的有褪绿、黄化、花叶、白化、红化等变色类型。

(2)坏死　作物局部细胞和组织死亡,但不解体,常表现有斑点、叶枯、溃疡、疮痂、立枯和猝倒等。如花生叶斑病、玉米叶斑病。

(3)腐烂　作物病组织的细胞坏死并离解,原生质被破坏以致组织溃烂,称为腐烂。如根腐、茎腐、果腐、块茎和块根的腐烂等。如甘薯软腐病。

(4)萎蔫　萎蔫是作物缺水而使枝叶凋萎下垂。根部和茎部的腐烂都能引起萎蔫,典型的萎蔫是指作物茎部或根部的维管束组织受害后,大量菌体或病菌分泌的毒素堵塞或破坏导管,使水分运输受阻而引起作物凋萎枯死。如花生青枯病。

(5)畸形　作物受病原物侵染后,引起植株或局部器官的细胞数目增多,生长过度或受抑制而呈畸形。常见的有徒长、矮缩、丛枝、瘤肿等,如水稻恶苗病、花生丛枝、玉米瘤黑粉病。

2.病征

病征是病原物呈现在作物病部表面的特征,是鉴别病原和诊断病害的重要依据之一。但是病征往往在病害发展过程的某一阶段才出现;真菌病害主要有以下 5 种类型。

(1)霉状物　作物病原真菌在寄主病部产生有各种颜色的霉层,如霜霉、青霉、绿霉、灰霉、黑霉、赤霉、烟霉等。如柑橘青霉病、油菜霜霉病。

(2)絮状物　作物病原真菌在寄主病部产生大量白色疏松的棉絮状或蛛网状物。如稻纹枯病、花生白绢病。

(3)粉状物　作物病原真菌在寄主病部产生各种颜色的粉状物,如瓜类白粉病。亦可在作物某器官或组织内产生,破裂后散出,如玉米瘤黑粉病。

(4)锈状物　作物病原真菌在寄主病部表面形成疱状物,破裂后出白色或铁锈色粉状物。如油菜白锈病、麦类锈病。

(5)点粒状物　作物病原真菌在寄主病部产生黑色点状或粒状物,半埋或埋藏于组织表皮下,不易与组织分离,如高粱炭疽病。也有全部暴露在病部表面,易从病组织脱落,如油菜菌核病的菌核。

(三)作物病原真菌的一般性状

真菌是一类种类繁多、分布广泛的低等生物。真菌属于菌物界真菌门,已知的真菌在 10 万种以上,分布在土壤、空气、水和动植物及其产品上。大约有 80% 的作物病害是由真菌引起的。

真菌是一类无根茎叶分化,没有叶绿素,不能进行光合作用,营寄生或腐生生活的生物。它具有细胞壁和真正的细胞核。它的发育过程分营养阶段和生殖阶段。前者是吸取养料,不断积累养分时期;后者是产生孢子进行繁殖的时期。因此,真菌的菌体一般有营养体和繁殖体之分。

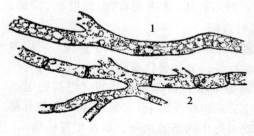

图 2-1　**真菌的菌丝**

1.无隔菌丝　2.有隔菌丝

(1)营养体　真菌进行营养生长的菌丝称为营养体。典型的营养体为纤细多分枝的丝状体。单根的丝状物称为菌丝,菌丝的集合体称为菌丝体。菌丝通常呈管状,粗细均匀,管壁(细胞壁)无色透明,所以菌丝体大多无色。低等真菌的菌丝没有隔膜,称无隔菌丝;高等真菌的菌丝有隔膜,称有隔菌丝(图 2-1)。

(2)真菌的繁殖体　菌丝体生长发育到一定阶段后,一部分菌丝分化为繁殖器官,大部分仍保持营养体的状态。真菌的繁殖分为无性繁殖和有性繁殖两种。①无性孢子。无性繁殖是指不经过两性细胞或性器官结合而直接由营养体分化形成无性孢子的繁殖方式。常见的无性孢子有芽孢子、粉孢子、孢囊孢子和游动孢子、厚膜孢子、分生孢子等(图 2-2)。②有性孢子。有性繁殖是指经过两性细胞或两性器官结合,产生有性孢子的繁殖方式。真菌性结合是在营养体上先分化形成性细胞叫配子,或性器官叫配子囊,再由配子或配子囊交配,或直接由菌丝细胞互相联合产生有性孢子。常见的有性孢子有:结合子、卵孢子、子囊孢子、担孢子等(图 2-3)。

图 2-2　**真菌的无性孢子**

1.厚垣孢子　2.芽孢子　3.节孢子　4.孢子囊和孢囊孢子

5.游动孢子囊和游动孢子　6.分生孢子

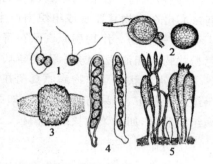

图 2-3　**真菌的有性孢子**

1.合子　2.卵孢子　3.接合孢子

4.子囊孢子　5.担孢子

(四)真菌的生活史

真菌从一种孢子萌发开始，经过一定的生长发育，最后又产生同一种孢子的过程称为真菌的生活史。典型的生活史一般包括无性阶段和有性阶段。

真菌的营养菌丝在适宜的条件下产生无性孢子，无性孢子萌发产生芽管，芽管继续生长形成新的菌丝体，在一个生长季节，无性孢子可产生多代，这是真菌生活史中的无性阶段。在真菌发育的后期，从菌丝上形成性细胞或性器官，经过性结合产生有性孢子，这是有性阶段。在一个生长季节一般只发生一次。有性孢子萌发后产生菌丝体，而后又进入无性繁殖阶段。不少真菌只有无性阶段，极少进行有性繁殖；亦有以有性繁殖为主，无性阶段很少或不产生；甚至有些在整个生活史中不形成任何孢子。

(五)作物病原真菌的主要类群

根据营养体(菌丝有无隔膜)和无性繁殖及有性繁殖的特征(有性与无性孢子的类型)，分为鞭毛菌亚门、接合菌亚门、子囊菌亚门、担子菌亚门和半知菌亚门5个亚门。

1.鞭毛菌亚门

营养体为较原始的原质团到发达的无隔菌丝体，无性繁殖产生游动孢子。有性繁殖产生卵孢子。根据游动孢子鞭毛的类型、数目及着生的位置，本亚门分为根肿菌纲、壶菌纲、丝壶菌纲和卵菌纲，与粮油作物病害关系密切的主要是卵菌纲中的下列类群：

(1)疫霉属　孢囊梗与菌丝有一定差别；游动孢子在孢子囊内形成，不形成泡囊；雄器侧生或包围在藏卵器基部，如致病疫霉引起多种作物疫病。

(2)指梗霉属　孢子囊梗短粗，末端为不规则的二叉状分枝，如禾生指梗霉引起谷子白发病。

(3)霜霉属　孢囊梗二叉状锐角分枝，末端尖细(图 2-4)，如东北霜霉能引起大豆霜霉病。

(4)白锈菌属　孢子囊梗棍棒形，平行排列在寄主表皮下。孢子囊串生，扁球状，卵孢子单生在寄主细胞(图 2-5)，如白锈菌引起十字花科植物白锈病。

2.接合菌亚门

营养体是具有分枝的无隔菌丝体，有些菌丝形成匍匐丝、假根、吸器、吸盘等。无性繁殖产生不能游动的孢囊孢子，有性繁殖为配子囊接合形成接合孢子。与粮油作物病害有关的接合菌重要的为根霉属，如匍枝根霉引起薯类、水果等腐烂(图 2-6)。

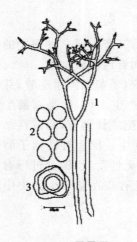

图 2-4　霜霉属

1.孢囊梗　2.孢子囊　3.卵孢子

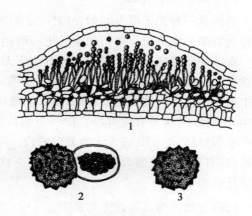

图 2-5　白锈菌属

1.寄主表面的孢囊堆　2.卵孢子萌发　3.卵孢子

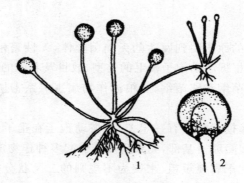

图 2-6　接合菌亚门的形态(黑根霉)

1.孢囊梗及孢子囊　2.孢子囊(放大)

3.子囊菌亚门

高等真菌。全部陆生,包括腐生菌和寄生菌。菌丝体发达,有分隔,少数为单细胞。无性繁殖产生分生孢子、粉孢子、芽孢子。有性繁殖产生子囊和子囊孢子。有的裸生于菌丝体上或寄主植物表面,有的形成在由菌丝形成的固定形状的子实体——子囊果中。子囊果分以下 4 种类型:闭囊壳、子囊壳、子囊腔、子囊盘。依据有性阶段子囊果的有无,子囊果的类型,子囊壁的特点和子囊排列方式等,将子囊菌亚门分 6 个纲:半子囊菌纲、不整囊菌纲、核菌纲、腔菌纲、盘菌纲、虫囊菌纲。与粮油作物病害关系密切的类群有:

　　(1)白粉菌科　在植物表面产生白粉状病征的子囊菌。无性繁殖产生分生孢子。有性繁殖是在圆球状的闭囊壳内产生子囊和子囊孢子。依据菌丝的寄生部位、闭囊壳内子囊数目、外部的附丝形态及分生孢子形态分为白粉菌属、布氏白粉菌属、球针壳属、钩丝属、叉丝壳属、单丝壳属、叉丝单囊壳属等。如禾本科植物白粉病由布氏白粉菌引起,大豆白粉病由单丝壳菌引起(图2-7)。

　　(2)长喙壳属　子囊壳瓶形或球形,有长颈,子囊间无侧丝,子囊壁早期溶解(图2-8),如甘薯长缘壳引起甘薯黑斑病。

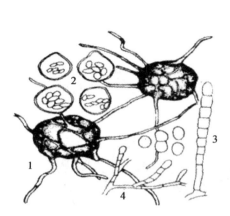

图2-7　**单丝科属**

1.闭囊壳　2.子囊和子囊孢子

3.分生孢子　4.分生孢子梗

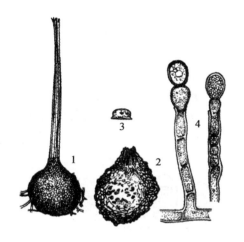

图·2-8　**长喙壳属**

1.子囊壳　2.子囊壳剖面　3.子囊孢子

4.分生孢子梗和分生孢子

　　(3)赤霉属　子囊壳单生或群生在肉质的子座上,子囊壳壁蓝色或紫色。子囊棒状有柄。子囊孢子多胞纺锤形,无色,如玉蜀黍赤霉引起大、小麦及玉米赤霉病。

　　(4)顶囊壳属　子囊壳埋生于基质中,顶端有短喙状突起,子囊孢子线形多胞,如禾顶囊壳引起小麦、玉米全蚀病。

　　(5)核盘菌属　具长柄的子囊盘产生在菌核上,子囊平行排列于子囊盘上,子囊间有侧丝。子囊棍棒状无色,子囊孢子卵圆形,单胞无色(图2-9),如核盘菌引起多种作物的菌核病。

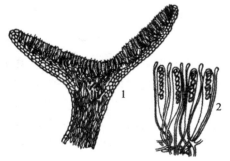

图2-9　**核盘菌属**

1.子囊盘　2.子囊和侧丝

4.担子菌亚门

担子菌是真菌中最高等的一个亚门。全部是陆生菌,腐生、寄生和共生。菌丝体发达,有分隔,细胞一般双核。无性繁殖除锈菌外,很少产生无性孢子。有性繁殖产生担子和担孢子。高等担子菌的担子上产生4个小梗和4个担孢子。本亚门分冬孢菌纲、层菌纲、腹菌纲3纲,其中引起粮油作物病害的重要类群是冬孢菌纲中的黑粉菌和锈菌。

(1)锈菌　锈菌是活体营养生物。典型的锈菌要经过5个发育阶段,并相应产生5种孢子类型,除担孢子外,还有单核的性孢子和双核的锈孢子、夏孢子、冬孢子。这5种孢子产生的先后时间顺序是:性孢子、锈孢子、夏孢子、冬孢子、担孢子。重要的锈菌如柄锈菌属(图2-10)的禾柄锈菌引起禾本科作物秆锈病。

(2)黑粉菌　黑粉菌因形成大量黑色的粉状冬孢子而得名,由黑粉菌引起的作物病害叫黑粉病。冬孢子圆球形,萌发形成担子和担孢子。常见的黑粉菌如黑粉菌属(图2-11)的小麦散黑粉菌引起小麦散黑粉病。

图 2-10　**柄锈菌属**
冬孢子和夏孢子

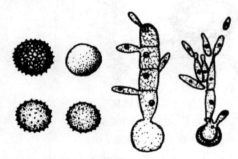

图 2-11　**黑粉菌属**
冬孢子和冬孢子萌发

5.半知菌亚门

半知菌亚门真菌其在个体发育中,不进入有性阶段或有性阶段很难看到,我们只发现其无性阶段,因此这类真菌通常称作半知菌或不完全菌。一旦发现它们的有性阶段,应根据有性阶段的特征归入相应的类群,已证明大多属于子囊菌,少数属于担子菌,因此半知菌与子囊菌的关系较为密切。

半知菌亚门真菌菌丝体发达,有隔膜。从菌丝体上形成分化程度不同的分生孢子梗,梗上产生分生孢子。有的半知菌的分生孢子产生于载孢体,载孢体是指一种由多根菌丝特化承载孢子的结构(外观为小黑点),主要类型有分生孢梗束、分生孢子座、分生孢子器、分生孢子盘。

　　半知菌亚门真菌根据真菌形态和产孢方式分为丝孢纲、腔孢纲和芽孢纲,其中许多丝孢纲和腔孢纲真菌是重要的粮油作物病原菌。

　　(1)丝核菌属　菌核褐色或黑色,形状不一,表面粗糙,菌核外表和内部的颜色相似。菌丝多为直角分枝,褐色,在分枝处有缢缩(图 2-12),如立枯丝核菌引起多种作物立枯病。

　　(2)小核菌属　菌核圆形或不规则形,表面光滑或粗糙,外表褐色或黑色,内部浅色,组织紧密(图 2-13),如齐整小核菌引起花生、黄瓜等 200 多种植物白绢病。

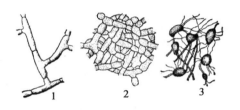

图 2-12　**丝核菌属**
1.直角状分枝的菌丝　2.菌核纠结的菌组织　3.菌核

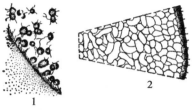

图 2-13　**小核菌属**
1.菌核　2.菌核剖面

　　(3)梨孢属　分生孢子梗无色,细长,不分枝,呈屈膝状;分生孢子梨形至椭圆形,2～3 个细胞,如稻梨孢引起稻瘟病。

　　(4)尾孢属　屈膝状的分生孢子梗常生于小型子座上,分生孢子多细胞,线形、鞭形至蠕虫形(图 2-14),如花生尾孢引起花生褐斑病。

　　(5)平脐蠕孢属　分生孢子通常呈长梭形,直或弯曲,深褐色;脐点略突起,基部平截,如玉蜀黍平脐蠕孢引起玉米小斑病。

　　(6)突脐蠕孢属　分生孢子梭形至圆筒形或倒棍棒形,直或弯曲,深褐色。脐点强烈突出,如大斑突脐蠕孢引起玉米大斑病。

　　(7)镰孢菌属　分生孢子梗聚集形成垫状的分生孢子座。大型分生孢子镰刀形,两端尖,稍弯,细长,多细胞。小型分生孢子卵圆形,单胞。聚生形成粉红色,如禾谷链孢菌引起麦类赤霉病。

　　(8)炭疽菌属　分生孢子盘上常生刚毛,分生孢子无色,单胞,长椭圆形或新月形(图 2-15),如禾生炭疽菌引起高粱炭疽病。

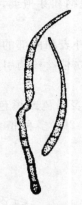

图 2-14　尾孢属

分生孢子梗和分生孢子

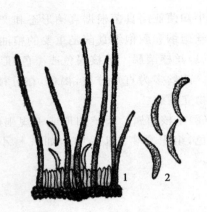

图 2-15　炭疽菌属

1.分生孢子盘　2.分生孢子

(9)茎点霉属　分生孢子器有明显的孔口,分生孢子梗极短,分生孢子单细胞,很小,卵形至椭圆形(图 2-16),如稻生茎点霉引起水稻叶尖枯病。

(10)壳针孢属　分生孢子器内分生孢子多细胞,细长筒形、针形或线性,直或微弯,无色(图 2-17),如颖枯壳针孢引起小麦颖枯病。

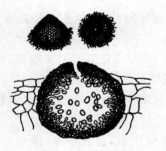

图 2-16　茎点霉属

分生孢子器及分生孢子

图 2-17　壳针孢属

分生孢子器和分生孢子

二、工作准备

(1)实施场所　多媒体实训室、粮油作物生产基地或周围农田等。

(2)仪器与用具　光学显微镜、载玻片、盖玻片、挑针、蒸馏水滴瓶、扩大镜、镊子、小剪刀、解剖刀及记载用具等。

(3)病害标本　大豆霜霉病、甘薯软腐病、小麦白粉病、小麦赤霉病、油菜菌核病、油菜白锈病、甘薯黑斑病、小麦散黑穗病、玉米锈病、玉米大斑病、玉米丝黑穗病、小麦秆锈病、麦类麦角、稻瘟病、水稻叶尖枯病等实物标本或玻片标本。

（4）其他 教材、资料单、PPT、影像资料、相关图书、网上资源等。

【任务设计与实施】

一、任务设计

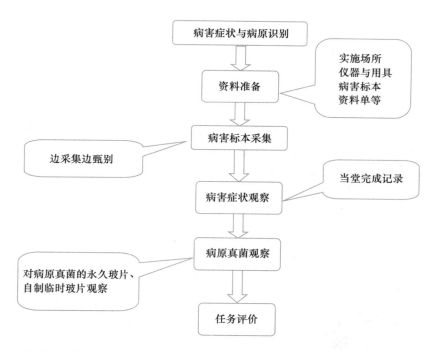

二、任务实施

（一）病害标本采集与甄别

引导学生在课前以小组为单位，到设施基地或露地或校园内外，采集粮油作物上发病的新鲜的叶片、果实、茎秆或根部。对采集到的新鲜病害标本进行仔细观察，哪些是害虫为害的？哪些是作物组织老化造成的？哪些是人为机械损伤造成的？哪些只能看到病状？哪些既能看到病状又能观察到病征？

（二）真菌病害症状类型观察

按照真菌病害的病状类型（变色、坏死、斑点、腐烂、畸形）和病征类型（霉状物、絮状物、粉状物、锈状物、点粒状物等）准备作物病害的盒装标本、瓶装浸渍标本及新采集的病害标本，边观察边记录并完成表 2-1 作物真菌病害标本症状观察。

表 2-1　作物真菌病害标本症状观察

序号	病害名称	受害作物	发病部位	病状类型	病征类型	备注

（三）病原真菌观察

1. 光学显微镜的使用

常用的光学显微镜有连续变倍和转换物镜的两种，它们的结构都是由目镜、镜筒、镜臂、粗准焦螺旋、细准焦螺旋、底座、光源、虹彩光圈、聚光器、载物台、物镜、转换器等组成（图 2-18）。

（1）安放　右手握住镜臂，左手托住镜座，使镜体保持直立。桌面要清洁、平稳，要选择临窗或光线充足的地方。单筒的一般放在左侧，距离桌边 3～4 cm 处。

（2）清洁　检查显微镜是否有毛病，是否清洁，镜身机械部分可用干净软布擦拭。透镜要用擦镜纸擦拭，如有胶或沾污，可用少量二甲苯清洁之。

（3）对光　镜筒升至距载物台 1～2 cm 处，低倍镜对准通光孔。调节光圈和反光镜，光线强时用平面镜，光线弱时用凹面镜，反光镜要用双手转动。若使用的为带有光源的显微镜，可省去此步骤，但需要调节光亮度的旋钮。

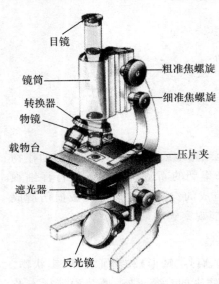

目镜

镜筒

转换器

物镜

载物台

遮光器

反光镜

粗准焦螺旋

细准焦螺旋

压片夹

图 2-18　光学显微镜的构造

（4）安装标本　将玻片放在载物台上，注意有盖玻片的一面一定朝上。用弹簧夹将玻片固定，转动平台移动器的旋钮，使要观察的材料对准通光孔中央。

（5）调焦　调焦时，先旋转粗调焦旋钮慢慢降低镜筒，并从侧面仔细观察，直到物镜贴近玻片标本，然后左眼自目镜观察，左手旋转粗调焦旋钮抬升镜筒，直到看清标本物像时停止，再用细调焦旋钮回调清晰。操作注意：不应在高倍镜下直接调焦；镜筒下降时，应从侧面观察镜筒和标本间的间距；要了解物距的临界值。若使用双筒显微镜，如观察者双眼视度有差异，可靠视度调节圈调节。另外双筒可相对平移以适应操作者两眼间距。

（6）观察　观察时两眼自然张开，左眼观

察标本,右眼观察记录及绘图,同时左手调节焦距,使物像清晰并移动标本视野。右手记录、绘图。镜检时应将标本按一定方向移动视野,直至整个标本观察完毕,以便不漏检,不重复。光强的调节:一般情况下,染色标本光线宜强,无色或未染色标本光线宜弱;低倍镜观察光线宜弱,高倍镜观察光线宜强。除调节反光镜或光源灯以外,虹彩光圈的调节也十分重要。

低倍镜观察。观察任何标本时,都必须先使用低倍镜,因为其视野大,易发现目标和确定要观察的部位。

高倍镜观察。从低倍镜转至高倍时,只需略微调动细调焦旋钮,即可使物像清晰。使用高倍镜时切勿使用粗调焦旋钮,否则易压碎盖玻片并损伤镜头。转动物镜转换器时,不可用手指直接推转物镜,这样容易使物镜的光轴发生偏斜,转换器螺纹受力不均匀而破坏,最后导致转换器就会报废。

油镜观察。先用低倍镜及高倍镜将被检物体移至视野中央后,再换油镜观察。油镜观察前,应将显微镜亮度调整至最亮,光圈完全打开。使用油镜时,先在盖玻片上滴加一滴香柏油(镜油),然后降低镜筒并从侧面仔细观察,直到油镜浸入香柏油并贴近玻片标本,然后用目镜观察,并用细调焦旋钮抬升镜筒,直到看清标本的焦段时停止并调节清晰。香柏油滴加要适量。油镜使用完毕后一定要用擦镜纸蘸取二甲苯擦去香柏油,并再用干的擦镜纸擦去多余二甲苯。

(7)结束　操作观察完毕,移去样品,扭转转换器,使镜头"V"字形偏于两旁,反光镜要竖立,降下镜筒,擦抹干净,并套上镜套。若使用的是带有光源的显微镜,需要调节亮度旋钮将光亮度调至最暗,再关闭电源按钮,以防止下次开机时瞬间过强电流烧坏光源灯。

2.临时玻片的制作

取清洁载玻片,中央滴蒸馏水 1 滴,用挑针挑取少许瓜果腐霉病菌的白色棉毛状菌丝放入水滴中,用两支挑针轻轻拨开过于密集的菌丝,然后自水滴一侧用挑针支持,慢慢加上盖玻片。

3.主要病原真菌形态识别

(1)鞭毛菌亚门形态观察　挑取大豆霜霉病制作玻片,观察其孢囊梗和孢子囊形态。

(2)接合菌亚门形态观察　挑取甘薯软腐病制作玻片,观察其孢子囊和孢囊梗形态。

(3)子囊菌亚门形态观察　挑取小麦白粉病、小麦赤霉病、油菜菌核病、甘薯黑斑病制作玻片观察其分生孢子和子囊孢子形态。

(4)担子菌亚门形态观察　挑取小麦散黑穗病或玉米丝黑穗病、玉米锈病制作玻片,观察其冬孢子、夏孢子形态。

(5)半知菌亚门形态观察 挑取玉米大斑病、玉米小斑病、稻瘟病、花生褐斑病等制作玻片或选取高粱炭疽病、水稻叶尖枯病、小麦颖枯病小黑点密集的病组织作切片,观察其分生孢子盘或分生孢子器及分生孢子的形态特征。

【任务评价】

评价内容	评价标准	分值	评价人	得分
病害标本采集与甄别	每位同学采集3种病害标本,能够识别出是否发生了病害	15分	组内互评	
真菌病害标本症状观察	记录内容正确、种类多,按时完成	20分	教师	
病原真菌观察	每人独立在显微镜下至少观察3个病原真菌重要属的永久玻片,并描述病原特点	15分	组内互评	
	每人至少自己制作病原真菌的2个重要属的玻片观察,绘图或拍出电子照片	40分	教师	
团队协作	小组成员间团结协作	5分	组内互评	
方法能力	观察认真程度与熟练程度	5分	组内互评	

工作任务二 叶部病害的诊断与防治

【任务准备】

一、知识准备

作物叶部病害是一类最普遍的病害,它的种类远远超过其他器官的病害,这和叶部的保护组织比较幼嫩易于受害,并适于病菌传播侵染以及叶部病害容易被发觉有关。叶病的主要类型有锈病、白粉病、霜霉病、炭疽病以及各种叶斑病、花叶病等。病害直接后果是减少光合作用,甚至提早落叶。由于叶病大多重复侵染,而且病原物多靠风雨传播,所以,病害扩展快,传播面广。喷药保护叶片不受侵害,常可取得显著的防治效果。加强管理,促进作物生长健壮,可提高抗病力,特别是对于一些弱寄生菌引起的病害如多种叶斑病等,也是一项很重要的防病措施。

（一）锈病

锈病是由真菌中的锈菌寄生引起的一类植物病害，由于此病在病部产生大量锈状物而得名。锈病分布广且危害性大，多见于禾谷类作物、豆科植物等。不少作物的锈病是世界性的，有些有大区流行的特点，产量损失常以万吨计。锈菌可危害作物的叶、茎和果实。一般只引起局部侵染，受害部位可因孢子聚集而产生不同颜色的小疱点或疱状物等，有的还可引起肿瘤、丛枝、曲枝等病状，或造成落叶、焦梢、生长不良等。严重时孢子堆密集成片，植株因体内水分大量蒸发而迅速枯死。

> **想一想**
>
> 你能用三个字来描述作物锈病症状的共同特点吗？

1. 小麦锈病

小麦锈病俗称"黄疸病"，分条锈病、叶锈病、秆锈病 3 种，是中国小麦生产上分布广、传播快、危害面积大的重要病害。条锈病主要分布于陕西、甘肃、宁夏、四川、河南、云南、青海等地，叶锈分布于全国大部分麦区，秆锈主要分布于西南、华南、华北等地。

（1）症状识别 条锈主要为害小麦叶片，也可为害叶鞘、茎秆、穗部。夏孢子堆在叶片上排列呈虚线状，鲜黄色，孢子堆小，长椭圆形，孢子堆破裂后散出粉状孢子。

叶锈主要为害叶片，叶鞘和茎秆上少见，夏孢子堆在叶片上散生，橘红色，孢子堆中等大小，圆形至长椭圆形，夏孢子一般不穿透叶片，偶尔穿透叶片，背面的夏孢子堆也较正面的小。

秆锈主要为害茎秆和叶鞘，也可为害穗部。夏孢子堆排列散乱无规则，深褐色，孢子堆大，长椭圆形。夏孢子堆穿透叶片的能力较强，同一侵染点在正反面都可出现孢子堆，而叶背面的孢子堆较正面的大。

对于这三种锈病的症状区别，人们根据其夏孢子堆的特征表现，形象地描述为："条锈成行叶锈乱，秆锈是个大红斑"。

三种锈病病部后期均生成黑色冬孢子堆。若把条锈和叶锈菌夏孢子放在玻片上滴一滴浓盐酸检测，条锈菌夏孢子的原生质收缩成数个小团，而叶锈菌夏孢子的原生质在孢子中央收缩成一个大团。

（2）病原识别 条锈病、叶锈病、秆锈病分别由条形柄锈菌、小麦隐匿柄锈菌、禾柄锈菌引起，三种病原菌均属于担子菌亚门柄锈菌属。

条形柄锈菌夏孢子单胞，球形，表面有细刺，鲜黄色，孢子壁无色，具 6～16 个发芽孔。冬孢子双胞，棍棒状，顶部扁平或斜切，分隔处稍缢缩，褐色，上浓下淡，下部瘦削，柄短有色。

小麦隐匿柄锈菌夏孢子单胞,球形或近球形,表面有细刺,橙黄色,具6～8个发芽孔。冬孢子双胞,棍棒状,暗褐色,分隔处稍缢缩,顶部平,柄短无色。

禾柄锈菌夏孢子单胞,长椭圆形,暗橙黄色,中部有4个发芽孔,胞壁褐色,具明显棘状突起。冬孢子双胞,棍棒状或纺锤形,浓褐色,分隔处稍缢缩,表面光滑,顶端圆形或略尖,柄上端黄褐色,下端近无色。

(3)发病规律　三种锈菌在我国都是以夏孢子世代在小麦为主的麦类作物上逐代侵染而完成周年循环。是典型的远程气传病害。

小麦条锈病在我国西北和西南高海拔地区越夏。越夏区产生的夏孢子经风吹到广大麦区,成为秋苗的初浸染源。病菌可以随发病麦苗越冬。春季在越冬病麦苗上产生夏孢子,可扩散造成再次侵染。造成春季流行的条件为:大面积感病品种的存在;一定数量的越冬菌源;3～5月的雨量,特别是3、4月的雨量过大;早春气温回升较早。

小麦叶锈病在我国各麦区一般都可越夏,越夏后成为当地秋苗的主要浸染源。病菌可随病麦苗越冬,春季产生夏孢子,随风扩散,条件适宜时造成流行,叶锈菌侵入的最适温度为18～22℃。造成叶锈病流行的因素主要是当地越冬菌量、春季气温和降雨量以及小麦品种的抗感性。

秆锈菌以夏孢子传播,夏孢子萌发侵入温度要求为3～31℃,最适20～25℃。小麦秆锈病可在南方麦区不间断发生,这些地区是主要越冬区。主要冬麦区菌源逐步向北传播,由南向北造成为害,所以大多数地区秆锈病流行都是由外来菌源所致。除大量外来菌源外,大面积感病品种、偏高气温和多雨水是造成流行的因素。

小麦锈病不同于其他病害,由于病菌越夏、越冬需要特定的地理气候条件,像条锈病和秆锈病,还必须按季节在一定地区间进行规律性转移,才能完成周年循环。叶锈病虽然在不少地区既能越夏又能越冬,但区间菌源相互关系仍十分密切。所以,三种锈病在秋季或春季发病的轻重主要与夏、秋季和春季雨水的多少,越夏越冬菌源量和感病品种面积大小关系密切。一般地说,雨水多,感病品种面积大,菌源量大,锈病就发生重,反之则轻。

(4)防治方法　①农业防治。因地制宜种植抗病品种,是防治小麦锈病的基本措施;小麦收获后及时翻耕灭茬,消灭自生麦苗,减少越夏菌源;搞好大区抗病品种合理布局,切断菌源传播路线。②药剂拌种。用种子重量0.03%(有效成分)三唑酮,即用25%三唑酮可湿性粉剂15 g拌麦种150 kg或12.5%特谱唑可湿性粉剂60～80 g拌麦种50 kg。③药剂大田防治。田间发现病中心或发病初期可用下列药剂防治:20%萎锈灵乳油150～200 mL/667 m²;25%邻酰胺悬浮剂200～320 mL/667 m²;30%醚菌酯悬浮剂30～50 mL/667 m²;25%肟菌酯悬浮剂25～50 mL/667 m²;20%三唑酮乳油40～45 mL/667 m²;12.5%烯唑醇可湿性粉剂16～32 g/

667 m²；12.5％氟环唑悬浮剂 48～60 mL/667 m²；40％氟硅唑乳油 7.5～9.4 mL/
667 m²；50％粉唑醇可湿性粉剂 30～50 g/667 m²；5％己唑醇悬浮剂 20～30 mL/
667 m²；25％丙环溴乳油 30～40 mL/667 m²；25％戊唑醇可湿性粉剂 60～70 g/
667 m²，对水 40～50 k g，间隔 7～10 d 喷 1 次，连续 2 次。

2.其他粮油作物锈病(表2-2)

表 2-2　其他粮油作物锈病

病名	症状	病原	发病规律	防治方法
玉米锈病	初期仅在叶片两面散生浅黄色长形至卵形褐色小脓疱，后小疱破裂，散出铁锈色粉状物，即病菌夏孢子；后期病斑上生出黑色近圆形或长圆形突起，开裂后露出黑褐色冬孢子。	玉米柄锈菌与玉米多堆柄锈菌，均属担子菌亚门柄锈菌属。	在南方以夏孢子辗转传播、蔓延，不存在越冬问题。北方菌源来自病残体或来自南方的夏孢子等。借气流传播，高温多湿或连阴雨、偏施氮肥发病重。	药剂防治参照小麦锈病。
花生锈病	主要侵染叶片，亦为害叶柄、托叶、茎秆、果柄和荚果。初在叶片正面或背面出现针尖大小淡黄色病斑，后扩大为淡红色突起斑，表皮破裂露出红褐色粉末状物。	落花生柄锈菌，属担子菌亚门柄锈菌属。	在四季种植花生地区辗转危害，在自生苗上越冬。夏孢子借风雨传播形成再侵染。施氮过多，密度大，通风透光不良，排水条件差，发病重。	
大豆锈病	主要为害叶片、叶柄和茎，初生黄褐色斑，扩展后叶背面稍隆起，表皮破裂后散出棕褐色粉末。	豆薯层锈菌，属担子菌亚门层锈菌属。	降雨量大、降雨日数多、持续时间长，发病重。在南方秋大豆播种早时发病重，品种间抗病性有差异，鼓粒期受害重。	
高粱锈病	初在叶片上形成红色或紫色至浅褐色小斑点，后斑点扩大且在叶片表面形成椭圆形隆起的夏孢子堆，破裂后露出米褐色粉末。后期在原处形成较黑的冬孢子堆。	玉米柄锈菌和高粱柄锈菌，属担子菌亚门柄锈菌属。	以冬孢子在病残体上、土壤中或其他寄主上越冬。夏孢子借气流传播，进行多次再侵染。	
向日葵锈病	初期在叶背出现褐色小疱，表面破裂后散出褐色粉末。严重时夏孢子堆布满全叶。叶柄、茎秆、葵盘及苞叶上也可形成很多夏孢子堆。近收获时，病部出现黑色裸露的小疱，内生大量黑褐色粉末。	向日葵柄锈菌，属担子菌亚门柄锈菌属。	以冬孢子在病残体上越冬。夏孢子借气流传播，进行再侵染。5～6月多雨发病重。7月中旬至8月中旬雨水多，病害发生严重。	

(二)霜霉病

霜霉病是由霜霉菌引起的一类植物病害。霜霉菌属真菌门鞭毛菌亚门卵菌纲霜霉目霜霉科,是专性寄生菌,极少数的霜霉菌可人工培养。霜霉病在粮油作物上,主要危害油菜、谷子、水稻、大豆和小麦等。此病从幼苗到收获各阶段均可发生,以成株受害较重。主要为害叶片。发病期在叶面常形成多角形病斑,潮湿时叶背产生霜状霉层。

霜霉菌以卵孢子在土壤中、病残体或种子上越冬(如谷子白发病),或以菌丝体潜伏在茎、芽或种子内越冬(如油菜霜霉病),成为次年病害的初侵染源,生长季由孢子囊进行再侵染。在中国南方温湿条件适宜的地区可周年进行侵染。霜霉菌主要靠气流或雨水传播。

1.油菜霜霉病

油菜霜霉病是中国各油菜区重要病害,长江流域、东南沿海受害重。春油菜区发病少且轻。

(1)症状识别　春油菜区发病少且轻。该病主要为害叶、茎和角果,致受害处变黄,长有白色霉状物。花梗染病顶部肿大弯曲,呈"龙头拐"状,花瓣肥厚变绿,不结实,上生白色霜霉状物。叶片染病初现浅绿色小斑点,后扩展为多角形的黄色斑块,叶背面长出白霉。

(2)病原识别　病原为寄生霜霉(图 2-19),属鞭毛菌亚门卵菌纲霜霉科霜霉属。菌丝无色,无隔膜。从菌丝上长出的孢囊梗自气孔伸出,单生或2~4 根束生,无色,无分隔,主干基部稍膨大,作重复的两叉分枝,顶端 2~5 次分枝,主轴和分枝成锐角,顶端的小梗尖锐、弯曲,每端常生一个孢子囊。孢子囊无色,单胞,长圆形至卵圆形,萌发时多从侧面产生芽管,不形成游动孢子。卵孢子球形,单胞,黄褐色,抗逆性强,条件适宜时,可直接产生芽管进行侵染。该菌系专性寄生菌,只能在活体上存活,且具明显生理分化现象。

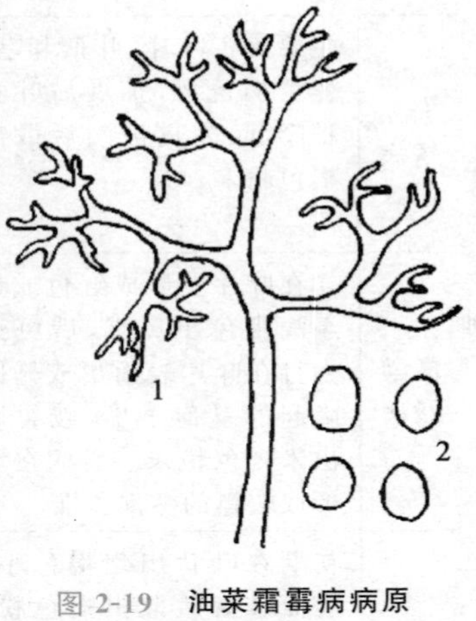

图 2-19　**油菜霜霉病病原**
1.孢囊梗　2.孢子囊

(3)发病规律　冬油菜区,病菌以卵孢子随病残体在土壤中、粪肥里和种子内越夏,秋季萌发后侵染幼苗,病斑上产生孢子囊进行再侵染。冬季病害扩展不快,并以菌丝在病叶中越冬,翌春气温升高,又产生孢子囊借风雨传播再次侵染叶、茎及角果,油菜进入成熟期,病部又产生卵孢子,可多次再侵染。远距离传播主要靠混在种子中的卵孢子。至于近距离传播,除混在种子、粪肥中的卵孢子直接传到病田外,主要靠气流和灌溉水或雨水传播,孢子囊由于孢囊梗干缩扭曲,则从小梗顶端放射至空中随气流传到健株上,传播距离 8～9 m,土中残体上卵孢子通过水流流动,萌发后产生的孢子囊随雨水溅射到健康幼苗上。孢子囊形成适温 8～21℃,侵染适温 8～14℃,相对湿度为 90%～95%。

该病发生与气候、品种和栽培条件关系密切,气温 8～16℃、相对湿度高于 90%、弱光利于该菌侵染。低温多雨、高湿、日照少利于病害发生。长江流域油菜区冬季气温低,雨水少发病轻,春季气温上升,雨水多,田间湿度大易发病或引致薹花期该病流行。连作地、播种早、偏施过施氮肥或缺钾地块及密度大、田间湿气滞留地块易发病。低洼地、排水不良、种植白菜型或芥菜型油菜发病重。

(4)防治方法　①因地制宜种植抗病品种。如中双 4 号、两优 586、秦油 2 号、白油 1 号、青油 2 号、沪油 3 号、新油 8 号、新油 9 号、蓉油 3 号、涂油 4 号等。提倡种植甘蓝型油菜或浠水白等抗病的白菜型油菜。②提倡与大小麦等禾本科作物进行 2 年轮作,可大大减少土壤中卵孢子数量,降低菌源。③用种子重量 1% 的 35% 瑞毒霉或甲霜灵拌种。④重点防治旱地栽培的白菜型油菜,一般在 3 月上旬抽薹期,调查病情扩展情况,当病株率达 20% 以上时,开始喷洒 40% 霜疫灵可湿性粉剂 150～200 倍液或 72.2% 普力克水剂 600～800 倍液、64% 杀毒矾 M 可湿性粉剂 500 倍液、36% 露克星悬浮剂 600～700 倍液、58% 甲霜灵·锰锌可湿性粉剂 500 倍液、70% 乙膦·锰锌可湿性粉剂 500 倍液、72% 杜邦克露 900～1 000 倍液、69% 安克·锰锌可湿性粉剂 900～1 000 倍液,喷药液 60～70 L/667 m²,隔 7～10 d 1 次,连续防治 2～3 次。

2. 谷子白发病

谷子白发病是一种分布十分广泛的病害,在我国华北、西北、东北等地发生严重。为害程度逐渐加重,已成为谷子生产上的主要病害。

(1)症状识别　从发芽到出穗都可发病,并且在不同生育阶段和不同部位的症状也不一样。未出土的幼芽严重发病的,出土后的幼苗及其叶子变色、扭曲或腐烂;"灰背":幼苗 3～4 叶时,病叶正面出现白色条斑,叶背长出灰白色霉层,此后叶片变黄、枯死;"白尖":当叶片出现灰背后,叶片干枯,但心叶仍能继续抽出,只是心叶抽出后不能正常展开,而是呈卷筒状直立,呈黄白色,以后逐渐变褐色呈枪杆状;"刺猬头":部分病株发展迟缓,能抽穗或抽半穗,但穗变形,小穗受刺激呈小叶状,不结籽粒,内有大量黄褐色粉末,病穗上的小花内外颖受病菌刺激而伸长呈小叶状,全穗像个鸡毛帚;"白发或乱发状":变褐色的心叶受病菌为害,叶肉部分被破坏成黄褐色粉末,仅留维管束组织呈丝状,植株死亡。

(2)病原识别　病原为禾生指梗霜霉,属鞭毛菌亚门卵菌纲霜霉目霜霉科指梗霉属。孢囊梗生在寄主内部的菌丝上且由气孔伸出。孢囊梗无色,顶部分枝2~3次,主枝粗,直径8~16 μm,最后小分枝呈圆锥状。孢子囊广卵圆形至近球形,透明无色,萌发时形成游动孢子。卵孢子球形,近球形至长圆形,淡黄色或黄褐色。

(3)发病规律　以卵孢子在土壤中、未腐熟粪肥上或附在种子表面越冬,是主要初侵染源。卵孢子系统性侵染病株后产生分生孢子,但在华北地区,分生孢子须在特殊的气候条件下,才能引起系统性的再侵染并产生大量卵孢子。病菌的侵染主要发生在谷子的幼苗时期。种子上沾染的和土壤、肥料中的卵孢子萌发产生芽管,用芽管侵入谷子幼芽芽鞘,随着生长点的分化和发育,菌丝达到叶部和穗部。孢子囊和游动孢子借气流传播,进行再侵染;低温、潮湿土壤中种子萌发和幼苗出土速度慢,容易发病。该病发病的温度范围为19~32℃,相对湿度为20%~80%。发病条件范围比较广泛,而且温度湿度互相影响。当温度自20℃逐渐降低时,湿土较适于发病;温度自20℃逐渐升高时,干土较适于发病。苗期多雨时,白发病较严重;连作田菌源数量大或肥料中带菌数量多,病害发生严重;土壤墒情善,出苗慢。播种深或土壤温度低时,病害发生亦严重。不同品种的抗病性表现有差异。

(4)防治方法　谷子白发病主要由初侵染引起,所以,在防治上应抓住选用抗病良种、实行轮作、种子处理、拔除病株等减少初侵染源的措施。①选用抗病品种,建立无病留种地获得无病种子。②重病田块,实行2~3年轮作倒茬。③田间及时拔除病株,减少菌源。忌用带病谷草沤肥,避免粪肥传染。④种子处理。可用35%甲霜灵拌种剂按种子重量的0.2%拌种,或用50%甲霜·酮可湿性粉剂按种子重量的0.3%~0.4%拌种;或用种子重量0.4%~0.5%的64%恶霜灵·代森锰锌可湿性粉剂拌种。⑤土壤处理。可用75%敌磺钠可溶性粉剂500 g/667 m²对细土15~20 kg混匀,播种后覆土。⑥发病初期,及时喷洒下列药剂:58%甲霜灵·代森锰锌可湿性粉剂600倍液;64%恶霜·锰锌可湿性粉剂500倍液;72%霜脲·锰锌可湿性粉剂600~800倍液;69%烯酰吗啉·代森锰锌可湿性粉剂1 000倍液等。

> **记一记**
>
> 防治作物霜霉病常用的药剂有哪些?

3.其他粮油作物霜霉病(表2-3)

表 2-3　其他粮油作物霜霉病

病名	症状	病原	发病规律	防治方法
水稻霜霉病	分蘖盛期,叶上初生黄白小斑点,后形成表面不规则条纹,斑驳花叶。病株心叶淡黄,卷曲,不易抽出,下部老叶逐渐枯死。	大孢指疫霉,属鞭毛菌亚门霜霉目。	以卵孢子随病残体在土壤中越冬。卵孢子借水流传播,产生孢子囊和游动孢子。秧苗期是水稻主要感病期。秧田水淹、暴雨或连阴雨发病严重,低温有利于发病。	药剂防治参照油菜霜霉病。
大豆霜霉病	危害幼苗、叶片和籽粒。当第一片真叶展开后,沿叶脉两侧出现褪绿斑块。成株叶片表面呈圆形或不规则形,边缘不清晰的黄绿色星点,后变褐色,叶背生灰白色霉层。	东北霜霉,属鞭毛菌亚门卵菌纲霜霉科。	以卵孢子在种子上或病残体上越冬。卵孢子萌发形成孢子囊和游动孢子,侵入寄主。借风、雨和水滴传播,引起再侵染。低温适于发病,东北、华北春大豆发病重于长江流域及其以南的夏大豆。	
小麦霜霉病	又称黄化萎缩病。苗期染病病苗矮缩、叶片淡绿或有轻微条纹状花叶。返青拔节后染病叶色变浅,并现黄白条形花纹,叶片变厚,皱缩扭曲,病株矮化,不能正常抽穗或穗从旗叶叶鞘旁拱出,弯曲成畸形龙头穗。	孢指疫霉小麦变种,属鞭毛菌亚门卵菌纲霜霉目。	以卵孢子在土壤内的病残体上越冬或越夏。休眠5～6个月后产生游动孢子,萌芽后从幼芽侵入,成为系统性侵染。倒春寒,气温偏低利于该病发生,地势低洼、稻麦轮作田易发病。	

(三)白粉病

　　白粉病是作物上普遍发生的病害,由子囊菌亚门白粉菌科的病原菌引起,主要发生在植株叶片,严重时可侵染植株的嫩叶、幼芽、叶鞘和穗子等部位。突出特点是发病时叶背面或两面出现一层粉状物,在发病初期,染病部位出现近圆形或不规则形的白色粉斑,并略显褪绿或呈畸形。在适宜的条件下,粉斑迅速扩大,并连接成片使得叶面布满白色粉状物。在发病后期,病叶会出现皱缩不平,并向背卷曲。严重时,植株矮小,叶片萎缩干枯,甚至整株死亡。

　　1.小麦白粉病

　　小麦白粉病是小麦主要病害之一,在各生育时期均可发生,以抽穗至成熟期危害最为严重。近年来在江苏、浙江、湖北、河南、山东、贵州、四川等地发生较为普遍,为害日趋严重。由麦类白粉菌引起,主要为害小麦、大麦、黑麦、燕麦等。

(1)症状识别 小麦白粉病可侵害小麦植株地上部各器官,以叶片和叶鞘受害为主,严重时也可侵染穗部。发病初期在病部形成淡黄色斑点,逐渐形成近圆形至椭圆形白色粉状霉斑,为白粉菌分生孢子梗和分生孢子;后期变为灰白色,上面散生黑色小颗粒,为白粉菌闭囊壳。小麦发病后,光合作用受到影响,穗粒数减少,千粒重下降,严重时导致植株早枯,造成减产,甚至绝收。

(2)病原识别 由禾本科布氏白粉菌小麦专化型引起(图 2-20),属子囊菌亚门真菌。菌丝体表寄生,蔓延于寄主表面。在寄主表皮细胞内形成吸器吸收寄主营养。在与菌丝垂直的分生孢子梗端,串生10~20 个分生孢子,椭圆形,单胞无色,侵染力持续 3~4 d。病部产生的小黑点,即病原菌的闭囊壳,黑色球形,外有附属丝18~52 根,内含子囊 9~30 个。子囊长圆形或卵形,内含子囊孢子 8 个,有时 4 个。子囊孢子圆形至椭圆形,单胞无色,单核。子囊壳一般在小麦生长后期形成,成熟后在适宜温、湿度条件下开裂,放射出子囊

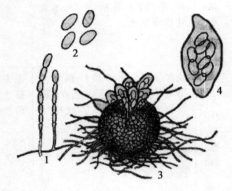

图 2-20 小麦白粉病病原
1.分生孢子梗 2.分生孢子
3.闭囊壳 4.子囊

子。该菌不能侵染大麦,大麦白粉菌也不侵染小麦。小麦白粉菌在不同地理生态环境中与寄主长期相互作用下,能形成不同的生理小种,毒性变异很快。

(3)发病规律 冬麦区春季发病菌源主要来自当地。春麦区,除来自当地菌源外,还来自邻近发病早的地区。越冬后的病菌先在植株下部叶片之间传播,以后逐渐向中、上部叶片发展,严重时可发展到穗部。该病发生适温 15~20℃,低于 10℃发病缓慢。相对湿度大于 70%有可能造成病害流行。少雨地区当年雨多则病重,多雨地区如果雨日、雨量过多,病害反而减缓,因连续降雨冲刷掉表面分生孢子。

(4)防治方法 小麦白粉病的防治应以防为主,在选用抗病品种及药剂拌种的基础上防控结合,在未发病时进行预防,或发病初期,用药剂防治效果较为理想。①因地制宜地种植抗病品种。②提倡施用酵素菌沤制的堆肥或腐熟有机肥,采用配方施肥技术,适当增施磷、钾肥,根据品种特性和地力合理密植。南方麦区雨后及时排水,防止湿气滞留。北方麦区适时浇水,使寄主增强抗病力。③自生麦苗越夏地区,冬小麦秋播前要及时清除掉自生麦,可大大减少秋苗菌源。④药剂防治。用种子重量 0.03%(有效成分)25%三唑酮(粉锈宁)可湿性粉剂拌种,也可用 15%

三唑酮可湿性粉剂 20～25 g 拌 667 m² 麦种防治白粉病,兼治黑穗病、条锈病、根腐病等。当小麦白粉病病情指数达到 1 或病叶率达 10％以上时,开始喷洒 25％嘧菌酯悬浮剂 60～90 mL/667 m²;30％醚菌酯悬浮剂 30～50 mL/667 m²;20％三唑酮乳油 40～45 mL/667 m²;12.5％烯唑醇可湿性粉剂 16～32 g/667 m²;40％氟硅唑乳油 7.5～9.4 mL/667 m²;50％粉唑醇可湿性粉剂 8～12 g/667 m²;5％己唑醇悬浮剂 20～30 mL/667 m²;12.5％腈菌唑乳油 16～32 mL/667 m²;25％戊唑醇可湿性粉剂 60～70 g/667 m²;10％三唑醇可湿性粉剂 75～90 g/667m²;25％咪鲜胺乳油 60～100 mL/667 m²;30％氟菌唑可湿性粉剂 13～20 g/667 m²;75％十三吗啉乳油 33 mL/667 m²;50％烟酰胺水分散粒剂 33～46 g/667 m²;15％井冈霉素·三唑酮可湿性粉剂 100～130 g/667 m²;6％氯苯嘧啶醇可湿性粉剂 30～50 g/667 m²,对水 40～50 kg 均匀喷雾,发生严重时,间隔 7～10 d 再喷 1 次。

2. 其他粮油作物白粉病(表 2-4)

表 2-4　其他粮油作物白粉病

病名	症状	病原	发病规律	防治方法
油菜白粉病	主要为害叶片、茎、花器和种荚,产生近圆形放射状白色粉斑,菌丝体生于叶的两面,发展生后白粉常铺满叶、花梗和荚的整个表面,即白粉菌的分生孢子梗和分生孢子,发病轻者病变不明显,仅荚果稍变形;发病重的叶片褪绿黄化早枯,种子瘦瘪。	十字花科白粉菌,属子囊菌亚门。	南方全年种植十字花科蔬菜区,以菌丝体或分生孢子辗转传播为害。北方以闭囊壳在病残体上越冬,分生孢子借风雨传播,具再侵染。雨量少的干旱年份易发病,时晴时雨,高温、高湿交替,发病重。	药剂防治参照小麦白粉病
大豆白粉病	主要为害叶片,叶上斑点圆形,具黑暗绿色晕圈。逐渐长满白色粉状物,后期在白色粉状物上产生黑褐色球状颗粒物。	紫芸英单丝壳菌,属子囊菌亚门真菌。	以闭囊壳在土表病残体上越冬,子囊孢子借风雨传播,进行初侵染。病部产生分生孢子,借风雨传播进行再侵染。温度 15～20℃和相对湿度大于 70％的天气条件有利于病害发生。	
向日葵白粉病	初期叶面零星散布白色粉状霉层,扩展后整叶盖满灰白色霉层,最后病叶变褐焦枯,引起早期凋落。茎秆发病,病斑灰褐色至黑褐色,不规则形,病斑边缘不整齐,后期病部出现黑色小粒点。	单丝壳与二孢白粉菌,均属子囊菌亚门。	以闭囊壳在病残体上越冬。子囊孢子借气流传播,进行初侵染和再侵染。干旱年份发生重。栽植过密,通风不良或氮肥偏多,发病重。	

(四)炭疽病

多种作物上都可发生炭疽病。不同作物上的炭疽病,发生的部位有所不同,但叶片常常是重要发生部位。炭疽病共同的症状特点是,发病后期病斑多呈黑褐色,这就不难理解为什么叫炭疽病了,因为炭为黑色,疽为毒疮,而且发病后期病部产生轮纹状排列的小黑点,即病菌的分生孢子盘。在潮湿条件下病斑上有粉红色的黏孢子团。

引起炭疽病的病原,因作物不同其病原菌有所不同。主要由半知菌亚门腔孢纲黑盘孢目炭疽菌属中的真菌引起,如黑线炭疽菌、胶孢炭疽菌、尖孢炭疽菌。有性阶段为子囊菌亚门、核菌纲、球壳目中的小丛壳属及围小丛壳等。

1.高粱炭疽病

从苗期到成株期均可染病。苗期染病为害叶片,导致叶枯,造成高粱死苗。叶片染病,病斑梭形,中间红褐色,边缘紫红色,病斑上现密集小黑点,即病原菌分生孢子盘。

(1)症状识别 从苗期到成株期均可染病。苗期染病为害叶片,导致叶枯,造成高粱死苗。叶片染病,病斑梭形,中间红褐色,边缘紫红色,病斑上现密集小黑点,即病原菌分生孢子盘。炭疽病多从叶片顶端开始发生,大小(2~4) mm×(1~2) mm,严重的造成叶片局部或大部枯死。叶鞘染病病斑较大,椭圆形,后期也密生小黑点。高粱抽穗后,病菌还可侵染幼嫩的穗颈,受害处形成较大的病斑,其上也生小黑点,易造成病穗倒折。此外还可为害穗轴和枝梗或茎秆,造成腐败。

(2)病原识别 病原为禾生炭疽菌,属半知菌亚门炭疽菌属。分生孢子盘黑色,散生或聚生在病斑的两面。刚毛直或略弯混生,褐色或黑色,顶端较尖,具3~7个隔膜,分散或成行排列在分生孢子盘中。分生孢子梗单胞无色,圆柱形。分生孢子镰刀形或纺锤形,略弯,单胞无色。除为害高粱外,还可为害小麦、燕麦、玉米等禾本科作物。

(3)发病规律 病菌随种子或病残体越冬。翌年田间发病后,苗期发病可造成死苗。成株期发病病斑上产生大量分生孢子,借气流传播,进行多次再侵染,不断蔓延扩展或引起流行。高粱品种间发病差异明显。多雨的年份或低洼高湿田块普遍发生,致叶片提早干枯死亡。中国北方高粱产区炭疽病发生早的,7~8月气温偏低、雨量偏多可流行为害,导致大片高粱早期枯死。

(4)防治方法 ①农业防治。选用适合当地的抗病品种。实行大面积轮作,施足充分腐熟的有机肥,采用高粱配方施肥技术。收获后及时处理病残体,进行深翻,把病残体翻入土壤深层,以减少初侵染源。②种子处理。用种子重量0.5%的50%福美双粉剂或50%拌种双粉剂或50%多菌灵可湿性粉剂拌种。③发病初期可采用以下药剂进行防治:25％炭特灵可湿性粉剂 500 倍液、50％炭福美可湿性粉剂 500 倍液;25％嘧菌酯悬浮剂 1 000～2 000 倍液;68.75％噁唑菌酮·锰锌水分散粒剂 800 倍液;50％福美双·异菌脲可湿性粉剂 800 倍液;50％腐霉利可湿性粉剂 1 000 倍液＋65％代森锌可湿性粉剂 500 倍液;50％异菌脲悬浮剂 800～1 500 倍液＋65％代森锌可湿性粉剂 500 倍液;25％溴菌腈可湿性粉剂 500 倍液＋70％代森联干悬浮剂 600 倍液;12.5％烯唑醇可湿性粉剂 3 000 倍液＋70％代森联干悬浮剂 600 倍液;50％咪鲜胺锰盐可湿性粉剂 1 000 倍液＋68.75％噁唑菌酮·锰锌水分散粒剂 800 倍液。均匀喷雾防治,视病情隔 5～7 d 1 次,连续防治 2～3 次。

2.其他粮油作物炭疽病(表 2-5)

表 2-5　**其他粮油作物炭疽病**

病名	症状	病原	发病规律	防治方法
玉米炭疽病	主要为害叶片。病斑梭形至近梭形,中央浅褐色,四周深褐色,大小(2～4) mm×(1～2) mm,病部生有黑色小粒点,即病菌分生孢子盘,后期病斑融合,致叶片枯死。	无性态为禾生炭疽菌,有性态为禾生小丛壳。	以分生孢子盘或菌丝块在病残体上越冬。分生孢子借风雨传播。高温多雨易发病。病菌还可侵染小麦等。	药剂防治参照高粱炭疽病。
大豆炭疽病	苗期子叶染病现黑褐色病斑,边缘略浅,病斑扩展后常出现开裂或凹陷;病斑可从子叶扩展到幼茎上,致病部以上枯死。叶片染病边缘深褐色,内部浅褐色。叶柄、茎部、豆荚也可染病。	无性态为大豆炭疽菌,有性态为大豆小丛壳。	在大豆种子和病残体上越冬。苗期低温或土壤过分干燥,容易造成幼苗发病。成株期温暖潮湿条件利于该菌侵染。	
油菜炭疽病	叶斑小而圆,初为苍白色水渍状,以后中心呈白色或草黄色,稍凹陷,边缘紫褐色,直径 1～2 mm。叶柄和茎上斑点呈长椭圆形或纺锤形,淡褐色至灰褐色。潮湿时,病斑上产生淡红色黏状物。发病重的叶片病斑相互联合后,形成不规则形的大斑块。	希金斯炭疽菌,属半知菌亚门。	以菌丝随病残体遗落土中或附在种子上越冬。分生孢子借风或雨水飞溅传播。属高温高湿型病害。	
花生炭疽病	先从叶缘或叶尖发病,从叶尖侵入的病斑沿主脉扩展呈楔形、长椭圆或不规则形;从叶缘侵入的病斑呈半圆形或长半圆形,病斑褐色或暗褐色,有不明显轮纹,边缘黄褐色,病斑上着生许多不明显小黑点即病菌分生孢子盘。	平头刺盘孢,属半知菌亚门。	以菌丝体和分生孢子盘随病残体遗落土中越冬,或以分生孢子黏附在荚果或种子上越冬。分生孢子借雨水溅射传播。温暖高湿有利发病;连作地或偏施过施氮肥的地块往往发病较重。	

(五)稻瘟病

稻瘟病又名稻热病,俗名火烧瘟、叩头瘟,是水稻三大重要病害之一。在我国南、北方稻区都有不同程度发生,流行年份一般减产 10%～20%,严重的减产达 40%～50%,在水稻秧苗期和分蘖期发病,可使叶片大量枯死,严重时全田呈火烧状,有些稻株虽不枯死,但抽出的新叶不易伸长,植株萎缩不抽穗或抽出短小的穗,孕穗抽穗期发病、节瘟、穗颈瘟严重发生,可造成大量白穗或半白穗,损失极大。

> **查一查**
>
> 你知道水稻的三大病害是哪三种吗?

1. 症状识别

稻瘟病危害水稻的各个时期,由于危害水稻的时期和部位不同,可分为苗瘟、叶瘟、节瘟、穗颈瘟和谷粒瘟,一般以叶瘟、节瘟和穗颈瘟危害较大。

(1)苗瘟 秧苗三叶期前发病,一般不形成明显病斑,表现为病苗基部灰黑色,上部变褐,卷缩枯死,湿度大时,病部产生大量灰色霉层。

(2)叶瘟 叶上产生的病斑常因气候条件的影响,品种的抗病性的差异,肥水管理等关系,病斑的形状、大小和色泽上有不同,分为慢性型(普通型)、急性型、白点型、褐点型 4 种类型。①慢性型。典型病斑正面最初在叶片上产生褐色或暗绿色小点,逐渐扩大呈梭形,其病斑外层黄色,稍内红褐色,中央灰白色,并有褐色线贯穿病斑中央,背面有灰色霉层,其外围常有淡黄色晕圈。②急性型。病斑暗绿色、水渍状,一般形状为椭圆形,也有不规则的病斑,并生有大量灰绿色霉层(分生孢子)。③白点型。病斑白色,近圆形,大小跨 2～4 条叶脉,一般是感病品种的幼嫩叶片在温、湿度适宜时受到侵染,经强烈阳光照射后形成,如短期气候条件有利,则转为急性型。④褐色型。病斑小,褐色,通常局限于叶脉间,多表现在抗病品种和老叶上,或者稻株生长健壮时,当病株抗病力减弱,遇高温高湿,就转化为慢性型。此外叶舌、叶耳、叶枕也可发病,感病后初呈暗绿色,后变暗褐色,这些部位发病后,可引起节瘟和稻颈瘟的发生。

(3)节瘟 发生在稻节上的称节瘟,初为褐色小点,后扩大蔓延至整个节变黑色,病部稍有凹陷,易折断倒伏。

(4)稻颈瘟 发生在穗颈或穗轴的枝梗上,病斑之初为淡褐色,后向上下扩展成黑褐色长斑,发病早的形成白穗,发病迟的谷粒不饱满。

(5)谷粒瘟 发生在谷粒上称谷粒瘟,病斑呈椭圆形,褐色,中央灰白色,发病迟的常形成椭圆形或不规则形的褐色或黑褐色斑,谷粒不饱满。

2.病原识别

病原为灰梨孢(稻梨孢)(图 2-21),属半知菌亚门丝孢纲丝孢目梨形孢属。菌丝无色,有隔膜,多分枝,分生孢子梗 3～5 根丛生,从病部气孔或表皮伸出,分生孢子洋梨形,无色,着生在分生孢子梗顶端,密集时呈淡绿色,初无隔,成熟时常有两个隔膜,在隔膜处稍内陷缢缩,基部有小突起。在自然条件下只为害水稻,人工接种可侵染小麦、稗草、狗尾巴草等禾本科杂草。

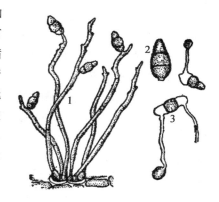

图 2-21　稻瘟病病原
1.分生孢子梗　2.分生孢子
3.分生孢子萌发

3.发病规律

病菌以分生孢子和菌丝体在稻草和稻谷上越冬。翌年产生分生孢子借风雨传播到稻株上,萌发侵入寄主向邻近细胞扩展发病,形成中心病株。病部形成的分生孢子,借风雨传播进行再侵染。

播种带菌种子可引起苗瘟。适温、高湿,有雨、雾、露存在条件下有利于发病。菌丝生长温限 8～37℃,最适温度 26～28℃。孢子形成温限 10～35℃,以 25～28℃最适,相对湿度 90％以上。孢子萌发需有水存在并持续 6～8 h。适宜温度才能形成附着胞并产生侵入丝,穿透稻株表皮,在细胞间蔓延摄取养分。阴雨连绵,日照不足或时晴时雨,或早晚有云雾或结露条件,病情扩展迅速。品种抗性因地区、季节、种植年限和生理小种不同而异。籼型品种一般优于粳型品种。同一品种在不同生育期抗性表现也不同,秧苗 4 叶期、分蘖期和抽穗期易感病,圆秆期发病轻,同一器官或组织在组织幼嫩期发病重。穗期以始穗时抗病性弱。偏施过施氮肥有利发病。放水早或长期深灌根系发育差,抗病力弱发病重。

4.防治方法

(1)农业防治　因地制宜选用 2～3 个适合当地抗病品种。消灭菌源,处理好病谷病草。加强肥水管理,增强植株抗病力。

(2)种子消毒　用 30％苯噻硫氰乳油 1 000 倍药液浸种 6 h 或 20％稻瘟酯可湿性粉剂 5 g＋50％福美双可湿性粉剂 4～10 g 对水 0.5 kg 拌 100 g 种子。

(3)化学防治　抓住关键时期,适时用药。

防治叶瘟,发病初期可选用:10％环丙酰菌胺可湿性粉剂 50～100 g/667 m²;20％三环唑可湿性粉剂 100～120 g/667 m²;20％三环唑·多菌灵可湿性粉剂 125～150 g/667 m²;20％咪鲜胺·三环唑可湿性粉剂 50～70 g/667 m²;35％三唑酮·

乙蒜素乳油 75～100 mL/667 m²；30％异稻瘟净·稻瘟灵乳油 150～200 mL/667 m²；18％三环唑·烯唑醇悬浮剂 40～50 mL/667 m²；21.2％春雷霉素·氯苯酞可湿性粉剂 75～120 g/667 m²；30％苯噻硫氰乳油 50 mL/667 m²，对水 40～50 kg 全田喷雾，或用 8％烯丙苯噻唑颗粒剂 1.5～3 kg/667 m²拌适量细土撒施，视病情加大药量，隔 5～7 d 再施药 1 次。

防治穗瘟，要着重在抽穗期进行保护，特别是在孕穗期(破肚期)和齐穗期是防治适期。可选用下列杀菌剂喷施：45％代森铵水剂 77～100 mL/667 m²；70％甲基硫菌灵可湿性粉剂 100～140 g/667 m²；50％多菌灵可湿性粉剂 100～120 g/667 m²；75％百菌清可湿性粉剂 100～120 g/667 m²；42％硫黄·多菌灵悬浮剂 280～340 mL/667 m²；2％春雷霉素可湿性粉剂 80～120 g/667 m²；50％四氯苯酞可湿性粉剂 65～100 g/667 m²，对水 40～50 kg。视病情隔 5～7 d 施药 1 次。

（六）主要粮油作物的其他重要叶部真菌病害

1. 小麦叶部病害（表 2-6）

表 2-6　小麦叶部病害

病名	症状	病原	发病规律	防治方法
小麦黄斑叶枯病	叶片染病初生黄褐色斑点，后扩展为椭圆形至纺锤形大斑，大小(7～30) mm×(1～6) mm，病斑中央色深，有不大明显的轮纹，边缘边界不明显，外围生黄色晕圈，后期病斑融合。	无性态为小麦德氏霉，属半知菌亚门。	病菌随病残体在土壤或粪肥中越冬。翌年小麦生长期子囊孢子侵染，发病后病部产生分生孢子，借风雨传播进行再侵染，致病害不断扩展。	
小麦雪腐叶枯病	从小麦发芽期至成熟前均可发病。叶上病斑较大，暗绿色，水浸状，近圆形或椭圆形，发生在叶片边缘的多为半圆形。病斑中央黄白色，常有不明显的轮纹和粉色霉层。潮湿或早上露水未干时病斑边缘常生出白色呈辐射状菌丝层。后期病叶枯死。	雪腐格氏霉属半知菌亚门。	病菌在带菌种子上、土壤中和根茬残体上越夏。当小麦播种发芽后，就开始侵染。病菌在未冻死的病株上越冬。0℃以上时，继续为害。春秋低温高湿有利于发病，小麦生长后期多雨，有利于病害流行。	选用抗病品种和无病种子。病初喷多菌灵、甲基硫菌灵、苯菌灵、三唑酮等。

续表 2-6

病名	症状	病原	发病规律	防治方法
小麦蠕孢叶斑病	秋苗期或早春染病,在近地面叶片上产生很多椭圆形、浅褐色至褐色小斑。拔节后至成株期产生典型的浅褐色、椭圆形至梭形病斑,周围多具黄色晕圈,中间枯黄色,外围淡褐色,病情扩展快时,病斑融合形成大斑,致叶片部分或全叶干枯。	麦根腐平脐蠕孢属半知菌亚门。	病菌随病残体在土壤中或在种子上越冬或越夏,分生孢子经胚芽鞘或幼根侵入,引起地下茎或次生根或茎基部叶鞘等部位发病。带菌种子是苗期叶斑病的重要初侵染源。	选用抗病耐病品种;用三唑酮或纹霉净拌种;成株期喷代森锰锌、三唑酮、三唑醇、敌力脱。
小麦褐斑病	主要为害下部叶片。初生圆形至椭圆形褪绿病斑,后变紫褐色,无轮纹,后期病部产生黑色小粒点。	禾生壳二孢,属半知菌亚门壳霉科。	以菌丝体和分生孢子器在病残体上越冬或越夏,分生孢子借风雨传播,具再侵染。植株茂密,田间湿度大易发病,基部接近地面叶片发病重。	

2. 水稻叶部病害（表 2-7）

表 2-7　**水稻叶部病害**

病名	症状	病原	发病规律	防治方法
水稻胡麻斑病	苗期叶片、叶鞘发病多为椭圆病斑,如胡麻粒大小,暗褐色,有时病斑扩大连片成条形,病斑多时秧苗枯死。成株叶片染病初为褐色小点,渐扩大为椭圆斑,病斑中央褐色至灰白,边缘褐色,周围有深浅不同的黄色晕圈,严重时连成不规则大斑。	稻平脐蠕孢,属半知菌亚门平脐蠕孢属。	以菌丝体在病残体或附在种子上越冬。分生孢子可借风吹到秧田或本田,具再侵染。	及时处理病稻草;无病田留种;种子消毒;增施腐熟堆肥,增加磷钾肥;病初喷苯醚甲环唑、稻瘟灵、三唑酮、嘧菌酯、异稻瘟净等。

续表 2-7

病名	症状	病原	发病规律	防治方法
水稻叶尖枯病	开始发生在叶尖或叶缘，然后沿叶缘或中部向下扩展，形成条斑。病斑初墨绿色，渐变灰褐色，最后枯白。病健交界处有褐色条纹，病部易纵裂破碎。严重时可致叶片枯死。	稻生茎点霉，属半知菌亚门茎点霉属。	以分生孢子器在病叶和病颖壳内越冬。借风雨传播。在拔节至孕穗期形成明显发病中心，灌浆初期出现第二个发病高峰。	加强种子检疫；用多菌灵或甲基硫菌灵或禾枯灵浸种；发现中心病株后选用多菌灵或禾枯灵喷雾。
水稻云形病	被害叶片先从叶尖、叶缘呈现水渍状污褐色小斑，后向下、向内扩展，病斑呈波纹状扩大。潮湿时病部污褐色、湿润状，病健部界限不明晰；干燥时病部呈黄褐色至灰褐色，病健部界限分明。叶片枯死的后部常见波纹状褐色线条。	有性态为白亚球腔菌。无性态为稻喙孢菌。	病菌在病残体或病种子上越冬。一般籼稻和杂交稻发病重，粳稻次之，糯稻发病轻。地势低洼，排水不良，施氮过多，密度过大，稻株徒长容易诱发该病发生。	于水稻破口至齐穗期喷三唑酮或禾枯灵，也可在发病初期喷克瘟散或甲基硫菌灵或三环唑等。

3. 玉米叶部病害（表 2-8）

表 2-8　玉米叶部病害

病名	症状	病原	发病规律	防治方法
玉米小斑病	发病初期，在叶片上出现半透明水渍状褐色小斑点，后扩大为长 5～16 mm 宽 2～4 mm 大小的椭圆形褐色病斑，边缘赤褐色，轮廓清楚。病斑进一步发展时，内部略褪色，后渐变为暗褐色。天气潮湿时，病斑上生出暗黑色霉状物。	玉蜀黍平脐蠕孢，属半知菌亚门平脐蠕孢属。	以菌丝和分生孢子在病株残体上越冬。分生孢子靠风力和雨水传播，具再侵染。田间闷热潮湿以及地势低洼、施肥不足等情况下，发病较重。	选种抗病品种；病初喷多菌灵、敌菌灵、代森锰锌、克瘟散、苯醚甲环唑等。
玉米大斑病	主要为害叶形成大型梭状病斑。病斑初期灰绿色，后期颜色因品种而不同。感病品种上病斑大而多，一般为长 5～10 cm 宽 1.2～1.5 cm，愈合后可使叶片大片枯死，潮湿时病斑上产生大量黑色霉层。	无性态为长蠕孢，属半知菌亚门长蠕孢属。	以菌丝或分生孢子附着在病残组织内越冬。分生孢子在风力作用下可作长距离传播，具再侵染。玉米生长期中的中温、高湿和寡照的气候有利于大斑病的发生。	

续表 2-8

病名	症状	病原	发病规律	防治方法
玉米灰斑病	初在叶面上形成无明显边缘的椭圆形至矩圆形灰色至浅褐色病斑,后期变为褐色。扩展的病斑初期呈褐色,后变成灰色长条病斑,与叶脉平行,病斑不透明。严重时病斑汇合连片,叶片枯死,叶片两面产生灰色霉层。	玉蜀黍尾孢菌,属半知菌亚门尾孢属。	以菌丝体、子座在病株残体上越冬,成为第 2 年田间的初次侵染来源。分生孢子借风雨传播,进行再侵染。7～8 月多雨的年份易发病。该病多在温暖、湿润的山区和沿海地带发生。	选用抗病品种;实行 2 年以上的轮作;清洁田园;病初喷醚菌酯、三唑酮、异菌脲、苯醚甲环唑、腈菌唑等。
玉米褐斑病	叶片、叶鞘染病后病斑圆形至椭圆形,褐色或红褐色,病斑易密集成行,小病斑融合成大病斑,病斑四周的叶肉常呈粉红色,后期病斑表皮易破裂,散出褐色粉末。	玉蜀黍节壶菌,属鞭毛·菌亚门节壶菌科。	以休眠孢子囊在病残体上或土壤中越冬。分生孢子借风雨传播。多年连作或收获后不能及时处理秸秆,发病重。密度大的田块、低洼潮湿的田块发病较重。	
玉米弯孢霉叶斑病	叶斑初为水浸状褪绿半透明小点,后扩大为圆形、椭圆形、梭形或长条形,中心灰白色,边缘黄褐或红褐色,外围有淡黄色晕圈,并具有黄褐相间的断续环纹。潮湿条件下,病斑正反两面均可产生灰黑色图纸状物。	新月弯孢,属半知菌亚门黑霉科。	以菌丝潜伏于病残体组织中越冬,也能以分生孢子越冬。高温、高湿易于流行,7～8 月为发生盛期。密度过大、地势低洼,病害发生严重。	

4.甘薯叶部病害(表 2-9)

表 2-9　**甘薯叶部病害**

病名	症状	病原	发病规律	防治方法
甘薯疮痂病	叶片染病叶变形卷曲。芽、薯块染病芽卷缩,薯块表面产生暗褐色至灰褐色小点或干斑,干燥时疮痂易脱落,残留疹状斑或疤痕,造成病斑附近的根系生长受抑,健部继续生长致根变形,发病早的受害重。	甘薯痂囊腔菌,属子囊菌亚门痂囊腔菌属。	以菌丝体在种薯上或随病残体在土壤中越冬。病部产生分生孢子借风雨、气流传播,由皮孔或伤口侵入,当块茎表面形成木栓化组织后则难以侵入。气温 25～28℃,连续降雨易发病。	发病初喷甲基硫菌灵、多菌灵、苯甲·丙环唑等。

续表 2-9

病名	症状	病原	发病规律	防治方法
甘薯斑点病	主要为害叶片。叶斑圆形至不规则形,初呈红褐色,后转灰白色至灰色,边缘稍隆起,斑面上散生小黑点,即病原菌分生孢子器。严重时叶斑密布或连合,致叶片局部或全部干枯。	甘薯叶点霉,属半知菌亚门叶点霉属。	北方以菌丝体和分生孢子器随病残体遗落土中越冬,翌年散出分生孢子传播蔓延。南方周年种植区,病菌无明显越冬期。分生孢子借雨水溅射进行初侵染和再侵染。生长期遇雨水频繁,空气和田间湿度大或植地低洼积水,易发病。	病害始期喷甲基硫菌灵加新高脂膜。

5.花生叶部病害(表 2-10)

表 2-10　花生叶部病害

病名	症状	病原	发病规律	防治方法
花生褐斑病	多发生在叶的正面,病斑为黄褐色或暗褐色,圆形或不规则形,直径 4～10 mm。病斑的周围有一清晰的黄色晕圈,似青蛙眼,叶背颜色变浅,无黄色晕圈。有时在病斑上产生灰白色的霉状物。在茎、叶柄和果针上形成椭圆形病斑,暗褐色,稍凹陷。	落花生尾孢,属半知菌亚门尾孢属。	以子座或菌丝团在病残体上越冬,也可以子囊腔在病组织中越冬。翌年遇适宜条件,产生分生孢子,借风雨传播。气候潮湿,病害重;土壤瘠薄、连作田易发病。老龄化器官发病重;底部叶片较上部叶片发病重。	选用抗病品种;实行 2 年以上的轮作;清洁田园;病初喷烯溴醇、戊唑醇、三唑醇、苯醚甲环唑。
花生黑斑病	发生比褐斑病晚,病斑小而圆,暗褐色或黑褐色,直径 1～6 mm。病斑边缘较褐斑病整齐,无黄色晕圈或不明显。叶背着生许多黑色颗粒点,排列成同心轮纹,其上着生成丛的孢子梗和分生孢子。	暗拟束梗霉,属半知菌亚门。	以菌丝体或分生孢子座随病残体遗落土中越冬,或以分生孢子黏附在种荚、茎秆表面越冬。分生孢子随风雨传播,田间湿度大有利发病。连作地、沙质土或土壤瘠薄或施肥不足,植株长势差发病较重。	

6.大豆叶部病害(表 2-11)

表 2-11　**大豆叶部病害**

病名	症状	病原	发病规律	防治方法
大豆灰斑病	子叶上病斑圆形、半圆形或椭圆形,深褐色,略凹陷。叶片上病斑多为圆形、椭圆形或不规则形,病斑中央灰白色,周围红褐色,与健部分界清晰。茎、荚、籽实也能发病。	大豆尾孢菌,属半知菌亚门尾孢属。	以菌丝体在病残体或种子上越冬。病残体为主要初侵染来源,条件适宜时,产生分生孢子进行传播。病菌的孢子只能在水中萌发。品种抗病性、连作都是病害流行的重要因素。	在大豆花荚期,用多菌灵或施可得或用己唑醇或用保治达喷雾防治。
大豆叶斑病	叶片初生褐色至灰白色不规则形小斑,后中间变为浅褐色,四周深褐色,病、健部界限明显。最后病斑干枯,其上可见小黑点。	大豆球腔菌,属子囊菌亚门。	以子囊壳在病残组织里越冬。第 2 年释放子囊孢子借风雨传播,进行初次侵染和再侵染。	选用抗病品种;健身栽培;喷甲霉灵、多抗霉素、甲基托布津。
大豆轮纹病	叶片病斑圆形,褐色至红褐色,具不明显同心轮纹,其上密生小黑点。茎秆、豆荚也可染病。	大豆壳二孢,属半知菌亚门。	以菌丝体和分生孢子器在病株残体上越冬。第 2 年条件适宜时,产生分生孢子,借风雨传播为害。	药剂防治参见大豆灰斑病。

7.油菜叶部病害(表 2-12)

表 2-12　**油菜叶部病害**

病名	症状	病原	发病规律	防治方法
油菜黑斑病	叶片染病初生褐色圆形病斑,略具同心轮纹,有时四周有黄色晕圈,湿度大时上生黑色霉状物。叶柄、叶柄与主茎交接处染病形成椭圆形至梭形轮纹状病斑,环绕侧枝与主茎一周时,致侧枝或整株枯死。	芸薹链格孢、芸苔生链格孢、萝卜链格孢,均属半知菌亚门链格孢属。	以菌丝和分生孢子在种子内外越冬或越夏,也可在病残体上越夏。该病在南方周年均可发生。本病流行与品种、气候和栽培条件关系密切。	用扑海因、百菌清拌种。发病初喷杀毒矾、百菌清、甲霜灵·锰锌、乙膦·锰锌等。
油菜假黑斑病	主要为害叶片,病斑圆形或近圆形,浅灰褐色,轮纹不大明显,湿度大时病斑上生有灰黑色霉层。严重时病斑互相融合,致叶片干枯。	细链格孢,属半知菌亚门链格孢属。	以菌丝体或分生孢子在留种母株、种子表面、病残体上或土壤中越冬、越夏,分生孢子借气流传播蔓延。连阴雨天气易发生和流行。	

续表 2-12

病名	症状	病原	发病规律	防治方法
油菜白斑病	初在叶上出现灰褐色或黄白色圆形小病斑,后逐渐扩大为圆形或近圆形大斑,边缘带绿色,中央灰白色至黄白色,易于破裂,湿度大时病斑背面产生浅灰色霉状物,严重时病斑融合形成大斑,致叶片枯死。	芥假小尾孢,属半知菌亚门。	以菌丝或菌丝块附着在病叶上或以分生孢子黏附在种子上越冬。分子孢子借风雨传播进行多次再侵染。属低温型病害。多雨的秋季发病重。	用瑞毒霉拌种;病株率达20%以上时,喷霜疫灵、普力克、杀毒矾M、克露、乙膦·锰锌等。
油菜白锈病	叶片染病在叶面上可见浅绿色小点,后渐变黄呈圆形病斑,叶背面病斑处长出白色漆状疱状物。茎、枝、花梗、花器、角果等染病部位均可长出白色漆状疱状物,且多呈长条形或短条状。	白锈菌,属鞭毛菌亚门白锈菌属。	以卵孢子在病残体中或混在种子中越夏,越夏的卵孢子萌发产出孢子囊,释放出游动孢子侵染油菜。气流传播,具再侵染。	

二、工作准备

(1)实施场所 多媒体实训室、发生叶部病害的各种粮油作物田块。

(2)仪器与用具 光学显微镜、载玻片、盖玻片、挑针、蒸馏水滴瓶、扩大镜、镊子、小剪刀、解剖刀、标本夹及记载用具等。

(3)病害标本 小麦条锈病、秆锈病、叶锈病、玉米锈病、花生锈病、大豆锈病、高粱锈病、向日葵锈病、油菜霜霉病、谷子白发病、水稻霜霉病、大豆霜霉病、小麦霜霉病、小麦白粉病、油菜白粉病、大豆白粉病、向日葵白粉病、高粱炭疽病、玉米炭疽病、大豆炭疽病、油菜炭疽病、花生炭疽病、小麦雪腐叶枯病、小麦蠕孢叶斑病、小麦褐斑病、稻瘟病、水稻胡麻斑病、水稻叶尖枯病、水稻云形病、玉米小斑病、玉米大斑病、玉米灰斑病、玉米褐斑病、玉米弯孢霉叶斑病、甘薯疮痂病、甘薯斑点病、花生褐斑病、花生黑斑病、大豆灰斑病、大豆叶斑病、大豆轮纹病、油菜黑斑病、油菜假黑斑病、油菜白锈病等实物标本或永久玻片标本。

(4)其他 教材、资料单、PPT、影像资料、相关图书、网上资源等。

【任务设计与实施】

一、任务设计

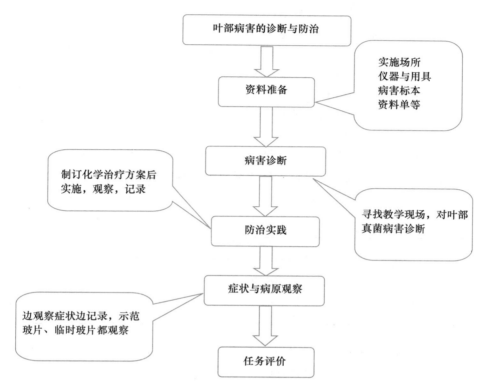

二、任务实施

1.叶部真菌病害诊断

叶部真菌性病害种类繁多,单靠症状诊断,往往需要有丰富的实践经验。叶部真菌性病害的病状多为坏死斑,同时往往还会伴有一定的病征如絮状物、霉状物、粉状物、点状物、锈状物等,若在病株上看见上述病征之一,再结合病状则可先初步判断为真菌性病害。有的真菌性病害是很容易识别的,如病叶上有白色粉状物发生,这往往是白粉病,病叶上有铁锈状物,则往往是锈病;有的病害的病征能缩小诊断范围,例如在病部发现小黑点,则可将病原菌的范围缩小在子囊菌亚门与半知菌亚门内,但到底是哪种病害,还需要结合病状或病原观察才能确诊。

在粮油作物基地教学现场,以小组为单位,寻找典型症状发病植株,仔细观察发病部位的病状如病斑的大小、形状、颜色等,同时更要注意观察病斑上有无病征表现? 如果能见到,属于絮状物、霉状物、粉状物、点状物、锈状物的哪一种? 然后对照教材或参考读物对病害做出诊断。同时,采集病害标本用于实训室内病原观察,或压制成腊叶标本用于今后教学。

2.叶部真菌病害防治实践

对确诊的真菌性病害,各小组先讨论制订化学防治方案,包括用药品种、施药方法、施药面积、药剂浓度或剂量、施药次数、施药间隔期等,然后进行实际操作,并做好详细记录。经过观察,有了较为明显的防治效果了(一般在防治1周后),则小组提出验收申请,请老师和全班同学集体验收、评价。

3.叶部真菌病害症状与病原观察

(1)症状观察 对照教材,观察所供各种叶部真菌性病害标本的典型症状,描述病斑的大小、形状、颜色等,同时注意观察病斑上有无病征表现。小组合作完成表 2-13 叶部真菌病害症状观察。

表 2-13 叶部真菌病害症状观察

序 号	病害名称	病状描述	病症描述
1			
2			
3			

(2)病原观察 以小组为单位先在显微镜下观察备好的病原玻片示范标本。然后每个小组制作 3～4 种病原临时玻片,在显微镜下观察病原菌的形态特征。同时对在教学现场不能确诊的病害,进行病原诊断。

【任务评价】

评价内容	评价标准	分值	评价人	得分
叶部真菌病害诊断	找到与采集的病害症状典型,种类多,诊断正确	30 分	组间互评	
防治实践	防治方法正确,操作熟练,防治效果明显	20 分	师生共评	
叶部真菌病害症状观察	观察认真,描述正确,记录的种类多	20 分	教师	
叶部真菌病害病原观察	观察认真,操作熟练。	20 分	教师	
团队协作	服从组长的安排,组员间配合很好	5 分	组内互评	
职业素质	责任心强,学习主动、认真、方法多样	5 分	组内互评	

工作任务三　穗部病害的诊断与防治

【任务准备】

一、知识准备

禾谷类作物穗部病害是发生在禾本科作物和杂草上、主要危害穗部、严重影响产量和品质的一类重要病害。不但可在田间发生,而且可在运输和贮藏期继续为害;不但造成作物减产,有的病菌产生的毒素还可引起人畜中毒甚至导致死亡。

(一)麦类黑穗病

麦类黑穗病主要有小麦散黑穗病、小麦腥黑穗病、小麦秆黑粉病、大麦散黑穗病和大麦坚黑穗病、大麦秆黑穗粉病等。麦类黑穗病危害麦子穗部,茎部和叶部而产生大量的黑粉,造成麦子减产和品质下降。尤其是小麦腥黑穗病,病菌孢子含有毒质及腥臭的三甲胺等,小麦碾成的面粉不能食用。如将饲料中混有大量病粒,还会引起禽畜中毒。该病是国内植物检疫对象。

1. 症状识别

麦类黑穗病以穗部受害形成黑粉为主要特征。整个穗除穗轴外,均为黑粉黏结较紧,不易散落。穗部仅籽粒变为黑粉的有小麦腥黑穗病。小麦秆粉病在叶、叶鞘、茎秆、穗部形成长条形,间断的银灰色条斑,其中包埋黑粉。

(1)大、小麦散黑穗病　病株抽穗较健株早,其小穗全部被病菌所破坏,化为黑色粉末。初期病穗外部包有一层灰白色薄膜,但抽穗后不久膜即破裂,散出大量黑粉。

(2)大麦坚黑穗病　病株抽穗较健株略迟,病穗有时部分被叶鞘包裹,不完全露出。病穗的种子内外颖全部变成黑粉,常黏胶在一起,不易散开,外面包有一层青灰色坚韧薄膜。

(3)小麦腥黑穗病　小麦腥黑穗病又分网腥黑穗病和光腥黑穗病两种。病株较健株矮小,分蘖略多,病穗短肥,颖壳张开角度大,露出部分病粒,病粒呈圆形,深绿色或灰褐色,内部充满黑色粉末,且有鱼腥臭味。

(4)小麦秆黑粉病　主要危害小麦茎秆、叶鞘及叶片,发病初期在叶片、叶鞘及茎秆上出现黄白色条斑,后变为银灰色,稍隆起,条斑内充满黑粉,后期表皮破裂,散出黑粉,引起叶片卷缩、扭曲、干枯。

2.病原识别

麦类黑穗病是由担子菌亚门黑粉菌目的一些真菌侵染引起的,所见的黑粉
是病菌的冬孢子(图 2-22)。几种黑穗病菌冬孢子的形态及其萌发侵染特性
表 2-14。

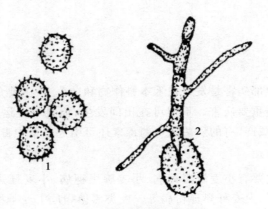

图 2-22　小麦散黑穗病病原菌
1.冬孢子　2.冬孢子萌发

表 2-14　几种黑穗病菌冬孢子的形态及其萌发侵染特性

项目	冬孢子			
	大、小麦散黑穗病菌	大麦坚黑穗病菌	小麦腥黑穗病菌	小麦秆黑粉病菌
冬孢子形状与大小	近球形,表面有细刺,直径5~9 μm。	近球形,表面光滑,直径5~9 μm。	球形,表面光滑(光腥)或有网纹(网腥)。直径 14~20 μm。	1~4 个球形孢子集结成团,外包一层无色的不孕细胞。
冬孢子萌发方式	萌发产生先菌丝,不形成担孢子。	萌发产生有 3 个分隔的担子,顶端及分隔处各生 1 个卵形的担孢子,并可萌芽生次生担孢子。	萌发生粗短的先菌丝,其顶端生8~16 个细长的担孢子,不同性别担子"H"形结合,可萌发生侵染丝或产生次生担孢子。	萌发生先菌丝,顶端轮生长棒形担孢子3~4 个。

3.发病规律

(1)花器侵染类型　散黑穗病是花器侵染病害,一年只侵染一次。带菌种子是病害传播的唯一途径。病菌以菌丝潜伏在种子胚内,外表不显症。当带菌种子萌发时,潜伏的菌丝也开始萌发,随小麦生长发育经生长点向上发展,侵入穗原基。孕穗时,菌丝体迅速发展,使麦穗变为黑粉。厚垣孢子随风落在扬花期的健穗上,落在湿润的柱头上萌发产生先菌丝,先菌丝产生4个细胞分别生出丝状结合管,异性结合后形成双核侵染丝侵入子房,在珠被未硬化前进入胚珠,潜伏其中,种子成熟时,菌丝胞膜略加厚,在其中休眠,当年不表现症状,次年发病,并侵入第二年的种子潜伏,完成侵染循环。刚产生厚垣孢子24 h后即能萌发,温度范围5～35℃,最适20～25℃。厚垣孢子在田间仅能存活几周,没有越冬(或越夏)的可能性。小麦扬花期空气湿度大,常阴雨天利于孢子萌发侵入,形成病种子多,翌年发病重。

(2)苗期侵染类型

小麦腥黑穗病:以冬孢子附着于种子上或以菌瘿夹杂于种子中成为发病的主要侵染源。其侵染的过程是:小麦种子发芽时冬孢子也萌发,经担孢子"H"形结合,抽出侵染丝,由幼苗的芽鞘侵入,并蔓延至生长点,随寄主的生长而扩展。小麦孕穗期后,病菌进入幼穗的子房,繁殖出大量的菌丝,使籽粒的内容物成为黑粉。影响腥黑穗病发生的轻重的因素,首先是菌量的大小,如种子上冬孢子量大,发病重;其次是小麦播种后的土壤环境,冬麦迟播,幼苗出土缓慢有利于发病,因为病菌在土温9～12℃时,侵染率最高。

小麦秆黑粉病:侵染来源是散落于土中或附着于种子上的冬孢子。在麦种发芽时,冬孢子也萌发,由芽鞘侵入而至生长点。当寄主芽鞘长1～2 cm,温度20℃左右时,最适宜病菌侵入;芽鞘达4 cm,病菌即难以侵入。由于秆黑粉菌侵染寄主后,仅能在薄壁细胞间蔓延,所以在叶、叶鞘、茎秆上能形成与叶脉平行的条斑。

大麦坚黑穗病:主要以冬孢子附着于种子表面或以菌丝潜伏于颖壳、种皮内传病。大麦播种后,病菌由芽鞘侵入生长点。大、小麦扬花期间,散黑穗病的冬孢子借气流传播,落到柱头、花柱、子房壁上后萌发长出先菌丝,直接穿透细嫩的子房壁侵入子房。侵入最适期是小麦扬花前后1～2 d。扬花后5 d,侵染速度和强度迅速降低。侵入后的病菌,在子房内蔓延,最后潜伏于胚部越夏、越冬。潜伏于胚内的休眠菌丝能成活5年。带菌麦种播种后,随着种子的萌动,病菌恢复活动进入生长点。大、小麦孕穗时,病菌在小穗内迅速扩展,形成大量冬孢子,除穗轴外均变成黑粉。冬孢子经风传播,可再侵染健穗。大、小麦扬花期湿度高,病菌侵染机会多,下一年病株也较多。

4.防治方法

(1)农业防治 一是选用抗病品种;二是建立无病留种田,抽穗前注意检查并及时拔除病株进行销毁,种子田远离大田小麦 300 m 以外。

(2)种子处理 麦类黑穗病都是以种子带菌传播为主的病害,因此,进行种子消毒处理,基本上可以达到预防的目的。①石灰水浸种。石灰 0.5 kg,清水 50 kg,浸泡麦种 30~35 kg,使水面高出种子 6~9 cm。浸泡时间依水温而变,水温 20℃时,3~4 d,超过 25℃时,2~3 d,超过 30℃时,1.5~2 d,超过 35℃时,1 d。浸种期间避免搅动,浸后摊开晾干。②冷浸日晒。夏季,将麦种在冷水中浸 5 h(早晨 6~11 时),然后捞出摊于场地上,晒至下午 5 时即可。晒种一般不用水泥场,因地面温度超过 55℃就会影响麦种的发芽率。③恒温浸种。将麦种在 44~46℃温水中浸 3 h,然后冷却晾干。

(3)药剂处理 目前预防麦类黑穗病较为明显的药剂有:12%三唑醇可湿性粉剂或 12.5%烯唑醇可湿性粉剂,每 100 kg 种子用药 20~30 g(有效成分)拌种;2%戊唑醇可湿性粉剂。每 100 kg 种子用药 20 g(有效成分)拌种;3%苯醚甲环唑悬浮种衣剂按 1:1 000(药:种)进行种子包衣;50%多菌灵每 100 kg 种子用药 200~300 g(有效成分)拌种;每 100 kg 种子用 20%萎锈灵乳油 500 mL 拌种。

(二)玉米瘤黑粉病与玉米丝黑穗病

玉米瘤黑粉病和丝黑穗病是我国部分玉米产区的重要病害。许多地区常将这两种病害混同一起,统称"乌米"和"灰包",但两者的症状、病原、发病规律有很大差异,因而防治措施不全相同。如果不能准确区分两种病害,了解其不同的发生特点,势必会影响防治效果。

1.症状识别

瘤黑粉病可危害玉米植株地上各器官,受害部位形成大小不等的肿瘤,最后呈黑粉,丝黑穗病主要危害玉米的果穗(雌穗、雄穗),受害果穗完全呈黑粉,仅剩下丝状纤维组织,故名"丝黑穗"。玉米瘤黑粉病为局部侵染,在玉米全生育期任何地上部分的幼嫩组织均可受害。叶片受害常出现成串排列的病瘤,外膜破后散出黑褐色粉(冬孢子),严重时全穗形成大的病瘤,丝黑穗病为系统性病害,只侵害雌穗和雄穗,颖片增长呈叶片状,不能形成雄蕊,小花基部膨大形成菌瘿,外包白膜,破裂后散出黑粉(冬孢子),发病重的整个花序被破坏变成黑穗。

2.病原识别

玉米瘤黑粉病病原为担子菌门黑粉菌属。冬孢子球形或椭圆形,暗褐色,厚壁,表面有细刺。冬孢子萌发产生 4 个无色纺锤形的担孢子。有再侵染现象。

玉米丝黑穗病病原物为丝轴黑粉菌担子菌亚门轴黑粉菌属。冬孢子球形或近球形,黄褐色至黑褐色,表面有细刺。

3. 发病规律

(1) 玉米瘤黑粉病 是一种局部侵染病害。病菌以厚垣孢子在土壤及病残体上越冬,成为第二年发病的初次侵染来源。混有病残体的粪肥也是初次侵染来源之一。春季条件适宜时,厚垣孢子萌发产生担孢子,随气流或雨水传播。在植株表面上萌发,通过气孔、伤口或直接由寄主细胞壁侵入,陆续引起植株发病,早期病瘤上的厚垣孢子,通过气流或其他媒介传播,进行重复侵染。厚垣孢子萌发的适温 $26 \sim 30℃$,担孢子侵入的适温 $26.7 \sim 35℃$。高温多湿有利于厚垣孢子萌发;各种伤口有利于病菌的侵入;品种之间抗病性差异显著,甜玉米较马齿型玉米感病,果穗苞叶紧密长而厚的较抗病;苞叶短小,包得不严的玉米较感病。连作地病重,轮作地病轻。春玉米较夏播玉米发病重。

(2) 玉米丝黑穗病 是一种系统侵染性病害,即 1 年只有 1 次侵染。病菌以厚垣孢子在土壤、粪肥中越冬,成为第二年发病的主要侵染来源,附着在种子表面的厚垣孢子也可传病。玉米播种后,厚垣孢子萌发产生担孢子,结合后产生侵染丝,从芽鞘、胚轴、幼根侵入。病菌侵入后蔓延到生长点,花芽分化时,进入花器原始体,破坏花器而变成黑粉。病菌侵染土壤温度范围为 $15 \sim 30℃$,以 $25℃$ 为最适宜。土壤含水量 20% 左右发病率较高。春玉米播种过早、过深的发病重。连作年限越长,发病越严重。品种之间抗病性有明显差异;杂交种的抗病性与其亲本自交系抗病性密切相关,即亲本抗病,杂交种亦抗病,亲本感病,杂交种亦感病。

4. 防治方法

防治这两种病害应采用以减少菌源、选用抗病良种为主的综合防治措施。

(1) 减少菌源 ①彻底清除田间病残株,翻地沤浸。根据土壤条件,适当采用石灰消毒土壤,可减少初侵染菌源。②轮作。病害严重的地块实行 3 年以上的轮作,可与大豆、花生、红薯等作物轮作。③施用腐熟的有机肥,避免堆肥、厩肥带菌。④摘除病瘤。在病瘤未破裂散发前割下带出田块烧毁。

> **想一想**
> 玉米丝黑穗病1年只有1次侵染,为什么也要摘除病瘤销毁?

(2) 选用抗病品种 农家种野鸡红、小青果、金顶子等品种较抗病;杂交种中,坊杂 2 号、春杂 2 号、双跃 4 号、吉双 107、吉单 101 等抗病性较强。

(3) 加强栽培管理 合理密植,避免偏施氮肥,施用充分腐熟的有机肥,合理灌溉,特别在抽雄前后勿使受旱,及时防治玉米螟、棉铃虫。尽量减少耕作机械伤口。

（4）药剂防治　①种子消毒：可采用药衣种子，或者15％粉锈宁可湿性粉剂1 kg种子用4～6 g拌种，或者20％萎锈宁乳油1 kg种子用5～10 g拌种，或用抗菌剂"401"1 000倍液浸种48 h。②如果在营养生长期发生病害的，在玉米抽雄前10 d左右，用50％可湿性福美双500～800倍，或用96％恶霉灵6 000倍，或用15％粉锈宁可湿粉剂60～80 g/667 m²对水50～60 kg喷雾，可减轻再侵染为害。

（三）稻曲病

水稻稻曲病又称伪黑穗病、绿黑穗病、谷花病、青粉病，是水稻生长后期穗部发生的一种重要病害，该病多发生在水稻收成好的年份，常被农民误认为是丰年征兆而称为"丰收果"。河北、长江流域及南方各省稻区时有发生。此病病菌含有对人、畜、禽有毒物质及致病色素，对人可造成直接和间接的伤害。

1. 症状识别

该病只发生于穗部，为害部分谷粒。受害谷粒内形成菌丝块渐膨大，内外颖裂开，露出淡黄色块状物，即孢子座，后包于内外颖两侧，呈黑绿色，初外包一层薄膜，后破裂，散生墨绿色粉末，即病菌的厚垣孢子，有的两侧生黑色扁平菌核，风吹雨打易脱落。

2. 病原识别（图2-23）

病原无性态为稻绿核菌，属半知菌亚门。分生孢子座表面墨绿色，内层橙黄色，中心白色。分生孢子单胞厚壁，表面有瘤突，近球形。菌核从分生孢子座生出，长椭圆形，长2～20 mm。有性态为稻麦角，属子囊菌亚门，子囊壳瓶形，子囊无色，圆筒形，子囊孢子无色，单胞，线形。厚垣孢子墨绿色，球形，表面有瘤状突起。

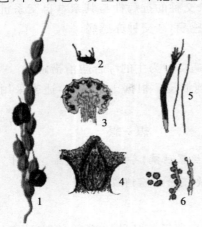

图2-23　稻曲病病原
1.病穗上的症状　2.菌核萌发　3.子座切面
4.子囊壳　5.子囊和子囊孢子
6.厚垣孢子及其着生状

3. 发病规律

病菌以菌核和厚垣孢子越冬，翌年春季插秧灌水时，菌核浮于水面，进而形成子座并产生子囊和子囊孢子。水稻抽穗开花时大量子囊孢子随风飞散，吹落在颖壳内腔和颖壳合缝处的子囊孢子萌发后侵入幼嫩籽粒形成病粒（即菌核），灌溉时谷粒也可受到侵害。从抽穗后至成熟期均能发病，其中孕穗期最易感病，水稻孕穗至抽穗期高温多湿，温度在26～28℃最适宜发病，病菌最易发育。长期低温、寡照、多雨可减弱水稻的抗病性，偏施氮肥，水稻抽穗后生长过于繁茂嫩绿,深水灌溉,田水落干过迟发病重。稻曲病易加重发生。

4. 防治方法

(1)选用抗病品种 如南方稻区的广二 104、选 271、汕优 36、扬稻 3 号、滇粳 40 号等。北方稻区有京稻选 1 号、沈农 514、丰锦、辽粳 10 号等发病轻。

(2)避免病田留种 深耕翻埋菌核。发病时摘除并销毁病粒。

(3)改进施肥技术 基肥要足,慎用穗肥,采用配方施肥。浅水勤灌,后期见干见湿。并喷施新高脂膜,可保墒防水分蒸发,促生长稳健,增强抗性;尤其要慎重施用氮肥,避免氮肥施用过量、过迟,以免贪青晚熟,招致病害。孕穗后期注意田间水管,勿大水漫灌、长期淹水导致田间湿度过大,宜浅水勤灌,避免病菌孢子的萌发与入侵。喷施壮穗灵,能强化农作物生理机能,提高授粉、授精、灌浆质量,增加千粒重。

(4)药剂防治 用 0.5%硫酸铜浸种 3～5 h,后焖种 12 h,用清水冲洗催芽。抽穗前用 18%多菌酮粉剂 150～200 g 或于水稻孕穗末期每 667 m² 用 14%络氨铜水剂 250 g 稻丰灵 200 g 或 5%井冈霉素水剂 100 g,对水 50 kg 喷洒。施药时可加入三环唑或多菌灵兼防穗瘟。同时喷施新高脂膜 800 倍液提高药效,施用络氨铜时用药时间提前至抽穗前 10 d,进入破口期因稻穗部分暴露,易致颖壳变褐,孕穗末期用药则防效下降。此外也可用 50%DT 可湿性粉剂 100～150 g,对水 60～75 kg,于孕穗期和始穗期各防治一次,效果良好。也可选用 40%禾枯灵可湿性粉剂,每 667 m² 用药 60～75 g,对水 60 kg 还可兼治水稻叶尖枯病、云形病、纹枯病等。

(四)小麦赤霉病

小麦赤霉病别名麦穗枯、烂麦头、红麦头,是小麦的主要病害之一。小麦赤霉病在全世界普遍发生,主要分布于潮湿和半潮湿区域,尤其气候湿润多雨的温带地区受害严重。该病不但影响小麦产量还引起小麦籽粒腐败变质,病菌分泌的毒素还能使人畜中毒。

1. 症状识别

从幼苗到抽穗都可受害,主要引起苗枯、茎基腐、秆腐和穗腐。其中影响最严重的是穗腐:小麦扬花时,初在小穗和颖片上产生水浸状浅褐色斑,渐扩大至整个小穗,小穗枯黄。湿度大时,病斑处产生粉红色胶状霉层。后期其上产生密集的蓝黑色小颗粒(病菌子囊壳)。用手触摸,有突起感觉,不能抹去,籽粒干瘪并伴有白色至粉红色霉。小穗发病后扩展至穗轴,病部枯褐,使被害部以上小穗形成枯白穗。

2. 病原识别

该病由多种镰刀菌引起。有禾谷镰孢、燕麦镰孢、黄色镰孢、串珠镰孢、锐顶镰孢等,都属于半知菌亚门。优势种为禾谷镰孢(图2-24),其大型分生孢子镰刀形,有隔膜3～7个,顶端钝圆,单个孢子无色,聚集在一起呈粉红色黏稠状。小型孢子很少产生。有性态为玉蜀黍赤霉,属子囊菌亚门。子囊壳散生或聚生于寄主组织表面,略包于子座中,梨形,有孔口,顶部呈疣状突起,紫红或紫蓝至紫黑色。子囊无色,棍棒状,内含8个子囊孢子。子囊孢子无色,纺锤形,两端钝圆,多为3个隔膜。这类病原菌还可侵染引起玉米、高粱、谷子、水稻等作物的赤霉病。

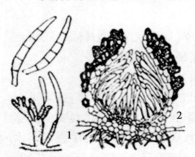

图 2-24　小麦赤霉病病原
1. 分生孢子及梗　2. 子囊壳

3. 发病规律

中、南部稻麦两作区,病菌除在病残体上越夏外,还在水稻、玉米、棉花等多种作物病残体中营腐生生活越冬。翌年在这些病残体上形成的子囊壳是主要侵染源。子囊孢子成熟正值小麦扬花期。借气流、风雨传播,溅落在花器凋萎的花药上萌发,先营腐生生活,然后侵染小穗,几天后产生大量粉红色霉层。在开花至盛花期侵染率最高。穗腐形成的分生孢子对本田再侵染作用不大,但对邻近晚麦侵染作用较大。该菌还能以菌丝体在病种子内越夏越冬。

在北部、东北部麦区,病菌能在麦株残体、带病种子和其他植物如稗草、玉米、大豆、红蓼等残体上以菌丝体或子囊壳越冬。在北方冬麦区则以菌丝体在小麦、玉米穗轴上越夏越冬,次年条件适宜时产生子囊壳放射出子囊孢子进行侵染。赤霉病主要通过风雨传播,雨水作用较大。

春季气温7℃以上,土壤含水量大于50%形成子囊壳,气温高于12℃形成子囊孢子。在降雨或空气潮湿的情况下,子囊孢子成熟并散落在花药上,经花丝侵染小穗发病。迟熟、颖壳较厚、不耐肥品种发病较重;田间病残体菌量大发病重;地势低洼、排水不良、黏重土壤,偏施氮肥、密度大,田间郁闭发病重。

4. 防治方法

(1)选用抗(耐)病品种　一些农艺性状良好的耐病品种,如苏麦3号、湘麦1号、辽春4号、早麦5号、兴麦17、西农881、绵麦26号、皖麦27号、万年2号等。春小麦有定丰3号、宁春24号等。各地可因地制宜地选用。

(2)农业防治　合理排灌,湿地要开沟排水。收获后要深耕灭茬,减少菌源。适时播种,避开扬花期遇雨。提倡施用酵素菌沤制的堆肥,采用配方施肥技术,合理施肥,忌偏施氮肥,提高植株抗病力。

（3）药剂防治 ①用增产菌拌种。每 667 m² 用固体菌剂 100～150 g 或液体菌剂 50 mL 对水喷洒种子拌匀,晾干后播种。②在小麦齐穗扬花初期（扬花株率5%～10%）,可选用 25%氰烯菌酯悬浮剂 100～200 mL/667 m²,或 40%戊唑·咪鲜胺水乳剂 20～25 mL/667 m²,或 28%烯肟·多菌灵可湿性粉剂 50～95 g/667 m²,对水 30～45 kg 细雾喷施,隔 7 d 左右喷第二次药,注意交替轮换用药。喷药时要重点对准小麦穗部,均匀喷雾。

（五）玉米穗腐病

玉米穗腐病又称玉米穗粒腐病,是玉米生长后期的重要病害之一,属世界性病害。一般品种发病率 5%～10%,感病品种发病率可高达 50%左右,造成严重损失。玉米穗腐病不仅因果穗腐烂而导致直接减产,而且带菌的种子发芽率和幼苗成活率均降低,造成进一步的损失。曲霉菌中的黄曲霉菌不仅为害玉米等多种粮食,还产生有毒代谢产物黄曲霉素,引起人和家畜、家禽中毒。

> **查一查**
>
> 哪些穗部病害会引起人畜中毒?

1. 症状识别

果穗及籽粒均可受害,被害果穗顶部或中部变色,并出现粉红色、蓝绿色、黑灰色或暗褐色、黄褐色霉层,即病原菌的菌体、分生孢子梗和分生孢子。病粒无光泽,不饱满,质脆,内部空虚,常为交织的菌丝所充塞。果穗病部苞叶常被密集的菌丝贯穿,黏结在一起贴于果穗上不易剥离,仓贮玉米受害后,粮堆内外则长出疏密不等、各种颜色的菌丝和分生孢子,并散出发霉的气味。

2. 病原识别

玉米穗腐病在各玉米产区都有发生。为多种病原菌浸染引起的病害,主要由禾谷镰刀菌、串株镰刀菌、层出镰刀菌、青霉菌、曲霉菌、枝孢菌、单瑞孢菌等近 20 多种霉菌浸染引起。

3. 发病规律

病菌以菌丝体在种子、病残体上越冬,为初侵染病原。病原主要从伤口侵入,分生孢子借风雨传播。温度在 15～28℃,相对湿度在 75%以上,有利于病原的侵染和流行。高温多雨以及玉米虫害发生偏重的年份,穗腐和粒腐病也较重发生。玉米粒没有晒干,入库时含水量偏高,以及贮藏期仓库密封不严,库内湿度升高,也利于各种霉菌腐生蔓延,引起玉米粒腐烂或发霉。

4.防治方法

(1)农业防治　因地制宜选用抗病品种;实行3年以上轮作;发病后注意开沟排水,防止湿气滞留,可减轻受害程度;注意防治玉米螟、棉铃虫和其他虫害,尽量避免造成伤口。玉米吐丝授粉期至玉米乳熟期继续拔除病株,彻底扫残。并将病株深埋、烧毁。

(2)种子精选包衣　因玉米种子表面病菌存活时间1年以上,生产经营单位,在供种前要对种子进行精选,剔除秕小病籽,并用种衣剂包衣。

(3)药剂防治　抽穗期用50%多菌灵可湿性粉剂或50%甲基托布津可湿性粉剂1 000倍液喷雾,每亩用药液50 kg,重点喷果穗及下部茎叶,每隔7 d喷1次。发病初期往穗部喷洒5%井冈霉素水剂,每亩用药50～75 mL,对水75～100 kg。或用50%苯菌灵可湿性粉剂1 500倍液喷施。视病情防治1～2次。

(六)其他穗部病害(表 2-15)

表 2-15　**其他穗部病害**

病名	症状	病原	发病规律	防治方法
水稻一炷香病	被害稻穗为病菌菌丝缠绕而呈圆柱状,颇似供佛之香,故称"一炷香"病。病穗初抽出时呈淡蓝色,后变白色,其上散生黑色小粒点。	稻炷香菌,归半知菌亚门毡孢霉属。	为系统侵染性病害,病菌以分生孢子座混杂在种子中存活越冬。带菌种子播种后病菌从幼芽侵入,造成当年发病。	实施检疫;无病田留种;播前进行种子处理。
水稻颖枯病	又称谷粒病、稻谷枯病。受害谷粒初在颖壳端部或侧面现褐色椭圆形小斑,后病斑逐渐扩大至谷粒的半部或全部,病斑边缘深褐色,中部色泽变浅,终呈灰白色,斑面散生针头大小黑粒。被害谷粒因染病的早迟而成空壳或瘪谷或半充实三种受害情况。	谷枯叶点霉,属半知菌亚门叶点霉属。	以分孢器在病谷粒上存活越冬。以分生孢子借风雨传播,稻株抽穗扬花期如遇暴风雨,病重;偏施过施或迟施氮肥,倒伏田地面温湿度高,有利病菌孢子发芽侵入,病粒增多。	播种无病种子;及早处理瘪谷。在始穗和齐穗期三环唑、稻瘟灵等。

续表 2-15

病名	症状	病原	发病规律	防治方法
小麦颖枯病	穗部染病先在顶端或上部小穗上发生，颖壳上开始为深褐色斑点，后变为枯白色并扩展到整个颖壳，其上长满菌丝和小黑点。也为害叶片、茎秆和叶鞘。	颖枯壳针孢，属半知菌亚门壳针孢属。	冬麦区病菌在病残体或附在种子上越夏，秋季侵入麦苗，以菌丝体在病株上越冬。春麦区以分生孢子器和菌丝体在病残体上越冬。分生孢子借风、雨传播。	选用无病种子；清除病残体；用拌种双、三唑酮、三唑醇拌种；喷代森锰锌、丙环唑等。
麦类麦角病	被侵染的小花在开花期分泌黄色蜜露状黏液，子房逐渐膨大，但不结麦粒，而是形成病原菌的菌核露出颖壳外。菌核紫黑色，麦粒状、刺状或角状，依寄主种类而不同。	麦角菌，属子囊菌亚门麦角菌属。	以菌核落于土壤中或混杂在种子间越冬。子囊孢子随气流或雨水飞溅而传播。天气较冷凉，高湿，花期延长，病重。	选用无病种子；汰除混杂在种子中的菌核；重病田实行 2～3 年轮作。
高粱丝黑穗病	整穗呈白色棒状物抽出，外包一层灰白色薄膜，内形成黑粉，黑粉成熟后，薄膜破裂散落黑粉，残留维管束呈丝状，病株侧芽形成的侧穗亦表现同样黑穗。	高粱丝轴黑粉菌，属担子菌亚门丝轴黑粉菌。	以种子带菌为主。散落于土壤或粪肥内的冬孢子是主要侵染源。连作地发病重。	参照玉米丝黑穗病。

二、工作准备

（1）实施场所　多媒体实训室、发生穗部病害的各种禾谷类作物田块。

（2）仪器与用具　光学显微镜、载玻片、盖玻片、挑针、蒸馏水滴瓶、扩大镜、镊子、小剪刀、解剖刀及记载用具等。

（3）病害标本　小麦散黑穗病、小麦腥黑穗病、小麦秆黑粉病、大麦散黑穗病、大麦坚黑穗病、大麦秆黑穗粉病、玉米瘤黑粉病、玉米丝黑穗病、高粱丝黑穗病、稻曲病、小麦（或玉米、高粱、谷子、水稻）赤霉病、玉米穗腐病、水稻一炷香病、水稻颖枯病、小麦颖枯病、麦类麦角病等实物标本或永久玻片标本。

（4）其他　教材、资料单、PPT、影像资料、相关图书、网上资源等。

【任务设计与实施】

一、任务设计

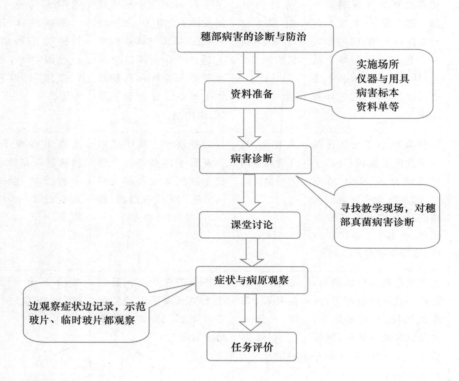

二、任务实施

1.穗部真菌病害诊断

在禾谷类作物基地教学现场,以小组为单位,寻找典型症状发病植株,仔细观察发病部位的病状如病斑的大小、形状、颜色等,同时更要注意观察病部有无病征表现?然后对照教材或参考读物对病害做出诊断。同时,采集病害标本用于实训室内病原观察。

2.课堂讨论

以小组为单位,根据所掌握的知识,借助网上资源、书籍等工具,讨论为什么穗部真菌性病害的防治是重在预防,当发病后再用药治疗收效甚微?

3.穗部真菌病害症状与病原观察

(1)症状观察 对照教材等,观察所供各种穗部真菌性病害标本的典型症状,描述病部的形态、颜色等,同时注意观察病部上有无病征表现。小组合作完成表2-16 穗部真菌病害症状观察。

表 2-16 **穗部真菌病害症状观察**

序号	病害名称	病状描述	病症描述
1			
2			
3			

(2)病原观察 以小组为单位先在显微镜下观察备好的病原玻片示范标本。然后每个小组制作 2～3 种病原临时玻片,在显微镜下观察病原菌的形态特征。同时对在教学现场不能确诊的病害,进行病原诊断。

【任务评价】

评价内容	评价标准	分值	评价人	得分
穗部真菌病害诊断	找到与采集的病害症状典型,种类多,诊断正确	30 分	组间互评	
课堂讨论	讨论后小组代表发言,结论正确	20 分	师生共评	
穗部真菌病害症状观察	观察认真,描述正确,记录的种类多	20 分	教师	
穗部真菌病害病原观察	观察认真,操作熟练	20 分	教师	
团队协作	服从组长的安排,主动搞好协作配合	5 分	组内互评	
职业素质	责任心强、学习主动、认真、方法多样	5 分	组内互评	

【任务拓展】

常用的杀菌剂

1.代森锰锌(大生、大生富、新万生、山德生)

是一种优良的广谱、保护性杀菌剂,低毒。不易产生抗性。对多菌灵产生抗性的病害有良效。为植物提供锌,增强抗病力。常见剂型有 25%悬浮剂、70%可湿性粉剂、70%胶干粉。25%悬浮剂 1 000～1 500 倍液喷雾。

2.百菌清(达科宁、达科灵)

广谱性保护剂,对于霜霉病、疫病、炭疽病、灰霉病、锈病、白粉病及各种叶斑病有较好的防治效果。对人畜低毒。常见剂型有 50%与 75%可湿性粉剂、10%油剂、

5%与25%颗粒剂、2.5%与10%及30%烟剂、40%达科宁悬浮剂。一般使用75%可湿性粉剂稀释500～800倍液喷雾,40%达科宁悬浮剂稀释500～1 200倍液喷雾。

3.速克灵(腐霉利)

接触型保护性杀菌剂,具弱内吸性。具保护、治疗双重作用。低毒。对灰霉病、菌核病等防效好。剂型有50%可湿性粉剂、30%颗粒熏蒸剂等。50%可湿性粉1 000～2 000倍喷雾。

4.扑海因(异菌脲)

保护、治疗。低毒。对核盘菌、灰霉菌特效外,对丛梗孢霉、交链孢霉和小菌核菌也有效。50%可湿性粉剂、25%悬浮剂。50%可湿性粉剂1 000～1 500倍喷雾。

5.咯菌腈(氟咯菌腈)

为触杀性非内吸苯吡咯类悬浮种衣剂或种子处理剂。高效广谱,对子囊菌、担子菌、半知菌等许多病原菌引起的种传和土传病害有非常好的防效。与其他已知的杀菌剂没有交互抗性。在种子萌芽时,咯菌腈可被少量吸收,从而可以控制种子和颖果内部的病菌;同时咯菌腈对作物根部提供长期的保护。咯菌腈对作物种子安全,耐受性好,包衣种子可直接播种,在适当贮存条件下也可放至下一个播种季节播种。

6.三唑酮(粉锈宁、百里通)

高效、内吸杀菌剂。对人畜低毒。对白粉病、锈病有特效,具有广谱、用量低、残效长的特点,并能被植物各部位吸收传导,具有预防和治疗作用。常见剂型有15%与25%可湿性粉剂、20%乳油。一般使用15%粉锈宁可湿性粉剂稀释700～1 500倍喷雾每隔15 d喷药一次,共喷2～3次。

7.苯醚甲环唑(恶醚唑、世高)

内吸杀菌剂,治疗效果好、持效期长。低毒。广谱。可用于防治叶斑病、炭疽病、早疫病、白粉病、锈病等。剂型为10%水分散粒剂。稀释6 000～8 000倍喷雾。

8.氟硅唑(福星、农星)

广谱性内吸杀菌剂,对子囊菌、担子菌、半知菌有效,对卵菌无效,主要用于防治白粉病、锈病、叶斑病。对人畜低毒。常见剂型有10%乳油和40%乳油。一般使用40%乳油稀释8 000～10 000倍喷雾。

9.嘧霉胺(施佳乐)

内吸、熏蒸,药效快、稳定。对常用的非苯胺基嘧啶类杀菌剂已产生抗药性的灰霉病菌有效。40%悬浮剂,每公顷375～1 425 mL对水喷雾。

10.烯酰吗啉(安克)

高效、内吸、无公害,集保护、治疗于一体。专一杀卵菌纲真菌,在孢子囊梗和卵孢子的形成阶段尤为敏感。用于防治霜霉病、疫病、苗期猝倒病等。常见剂型有

50％可湿性粉剂、10％水乳剂、69％烯酰吗啉·锰锌可湿粉剂等。一般每 667 m² 使用 35～50 g 有效成分的药剂,对水 30～60 L 喷雾。

11. 霜霉威(普力克、霜霉威盐酸盐)

低毒。对于腐霉病、霜霉病、疫病有特效。常见剂型有 72.2％、66.5％水剂。一般使用 72.2％水剂稀释 600～1 000 倍叶面喷雾,或稀释 400～600 倍浇灌苗床、土壤,用以防治霜霉病;防治腐霉病及疫病,用量为 3 L/m²。

12. 乙霉威(万霉灵)

内吸性好,具保护和治疗作用,药效高,持效期长。主要用于防治灰霉病。与多菌灵具有负交互抗性。常见剂型有 50％可湿性粉剂、65％克得灵可湿性粉剂。一般使用 50％可湿性粉剂 600～800 倍喷雾。

13. 乙膦铝(疫霉灵、霜疫净、三乙磷酸铝)

强内吸,双向传导。兼有保护和治疗作用。主治鞭毛菌。常见剂型有 30％胶悬剂,40％、80％可湿性粉剂,90％可溶性粉剂。防治各种霜霉病,一般使用 40％可湿性粉剂 200 倍喷雾。

14. 甲基立枯磷(利克菌、立枯灭)

内吸,低毒,吸附作用强,不易流失。安全间隔期 10 d。广谱,防治多种土传病害。50％可湿性粉剂,常见剂型有 10％、20％粉剂,20％乳油,25％胶悬剂。不能和碱性药剂混用,防治苗期立枯病,发病初期喷淋 20％乳油 1 200 倍液 2～3 kg/m²。

15. 多菌灵(棉萎灵、苯并咪唑 44 号)

高效、低毒、内吸性杀菌剂,具治疗和保护作用。广谱,对多种作物由真菌(如半知菌、多子囊菌)引起的病害有防治效果。常见剂型有 25％与 50％可湿性粉剂。防治枯萎病,用 50％可湿性粉剂 500 倍灌根,每株灌药 0.3～0.5 kg。安全间隔期 15 d。

16. 甲基硫菌灵(甲基托布津)

广谱性内吸杀菌剂,对多种植物病害有预防和治疗作用。残效期 5～7 d。常见剂型有 50％与 70％可湿性粉剂、40％胶悬剂。一般使用浓度为 50％的可湿性粉剂稀释 500 倍或 70％的可湿性粉剂稀释 1 000 倍。可与多种药剂混用,但不能与铜制剂混用。

17. 瑞毒霉(甲霜灵、甲霜安、雷多米尔)

具内吸和触杀作用,在植物体内能双向传导,耐雨水冲刷,残效为 10～14 d,是一种高效、安全、低毒的杀菌剂。对霜霉病、疫霉病、腐霉病有特效,对其他真菌和细菌病害无效。常见剂型有 25％可湿性粉剂、40％乳剂、35％粉剂、5％颗粒剂。一般使用 25％可湿性粉剂 500～800 倍液喷雾;或用 5％颗粒剂每公顷 20～40 kg 做土壤处理。

18. 嘧菌胺(嘧菌环胺)

具有保护、治疗、叶片穿透及根部内吸活性。叶面喷雾或种子处理,对作物安全、无药害。主要用于防治灰霉病、白粉病、黑星病等。叶面喷雾剂量有效成分为 $150\sim750$ g/hm²,种子处理剂量有效成分为 5 g/100 kg 种子。

19. 嘧菌酯(阿米西达)

以蘑菇抗生素为模板,人工仿生合成。具保护、治疗和铲除三重功效。药效强,对人畜、地下水安全。在土壤中很快被分解为 CO_2。杀菌谱广,为目前世界上第一个能对四大致病真菌(子囊菌、担子菌、半知菌和卵菌类)均有效的新型杀菌剂。剂型为 25% 悬浮剂。每公顷 $1\,000\sim2\,400$ mL 对水 $750\sim900$ L 喷雾。

20. 肟菌酯

具有高效、广谱、保护、治疗、铲除、渗透、内吸活性、耐雨水冲刷、持效期长等特性。对几乎所有真菌病害如白粉病、锈病、颖枯病、网斑病、霜霉病等均有良好的活性。对作物安全,对环境安全。制剂有 12.5% 乳油,25%、45% 干悬浮剂,25%、50% 悬浮剂,45% 可湿性粉剂,50% 水分散粒剂等。有效成分为 $50\sim140$ g/hm² 即可有效地防治各类病害。

21. 醚菌酯(翠贝)

醚菌酯不仅具有广谱的杀菌活性,同时兼具有良好的保护和治疗作用。与其他常用的杀菌剂无交互抗性,且比常规杀菌剂持效期长。具有高度的选择性,对作物、人畜及有益生物安全,对环境基本无污染。对半知菌、子囊菌、担子菌、卵菌纲等真菌引起的多种病害如白粉病、黑星病等具有很好的活性。防治豆类白粉病、使用 250 g/L 悬浮剂 $1\,000\sim1\,200$ 倍液,或 50% 水分散粒剂 $2\,000\sim2\,500$ 倍液均匀喷雾。

工作任务四　茎部病害的诊断与防治

【任务准备】

一、知识准备

(一)油菜菌核病

油菜菌核病又名菌核软腐病,俗称白秆、麻秆、霉蔸等,是世界性病害,我国冬、春油菜栽培区均有发生,以长江流域、东南沿海冬栽培区受害最重。一般发病率为

10%～30%，严重时高达80%以上，可导致减产10%～80%，含油量降低1%～5%，严重影响油菜的产量与品质。

1.症状识别

在油菜整个生育期均可发病，结荚期发生最重。茎、叶、花、角果均可受害。叶片染病，初产生水渍状不规则形病斑，中心灰褐色，外部暗青色，病斑外围变黄。空气干燥时，病斑干燥容易破裂穿孔，空气潮湿时，病斑上的菌丝蔓延迅速，导致全叶腐烂。茎部染病产生菱形或条形白色病斑，后期病部皮层破裂，维管束外露，茎秆中空易折断，致病部以上茎枝萎蔫枯死。病害中后期，在病部器官内部或表面可形成黑色鼠粪状菌核。角果受害，初为褐色病斑后褪色变白，种子瘦瘪，无光泽。

2.病原识别

由子囊菌亚门核盘菌（图2-25）引起。不产生分生孢子，生活史中仅有菌丝在寄主植物上短暂生活，绝大部分时间以菌核的形式存在于土壤中或病残体上。菌核长圆形或不规则，鼠粪状，初期白色，成熟时变为黑色，萌发可产生1～9个子囊盘。子囊盘表由子囊和侧丝构成，有长柄，初期杯状，后呈盘状，子囊棍棒形，内含8个椭圆形单细胞、无色的子囊孢子。核盘菌是一类世界性分布的植物病原菌，能侵染400多种植物，主要寄主为十字花科作物，此外，还能侵染向日葵、蚕豆和花生等作物。

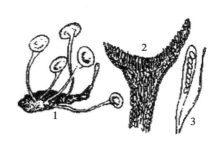

图2-25　油菜菌核病病菌
1.菌核萌发产生子囊菌　2.子囊盘剖面
3.子囊、子囊孢子和侧丝

3.发病规律

病菌主要以菌核在土壤中、发病茎秆上或混杂在种子中越冬或越夏，菌核在土壤中能存活1～3年以上。在秋冬温暖潮湿的地区，土壤中少数菌核萌发成子囊盘，但大多地区土壤中菌核秋冬处于休眠状态。当温度达10～20℃，月降水量达100 mm以上时，菌核经1个月左右，开始萌发子囊盘。我国南方冬播油菜区10～12月有少数菌核萌发，使幼苗发病，绝大多数菌核在翌年3～4月间萌发，产生子囊盘。我国北方油菜区则在3～5月间萌发。

子囊盘散发子囊孢子，随风传播到油菜的植株上产生菌丝，子囊孢子首先侵染下部老叶、伤口和花瓣，然后蔓延整个植株并传染到邻近健株，进行再次侵染。

想一想

菌核是怎样形成的？

潮湿多雨是引起发病的关键，尤其是在油菜谢花盛期，如遇潮湿天气，病害容易发生。栽培条件对病害的影响也很大，一般连作地由于残存菌核多，病害比轮作严重；过量施用氮肥，栽培过密均可加重该病，此外早播油菜比晚播油菜发病严重。

4.防治方法

（1）农业防治　①选择早熟、抗病、优质高产的油菜品种。芥菜型油菜和甘蓝型油菜较抗病，白菜型油菜易感病，从抗菌核病角度看，选种抗病力较强的甘蓝型油菜是最佳选择。②实行轮作。不宜在同一块地上连续种植油菜，要适时与水稻或非十字花科作物实行轮作，最好实行水旱轮作。③加强田间管理。及时摘除基部老叶、病叶，将病残体带出田间进行集中销毁；适时迟播、合理稀植和施肥，避免偏施肥，氮、磷、钾肥配合使用，增施硼、锰、锌、钼等微量元素肥料；深耕深翻，掩埋菌核，雨后及时开沟排水等。

（2）药剂防治　播种前，精选种子，除去病种和菌核，用 10%～15% 的硫酸铵溶液对水 5 kg 进行选种。播种后，喷施药剂防治，在菌核萌发期用 25% 异菌脲悬浮剂 118～196 mL/667 m² 或 25% 戊唑醇水乳剂 35～70 mL/667 m²，对水 40～50 kg，均匀喷施。油菜盛花期，可选用 25% 咪鲜胺乳油 1 000～2 000 倍液，50% 异菌脲可湿性粉剂 1 000～1 500 倍液，50% 乙烯菌核利可湿性粉剂 1 000 倍液，间隔 7～10 d，喷药 2～3 次。

（二）水稻纹枯病

又称云纹病，俗名花脚病、眉目斑、烂脚痕等，全国各稻区都有发生，近年来，水稻纹枯病的发生面积逐渐扩大，危害程度也日益加重，其中华南、华中和华东稻区发生尤为严重，其次为华北、东北和云南稻区局部地区。在我国南方稻区的许多地方，纹枯病已成为水稻的第一大病害。一般发病可减产 10%～30%，严重时减产 50% 以上。

1.症状识别

在水稻的整个生育期均可发生，以分蘖期和抽穗期危害最重，最典型的症状是云纹状病斑和菌核。主要危害叶鞘、叶片，严重时可侵入茎秆和穗部。叶鞘发病时，初在近水面处出现水渍状暗绿色小点，边缘深褐色，中部草黄色至灰白色，逐渐扩大后多个病斑连合呈云纹状。叶片染病也出现云纹状病斑，严重时，叶片早枯。茎秆染病，病部呈褐黄色，易折断。穗颈部受害，稻株不能正常抽穗，并造成倒伏或整株死亡。湿度大时，可在病部发现白色蛛丝状菌丝及扁球形或不规则形的暗褐色菌核。

2.病原识别

水稻纹枯病病原菌具有无性阶段和有性阶段两种形态,无性阶段为半知菌亚门无孢目丝核菌属的立枯丝核菌,该菌属土传和种传的半腐生真菌,它不产生孢子,以菌丝或菌核形式存在于土壤中,菌丝由多细胞组成,每个细胞中含有2～7个核。菌核由部分菌丝相互纠结转变形成,无定形,常扁平,褐色至黑褐色,表面粗糙。有性阶段为瓜亡革菌,属于担子菌亚门亡革菌属。水稻纹枯病在田间一般只表现无性世代。立枯丝核菌的寄主范围很广,能侵害200多种植物,如水稻、小麦、大麦、花生、高粱、玉米等。

3.发病规律

病菌主要以菌核或菌丝体形式在土壤中或田间残留病株中越冬,成为第二年初次侵染源,田间遗留的菌核的数量与当年发病程度密切相关,一般连作土地遗留菌核数目多,发病重。通过流水黏附在水稻近水面叶鞘上,条件适宜生出菌丝侵入叶鞘组织内为害作物。在高温、高湿的情况下容易发生病害。田间温度在20℃以上,湿度越大,发生越重。田间温度低于20℃,湿度小于80％,则病情发展缓慢或停止。插秧密度大、过度深灌,过量施用单一氮肥,缺少磷、钾、锌肥,有利于病害的发生。

4.防治方法

(1)农业防治 ①加强田间管理,清除菌核。连作地块残留菌核多,所以要避免在同一块地上长时间进行连作;灌溉时,打捞菌核,减少菌核量;及时将病株、杂草清理掉。②合理密植,科学灌水。改善植株间通透性,浅水灌溉,适当的时候晒田。③选择矮秆、早熟的粳稻品种进行种植。

(2)生物防治 用有益生物进行生物防治经济有效,当前研究比较多的是一些内生防菌如木霉寄生在病菌中从而抑制病原的生长;也可在田中养殖鸭子,利用鸭子的活动,破坏病原菌的菌丝体的生长,达到抑制病情发展的目的。

(3)药剂防治 目前防治水稻纹枯病的理想药剂主要有30％苯醚甲环唑·丙环唑、50％己唑醇、250 g/L戊唑醇、20％嘧菌酯、75％嘧菌酯·戊唑醇、250 g/L醚菌·氟环唑等。如30％苯醚甲环唑·丙环唑水乳剂使用剂量为15～20 g/667 m²,水稻分蘖末期进行第一次防治,起压低病情基数的作用,以后在破口前和齐穗期各使用一次,间隔时间7～10 d,50％己唑醇水分散粒剂使用剂量为8～10 g/667 m²,对水50 kg,在水稻破口前和齐穗期分别使用,如果水稻分蘖末期也用一次则更好。对水稻生长使用化学药剂防治水稻纹枯病,必须先要掌握适合用药的时期,第1次用药应该是在水稻发病初期,7～10 d一次药。一般用药2～3次;偏重年份,用药3～4次。

(三)芝麻枯萎病

芝麻枯萎病是芝麻的主要病害之一,该病在我国主要发生在东北、华北、西北、黄淮以及江淮部分地区,常年发生率在20%左右,造成减产30%左右,严重时可导致绝收。

1.症状识别

芝麻枯萎病从苗期到成株期都可发生,是典型的维管束病害。病株较健株节间缩短、变矮。苗期发病使根部腐烂、枯死。成株期发病往往造成根部是半边根系变为褐色,沿茎部向上伸展,使茎部表现为红褐色的干枯条斑,潮湿时可在病斑上发现一层粉红色的粉末。病株茎的导管或木质部呈褐色,下部叶片先萎垂,并逐渐向上部叶片发展,受害植株半侧叶片呈半边黄的现象,以后逐渐枯死而脱落。病株蒴果瘦小,易炸蒴落粒。

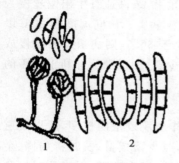

图2-26 尖孢镰刀菌
1.小型分生孢子 2.大型分生孢子

2.病原识别

病原菌为半知菌亚门的尖孢镰刀菌芝麻专化型(图2-26),可产生两种类型的无性孢子,大型分生孢子呈镰刀形,有三个分隔,小型分生孢子单胞,椭圆形或卵圆形。尖孢镰刀菌严重为害芝麻、棉花、甘蔗、茄子、黄瓜、冬瓜、西葫芦、丝瓜等100多种植物。在没有寄主的情况下,病原菌也可在土壤中存活6年以上,给枯萎病的防治工作带来很大的挑战。

3.发病规律

病菌以菌丝潜伏在种子内或随病残体在土壤中越冬,第二年侵染幼苗的根,从根尖或伤口侵入。芝麻开花期,高温、高湿的气候容易发生枯萎病。连作地及地温高、湿度大的沙壤土易发病。

4.防治方法

(1)农业防治 ①因地制宜地推广种植抗病品种。②合理轮作。实行与禾谷类作物4～5年轮作制。③加强田间管理。合理施肥,增施钾肥;及时清除田间病株;防治地下害虫,避免虫伤;及时间苗,田间不积水。

(2)药剂防治 播种前,用种子重量0.2%～0.3%的80%乙蒜素乳油1 000倍液浸泡种子20～30 min;发病初期可选25%嘧菌酯1 000倍液或50%咪酰胺锰盐1 500倍液或5%己唑醇2 000倍液喷雾或灌根,施药间隔期为7～10 d,连用2～3次。

(四)油菜黑胫病

1.症状识别

又叫根朽病,主要为害油菜叶片、茎、荚和根,主要特征是病斑处为灰白色枯斑,斑内散生许多小黑点。子叶、幼茎被害后,最初引起一个小浅褐色病斑,病斑被绿色组织围绕。随着病斑扩大和老化,病斑呈圆形或不规则形,污白色或暗灰色,通过叶斑扩展到茎上,在茎秆上有两种症状:茎上部症状即长黑的条斑和基茎部症状茎基腐即根部腐朽,根茎易折断而死亡。角果病斑多从角尖开始,形成黑色病斑;种子感病后皱缩发白,没有光泽。

2.病原识别

由黑胫茎点霉引起,属半知菌亚门茎点霉属。分生孢子器球形至扁球形,深黑褐色,散生、埋生在寄主表皮下,直径 $100\sim400~\mu m$,顶部具突起的孔口,四周细胞颜色较深,吸水后,能从孔口处涌出胶质状污白色孢子角,内含大量分生孢子;分生孢子无色透明,椭圆形至纺锤形,内含油球 2 个,孢子大小 $(3\sim4.5)\mu m\times(1.5\sim2)\mu m$。油菜黑胫病菌主要危害十字花科植物,如油菜、萝卜等。

3.发病规律

以菌丝体在种子、土壤或有机肥中的病残体上或十字花科蔬菜种株上越冬。菌丝体在土中可存活 $2\sim3$ 年,在种子内可存活 3 年。翌年气温 20℃ 产生分生孢子,在田间主要靠雨水或昆虫传播蔓延。播种带病的种子,出苗时病菌直接侵染子叶而发病,后蔓延到幼茎,病菌从薄壁组织进入维管束中蔓延,致维管束变黑。育苗期湿度大发病重,定植后天气潮湿多雨或雨后高温,该病易流行。

4.防治方法

(1)农业防治 ①选用抗病品种。一般芥菜型油菜抗病能力强。②改善耕作制度。调整作物的播种期,使作物避开对病原菌的最敏感时期,使雨季避开病原菌子囊孢子释放的时期。③实行轮作。可与禾谷类作物轮作 $2\sim3$ 年。④深耕灭茬,彻底清除病残株。⑤调整施肥水平和播种密度,保持植株间良好通风,增施钾肥,使植株的生理状态调整到最佳。

(2)药剂防治 主要包括种子消毒处理、土壤消毒处理和药剂喷施防治。种子消毒处理:采用温汤浸种 30 min 或用种子重量 0.4% 的 50% 琥胶肥酸铜拌种。土壤消毒:用 50% 福美双 200 g 拌土 100 kg 或 40% 拌种灵粉剂 8 g 与 40% 福美双 8 g 等量混合拌土 40 kg,将 1/3 药土撒在畦面上,播种后再把其余 2/3 药土覆在种子上。药剂喷施常用苯醚甲环唑、三唑酮、戊唑醇、氟喹唑等进行叶面喷雾。

（五）其他茎部病害（表 2-17）

表 2-17　其他茎部病害

病害名称	症状及病原	发病规律	防治方法
小麦纹枯病	主要危害小麦植株基部的叶鞘和茎秆，造成烂芽、死苗、花秆烂茎、倒伏、枯孕穗等多种症状。 禾谷丝核菌、立枯丝核菌，均属半知菌亚门。	以菌核和菌丝体在土壤或病残体中越夏或越冬。在田间发病分冬前发病期、越冬期、横向扩展期、严重度增长期及枯白穗发生期5个阶段。	选用抗病品种；适期播种；配方施肥；用三唑酮或烯唑醇或氟环唑等进行叶面喷施。
玉米纹枯病	主要侵害叶鞘，也可为害茎秆，产生云纹状病斑，严重时引起根茎腐烂。 立枯丝核菌，属半知菌亚门。	病菌以菌丝和菌核在病残体或土壤中越冬。拔节期开始发病，灌浆期受害最重。高温、高湿易发病。	选用抗病品种；合理密植，宽窄行栽培；用三唑酮拌种；氟酰胺或嘧菌酯或苯醚甲环唑等喷施预防。
花生茎腐病	在根茎部产生黄褐色水渍状病斑，后变黑褐色，引起根茎组织腐烂。 棉壳色单隔孢菌，属半知菌亚门壳色单隔孢属。	以菌丝和分生孢子器在种子或病残体上越冬，从伤口侵入，借流水、风雨传播，苗期易发病。	实行轮作；加强田间管理，及时清除病残株；戊唑醇或咯菌腈拌种、喷施或灌根。
甘薯蔓割病	病株矮小，茎基部膨肿，表面有青晕，维管束变褐色。病株除顶部少数叶片绿色外，其余叶片全部发黄，并从下部老叶陆续枯死脱落。后期病部皮层破裂，呈纤维状，表皮生粉红色霉状物。 甘薯镰孢菌，属半知菌亚门。	以菌丝或厚垣孢子在病薯内或病株残体上越冬。从伤口侵入，沿导管蔓延，病薯和病苗是远距离传播的途径，流水和耕作是近距离传播的途径。高温、高湿易发病。	播种无病种薯，施用腐熟粪肥；实行轮作；温汤浸种或喷施30%碱式硫酸铜可湿性粉剂或14%络氨铜水剂。
大豆菌核病	茎秆染病多从主茎中下部分杈处开始，水浸状，不规则形，浅褐色至近白色，常环绕茎部向上、下扩展，致病部以上枯死或倒折。湿度大时形成黑色菌核。干燥条件下茎皮纵向撕裂，维管束外露似乱麻。 大豆核盘菌，属子囊菌亚门。	以菌核在土壤、病残体内或种子内越冬或越夏，适宜条件下萌发产生子囊孢子，子囊孢子借气流和雨水传播。15～30℃、相对湿度85%以上易发病。	消灭菌核；排淤治涝；发病初期，用咪鲜胺锰盐乳油或异菌脲喷雾杀菌。
水稻菌核秆腐病	为害植株下部叶鞘和茎秆，苗期和成熟期均可发病，抽穗以后发病较重、较快，引起水稻秆腐和倒伏。 稻卷芒双曲孢霉，属半知菌亚门。	病菌以菌核在稻茬、稻秆或土壤中越冬。从叶鞘表面或伤口侵入，蘗期开始发生，抽穗至乳熟期受害最严重。	种植抗病品种；清除菌核；防治稻飞虱；发病后，常用异菌脲、咪鲜胺、丙环唑、三唑酮等喷施水稻基部。

二、工作准备

（1）实施场所　发生茎部病害的各种粮油作物田块、多媒体实训室。

（2）仪器与用具　光学显微镜、载玻片、盖玻片、香柏油、刀片、解剖针、镊子、调查记录表等。

（3）标本与材料　油菜菌核病、大豆菌核病、水稻菌核秆腐病、芝麻枯萎病、油菜黑胫病、水稻纹枯病、小麦纹枯病、玉米纹枯病、花生茎腐病、甘薯蔓割病等病害的新鲜材料或盒装、瓶装标本及相应的病原玻片标本。

（4）其他　教材、PPT、视频、影像资料、相关图书、网上资源等。

【任务设计与实施】

一、任务设计

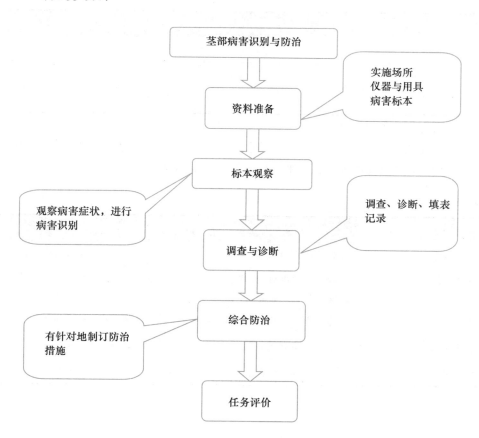

二、任务实施

1.粮油作物茎部病害识别

通过标本观察、观看视频、教师讲授、相关资料查阅等方法,认识粮油作物茎部病害的主要种类及其症状特点,能够识别各种茎部病害。

2.茎部病害调查与诊断

以小组为单位,有计划地深入田间进行茎部病害调查,发现病株后,仔细观察其症状特点,对照教材,进行初步诊断。采集病株,与教师共同确诊。再通过查阅教材等途径了解病害的发生规律及防治措施,并填写表 2-18 茎部病害调查记录表。

表 2-18 　茎部病害调查记录表

调查人:　　　　　　　　　　记录人:

调查时间	病名	症状特点	发生规律	防治方法

3.防治方案的制订与实践

以小组为单位,结合当地实际,针对当地某种粮油作物的某一茎部病害,集体制订一份防治方案,并通过实践来检验方案的实施效果如何。

【任务评价】

评价内容	评价标准	分值	评价人	得分
标本观察	观察认真,认识种类多	30 分	组内互评	
调查与诊断	调查方法准确,操作熟练,害虫判断准确。数据统计正确	30 分	教师	
综合防治方案	防治方法正确,操作简单有效	30 分	师生共评	
团队协作	小组成员间团结协作	5 分	组内互评	
职业素质	责任心强,学习主动、认真、方法多样	5 分	组内互评	

工作任务五 根部病害的诊断与防治

【任务准备】

一、知识准备

(一)小麦全蚀病

全蚀病又称立枯病、黑脚病,是典型的根部病害,在禾本科作物如小麦、玉米中危害严重。常引起植株成簇或大片枯死。目前我国共计19个省区发生全蚀病,其中以河南、山东等地发生最为严重,可造成受害麦田减产20%~50%,严重者甚至绝收。

1.症状识别

全蚀病在小麦苗期和成株期均可发病,后期典型症状为黑根白穗。发病时幼苗表现为植株矮小,叶色变黄,根和茎基部呈黑褐色,分蘖减少。拔节后在潮湿条件下可见茎基部1~2节叶鞘内侧和茎秆表面形成黑褐色膏药状菌丝层,即为"黑脚",小麦灌浆至成熟期,症状最明显,病株早枯,变白,呈现特有的"白穗"症状。

全蚀病在玉米苗期发病不明显,仅根部发病,而地上部一般不表现症状。抽穗灌浆期发病自下部叶片开始变黄,逐渐扩展,最后全叶变黄褐色枯死。严重时茎秆松软,根基腐烂。在生育后期,菌丝在根皮内集结,并向根基延伸,罹病根皮呈现黑亮色即"黑脚"。

2.病原识别

小麦全蚀病是由子囊菌亚门的禾顶囊壳小麦变种引起(图2-27)。该病原菌在自然条件下不能产生无性孢子,通过产生子囊壳产生子囊孢子进行繁殖,子囊壳单生,黑色,顶端有孔口。子囊多为圆柱形,薄壁,有柄。子囊内8个孢子,平行排列,成熟时有假隔膜。主要危害禾本科作物,如小麦、玉米、大麦、燕麦、水稻等。

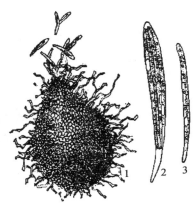

图2-27 小麦全蚀病菌
1.子囊壳 2.子囊和子囊孢子
3.子囊孢子

3.发病规律

病原主要以菌丝在玉米根茬上越冬,病根茬

在土壤里能存活 3 年以上,从苗期到灌浆、乳熟期均能侵染发病,通过幼苗的根茎下的不同部位侵入组织内,12～18℃的土温有利于侵染,全蚀病以初侵染为主,再侵染较少。一年两熟地区小麦和玉米复种,有利于病菌的传递和积累;冬前雨水大,越冬期气温偏高,春季多雨等有利于该病的发生。早播、连作、土壤肥力低会加重全蚀病的病害。

4.防治方法

(1)严格检疫,选用抗病品种　严禁从病区调运种子,因地制宜地选择高抗病品种。

(2)农业防治　①适期播种。推迟小麦播种 5～6 d,随着土温的逐日降低,可有效减轻病害发生。②合理施肥。增施有机肥和氮磷钾肥,促进植株健壮。③轮作倒茬。与非禾本科作物进行轮作,杜绝病原菌积累。

(3)药剂防治　播种前进行种子处理,用 12.5%硅噻菌胺悬浮剂 160～320 mL/100 kg 或 3%苯醚甲环唑悬浮种衣剂 500～600 mL/100 kg 进行拌种;返青拔节期进行喷雾防治,常用咪鲜胺、苯醚甲环唑、戊唑醇、腈菌唑、稻瘟酰胺、噻呋酰胺、咯菌腈等,此外药剂复配药效有加和作用,如苯醚甲环唑分别与戊唑醇或咪鲜胺按照质量比 1∶1 混配,药效比单一使用时更强。

(二)小麦根腐病

根腐病分布极广,小麦种植国家均有发生,我国主要发生在东北、西北、华北、内蒙古等地区,其中东北、西北小麦主产区发病较重,一般发病可导致小麦减产20%～60%,严重达 70%以上。

1.症状识别

根腐病是小麦全生育期病害,从苗期到抽穗结实期都可发生,一般干旱地区,多引起茎基腐、根腐;潮湿多雨地区除以上症状外,还引起叶斑、茎枯、穗颈枯。幼苗受侵,芽鞘和根部变褐甚至腐烂;严重时,幼芽不能出土而枯死;在分蘖期,根茎部产生褐斑,叶鞘发生褐色腐烂,严重时也可引起幼苗死亡。成株期在叶片或叶鞘上,最初产生黑褐色梭形病斑,以后扩大变为不规则形褐斑,中央灰白色至褐色,边缘不明显。湿度大时,病斑表面产生黑褐色霉状物。种子受害时,病粒胚尖呈梭形病斑,边缘褐色,中央白色,也可发生在胚乳的腹背或腹沟等部分,被称为花斑粒,严重者全胚呈黑色。

2.病原识别

小麦根腐病的病原是禾旋孢腔菌属于子囊菌亚门格孢腔菌目。有性态是麦根腐平脐蠕孢属于半知菌,丝孢目真菌。子囊壳凸出,球形,有喙和孔口,子囊无色,内有 4～8 个子囊孢子,螺旋状排列。分生孢子为深褐色,形态多样,大多为椭圆形和纺锤形,正直或者弯曲,具有很厚的细胞壁。引起小麦根腐病的病原菌有多种,病菌寄主范围广,能侵染小麦、大麦、燕麦、黑麦等禾本科作物和 30 余种禾本科杂草。

3.发病规律

小麦根腐病菌以分生孢子黏附在种子表面或以菌丝体侵入种子内部越夏、越冬;也能在田间病残体上越夏或越冬。因此土壤和种子是苗期发病的初侵染源。当种子萌发后,病菌先侵染芽鞘,后蔓延至幼苗,病部长出的分生孢子,可经风雨传播,进行再侵染,使病情加重。不耐寒或返青后遭受冻害的麦株容易发生根腐,高温多湿有利于地上部分发病,24～28℃时,叶斑的发生和坏死率迅速上升,在 25～30℃时,有利于发生穗枯。

4.防治方法

(1)农业防治　①严禁连作、实行轮作倒茬。可与玉米、油菜、甜菜等进行轮作。②推广秋翻深耕作业。小麦收割后及时对耕地进行伏翻、秋翻,减少病残体上越冬的病原菌量。③合理施肥。均衡施肥,以农家肥为主,推广使用测土配方。合理使用含钾肥、钙肥、硼肥、锌肥等微量元素的肥料,控制氮肥的使用量。

(2)药剂防治　种子处理选用 20％三唑酮乳油按种子重量 0.1％～0.3％拌种,发病初期用 15％三唑酮乳油 40～60 mL/667 m² 或 15％多菌灵可湿性粉剂 50～60 g/667 m² 或 25％丙环唑乳油 25～40 mL/667 m²,对水 75 kg 喷雾。成株抽穗期,可用 25％丙环唑乳油 40 mL/667 m² 和 25％三唑酮可湿性粉剂 100 g/667 m²,对水 75 kg 喷洒 1～2 次。

(三)油菜根肿病

俗称"大脑壳病"。在全国各油菜产区均有发生,以湖南、江西发生较多,已成为我国油菜上的重要病害之一,严重时幼苗侵染率可达 20％以上,对油菜生长和产量均产生严重影响。

1.症状识别

主要危害油菜根部,在苗期和成熟期均可感染。在主根或侧根上形成肿瘤,肿瘤表面大多光滑,形状多样,呈纺锤形、圆形、筒形、指形等。苗期感病,肿瘤主要发生在主根,地上部分表现病苗矮化,叶片浅绿,基部叶片叶缘发黄,表现缺水症状。成株期受害,肿瘤多发生在侧根和主根的下部,主根的肿瘤大、数量少,侧根的肿瘤小、数量多。初期表面光滑,后期粗糙、龟裂,最后腐烂。表现为植株矮化,生长迟缓。初期地面上部不明显,基部叶片在中午时萎蔫,早晚可恢复;后期则叶片发黄,枯萎至全株死亡。

2. 病原识别

病原为芸苔根肿菌,属黏菌。以休眠孢子囊的形式存在于寄主植物根部内,单个休眠孢子无色,近球形,孢壁有乳状突起,休眠孢子萌发产生游动孢子,游动孢子椭圆或近球形,同侧着生不等长尾鞭式双鞭毛。根肿病菌除侵染油菜外,还侵染包括羽衣甘蓝、花椰菜、白菜、萝卜和芥菜等几乎所有的十字花科作物。

3. 发病规律

病原以休眠孢子囊存于病根中越冬或越夏,借雨水、灌溉、农事操作等进行传播。根毛或幼根一般先被入侵,病菌进入根部后刺激薄壁细胞分裂加速,形成肿瘤,病根腐烂后,其内大量的休眠孢子又随病残体落在土壤或堆肥中,进行再侵染。温暖、湿润的弱酸性土壤最利于根肿病的发生。温度为 18~30℃,土壤含水量50%~90%的条件下,孢子囊可萌发形成游动孢子侵入寄主。土壤偏酸病害重,偏碱发病少。连作、低洼地及水改旱的菜地均易发病。

4. 防治方法

(1) 农业防治 ①改良土壤酸碱度。利用石灰石及 $Ca(OH)_2$、$CaCO_3$ 等其他形式的钙盐来调节土壤 pH。②合理轮作。与非十字花科蔬菜或水稻、玉米、大豆等轮作,减少病原积累。③延期播种。将常规播种期延后 5~10 d 播种,可在一定程度上减轻根肿病的发生。④加强田间管理。注意开沟排水,降低土壤湿度,增施有机肥,及时清除田间病株。

(2) 药剂防治 主要是用化学药剂进行拌种、苗床消毒和灌根。可使用的药剂有 10% 氰霜唑、50% 氟啶胺、20% 噻唑锌、75% 百菌清、80% 多菌灵等,可单一使用,也可几种药液复配使用。

(四) 花生白绢病

又名花生白脚病。在我国各大花生产区均有白绢病的分布,山东、河南等花生产区都有发生且危害严重,严重地块的发病率达 60% 以上甚至绝收,严重影响花生产量和质量,造成巨大的经济损失。

1. 症状识别

该病多在成株期发生,主要危害茎基部、果柄、果荚及根。茎基部组织染病,初期呈褐色软腐状,从病斑处长出白色菌丝,后期常在近地面的茎基部和其附近的土壤表面形成一层白色绢丝状菌丝层,天气潮湿时,形成白色至黑色油菜籽状菌核,病部渐变为暗褐色最后呈黑色,易折断。最终植株干枯而死。

2. 病原识别

花生白绢病是由半知菌亚门小核菌属的齐整小核菌引起。病菌菌丝白色,绒毛状,菌核初期白色,后变黄褐色,菌核坚硬,表面光滑,圆球形。病菌生活力极强,在低于8℃或高于40℃的温度下均可存活,对酸碱度适应性强,在pH 1.4～8.8范围内均能生长。除了侵染花生以外,还能侵染茄子、马铃薯、芝麻、西瓜、大豆、烟草等100多科200多种植物。

3. 发病规律

病菌以菌核或菌丝在土壤中或病残体上越冬,菌核大部分分布在表土层中,菌核位于土深2.5 cm以下发芽率明显减少,土深大于7 cm几乎不能萌发。浅土层菌核翌年在合适条件下萌发,产生菌丝,从植株根茎基部表皮或伤口侵入,通过土壤、流水、种子、昆虫等传播,一旦侵入,病菌便连年积累,很难防治和根除。花生白绢病在20～35℃容易发病,高温高湿,发病迅速,危害严重。连作花生田病重,轮作田病轻;春播花生发病重,夏播花生发病较轻。土壤黏重、排水不良、低洼地及多雨年份易发病。

4. 防治方法

(1)农业防治　①实行轮作。严禁连作,实行轮作倒茬,与禾本科植物实行轮作3～5年。②深翻改土,及时处理病株。及时清除病残秧枝,集中销毁或深埋;收获后,深翻土地,减少田间越冬菌源。③适期播种,加强田间管理。春花生要适当晚播,苗期清棵蹲苗;合理密植,提高田间通透性;防治地下害虫,减少花生根部受伤。

(2)药剂防治　包括播种期拌种处理和结荚期灌药处理。常用药剂为5%戊唑醇、25%咪鲜胺、25%咯菌腈、25%醚菌酯等。

(五)其他根部病害(表2-19)

表2-19　其他根部病害

病名	症状及病原	发病规律	防治方法
甘薯黑斑病	甘薯长喙壳菌侵染引起,薯块表现有凹陷坚硬的黑斑,高温、高湿时,病斑表面有灰黑色霉层和黑色刺状物。	病原以厚垣孢子和子囊孢子在贮藏窖、苗床及大田土壤中越冬,传播的主要途径是种薯及幼苗,病菌喜温、湿条件。	选用抗病品种;加强贮藏期管理,防止冻害;温汤浸种或苯醚甲环唑或异菌脲消毒处理种薯。
甘薯软腐病	黑根霉引起,危害薯苗、薯块。育苗期、大田生长期和储藏期都能发生,引起死苗、烂床、烂窖。	该菌附着于空气中或薯块上越冬,由伤口侵入。病部产生的孢囊孢子,借气流传播。薯块有伤口或受冻时易发病。	入窖前晾晒,保持薯面干燥;入窖后控制窖温,防止冻害;用硫黄熏窖消毒。

续表 2-19

病名	症状及病原	发病规律	防治方法
甘薯紫纹羽病	担子菌亚门的桑卷担菌引起,为害块根或其他地下部位。病株表现萎黄,块根由下向上,从外向内腐烂。	以菌丝体、根状菌索或菌核在病根或土壤中越冬,菌丝体接触寄主根后侵入为害,连作地、沙土地、低洼潮湿易发病。	培育无病种苗;实行轮作;用甲基立枯磷或氟酰胺进行穴施防治。
花生根腐病	镰刀菌侵染引起,各生育期均可发生,在根部及维管束发病,使病株根部变褐腐烂,造成植株大部分死亡甚至全部死亡。	病菌在土壤、病残体或种子越冬,从伤口或表皮侵入,通过分生孢子再侵染。土层浅、连作地、沙质低肥力地发病重。	实行轮作;加强田间管理,合理施肥浇水;用咯菌腈或氟硅唑拌种或灌根。
大豆疫霉根腐病	大雄疫霉大豆专化型菌引起,发生在大豆各生育期,以苗期最重,引起种子腐烂、出苗前死亡和幼苗出土后表现为猝倒等症状。	病原卵孢子在土壤中越冬,萌发产生游动孢子进行传播。充足的水分是发病必要条件。密植、重茬、低洼地块有利于病害发生。	加强种子检疫;降低土壤含水量;咯菌腈拌种或用宁南霉素或霜脲氰·代森锰锌喷施防治。
甘薯根腐病	茄类镰孢甘薯专化型引起,主要发生在大田期,危害根部,造成根茎部黑褐色病斑,严重的变黑腐烂,全株枯死。	以菌丝体随病残体和厚壁孢子在土壤中越冬,病菌喜高温、干旱,连作地、沙土地发病重。	选用抗病品种;加强田间管理,增施磷肥;轮作倒茬。

二、工作准备

(1)实施场所　发生根部病害的各种粮油作物田块、多媒体实训室。

(2)仪器与用具　光学显微镜、载玻片、盖玻片、镊子、刀片、蒸馏水滴瓶等。

(3)标本与材料　甘薯软腐病、甘薯黑斑病、甘薯紫纹羽病、甘薯根腐病、大豆疫霉根腐病、花生根腐病、花生白绢病、油菜根肿病、小麦全蚀病、小麦根腐病等新鲜标本或永久标本以及相应病原菌的玻片标本或斜面培养。

(4)其他　教材、PPT、视频、影像资料、相关图书、网上资源等。

【任务设计与实施】

一、任务设计

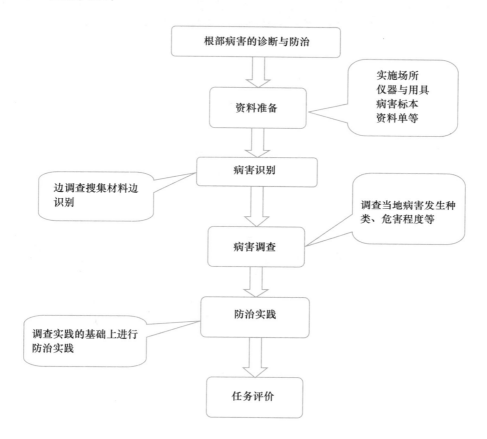

二、任务实施

1. 根部病害的症状识别

通过深入田间、图片、标本观察、多媒体课件、视频、查阅教材等方法,认识粮油作物根部主要病害种类及其特征,并能够在生产实践中熟练地识别。

2. 当地粮油作物常见根部病害调查

以小组为单位,采用走访农户或深入田间实地调查等方式,调查当地主要粮油作物根部病害的发生种类、发生规律、危害程度以及主要采用的防治方法,填入表2-20 中。

表 2-20　常见粮油作物根部病害调查记录表

日期：　　　　　　　　　　记录人：

病名	症状特点	发病规律	危害程度	防治方法

3. 根部病害的防治实践

根据当地病害调查情况，以小组为单位，以当地比较典型的某一粮油作物的根部病害为实践对象，采用药剂防治或其他防治方法，进行防治实践，有了较为明显地防治效果了，则小组提出验收申请，请老师和全班同学集体验收、评价。

【任务评价】

评价内容	评价标准	分值	评价人	得分
根部病害识别	观察认真，识别种类多	30 分	组间互评	
病害调查	调查态度，方法科学	30 分	师生共评	
防治实践	操作性强、效果好、有利于生态环保等	30 分	教师	
团队协作	小组成员间团结协作	5 分	组内互评	
职业素质	责任心强，学习主动、认真、方法多样	5 分	组内互评	

项目二　细菌、病毒、线虫病害的诊断与防治

【学习目标】

完成本项目后，你应该能：

1. 正确区分细菌、病毒、线虫病害的不同特征。
2. 掌握细菌、病毒、线虫病害的症状特点与诊断方法。
3. 了解细菌、病毒、线虫病害的发病规律，学会防治方法。

【学习任务描述】

通过到粮油作物生产基地现场教学，让职业农民认识粮油作物生产中所见到的细菌、病毒、线虫类病害，学会现场诊断方法，能根据其发病规律，制订合理的综合防治方案并实施、检验。对基地内未发生的细菌、病毒、线虫类病害，通过实训室里的病害标本观察、病原观察、多媒体教学、教材与网络查询等方法学习。

【案例】

"侏儒玉米"

近日，庄河市大郑镇姜窑村小姜屯和王卧龙屯的 30 多户农民遇到同样的憋屈事，在丰收年地里的玉米却遭遇减产。来到其中一户农民家的地里，玉米秸秆要比相邻地块的玉米秸秆矮很多，而且结的玉米穗又细又小，一些秸秆居然还是空秆。

据老农说，这样的玉米减产近七成左右。今年春天，村民们看到庄河市某种子销售中心宣传："沈农 1 号"玉米杂交种子亩产 1 500 斤，抗风、抗病、抗倒伏，秸秆可以长到 2 m。大家都相继购买了。秋收时候，这些种子长出的玉米秸秆，不但比相邻地块的秸秆矮一大截，而且结出的玉米还没有成人的半个手掌大。30 多户农民的 50 多亩地，都结出同样的"侏儒玉米"。

村民们怀疑种子有问题，就通过村委会找到该种子销售中心，但店主说种子没问题，拒绝赔偿。姜窑村村委会为此事村里找过庄河种子管理站，大连市种子管理站组

织了相关专家进行现场调查,鉴定报告显示,"侏儒玉米"是玉米粗缩病所致。跟其他玉米种子相比,"沈农1号"玉米杂交种子发病重,田间发病率达70%～80%。

那么,专家说的玉米粗缩病的典型症状是什么样子? 是由什么病原引起的? 影响发病的主要因素是什么? 怎样预防? 通过本项目的学习,你会得到答案的。

工作任务一　细菌病害的诊断与防治

【任务准备】

一、知识准备

(一)认识作物病原细菌

细菌性病害是由于细菌侵染植物引起的一种病害。土壤中、空气中都存在大量的细菌,其中一些病菌在适宜条件下可通过自然孔口(如气孔、皮孔等)或伤口侵入植物体内,从而引起植物病害。目前全世界发现的植物细菌病害达500种以上,已经确认的植物病原细菌约有250个种、亚种和致病变种,我国发现的有70多种,给农业生产造成很大损失。

1.细菌的一般性状

细菌属原核生物。单细胞生物,主要由细胞壁、细胞膜、细胞质、核区、内含物等构成。核区没有核膜,只有一个环状 DNA 分子,常被称作拟核。有些还有鞭毛、荚膜、芽孢等(图 2-28)。

常见细菌主要为杆状、球状、螺旋状,单生或双生,也有呈簇状,链状等,直径大小在 $0.5\sim5~\mu m$,多需借助显微镜才能看到。常见植物病原菌主要为杆状,少数为球状,并且多数具有鞭毛,革兰氏染色为阴性。

植物病原细菌多为好氧菌,以二分裂方式进行繁殖,并且多为非专性寄生,能够进行人工培养,常用的培养基为牛肉膏蛋白胨培养基,pH 偏碱性,最适生长温度为 $25\sim32℃$。

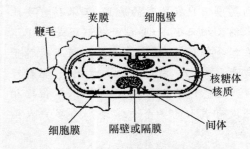

图 2-28　细菌细胞的一般构造及特殊结构的模式图

2.细菌的主要类群

植物病原细菌属于原核生物界的厚壁菌门和薄壁菌门,共 25 个属。其中与生产关系密切的属主要有黄单胞菌属、假单胞菌属、欧氏菌属、棒形杆菌属、土壤杆菌属等。

3.细菌病害的症状特点

植物受病原细菌侵染后病状主要表现为萎蔫、腐烂、畸形、坏死等几种类型。①萎蔫。一般由假单胞杆菌侵染植物维管束,阻塞输导通路,致使植物茎、叶枯萎。病茎的褐变部位用手挤压,有乳白色菌液流出,如青枯病。②腐烂。由于细菌分泌的果胶酶的分解作用而使受害植物的根、茎、块根、块茎、果实、穗等肥厚多汁器官的细胞解离、组织崩溃腐烂,如软腐病。③畸形。由于细菌刺激,使寄主细胞增生、组织膨大成瘤肿状,如癌肿病。④坏死。主要发生在叶片和茎秆上,出现各种不同的斑点或枯焦。

4.细菌病害的诊断技术

菌脓是细菌病害的主要病症,所以诊断植物细菌病害常观察病部是否有菌脓,常用的方法是肉眼观察法和显微镜观察法。

肉眼观察法适合产生细菌量比较大的病害,如斑点型和叶枯型细菌性病害的发病部位,先出现局部坏死的水渍状半透明病斑,在潮湿条件时,从叶片的气孔、水孔、皮孔及伤口上有大量的细菌溢出黏状物——菌脓。如水稻白叶枯病、细菌性条斑病等的确诊;青枯型和叶枯型细菌病害的确诊可用刀切断病茎,观察茎部断面维管束有否变化,并用手挤压,即在导管上流出乳白色黏稠液——细菌脓。利用细菌脓有无可与真菌引起的枯萎病相区别。

腐烂型细菌病害的诊断是观察腐烂组织是否黏滑,有无恶臭。腐烂性细菌病部一般软腐、黏滑,无残留纤维,并有硫化氢的臭气。而真菌引起的腐烂则有纤维残体,无臭气。

显微镜镜检一般在细菌病害发生初期,还未出现典型的症状时,需要在低倍显微镜下进行检查,其方法是,切取小块新鲜病组织于载玻片上,盖上玻片,轻压,即能看到大量的细菌从植物组织中涌出云雾状菌泉涌出。

5.细菌病害的发病规律

一般高温、潮湿的天气有利于植物细菌病害的发生。病原细菌可在种子或其他繁殖材料、病残体、土壤、粪肥、杂草寄主或昆虫体内越冬或越夏,通过植物自身的自然孔(气孔、水孔、皮孔等)或植物的伤口侵入,通过雨水、灌溉、介体昆虫或农事操作等在植物间传播;另外,多数细菌病害都能发生再侵染。地势低注、深水灌溉、大风暴雨后及人为、虫害产生伤口后有利病害加重发生。

（二）水稻细菌性条斑病

又称细条病，在我国大致可分为三个区域：华南流行区、江淮流域适生偶发区、北方未见病区。发病后，一般减产 20％～30％，严重时达 40％～60％，已经成为制约我国水稻优质高产的重要障碍。

1. 症状识别

水稻整个生育期均可发病。主要为害叶片，幼龄叶片最易受害。病斑开始为暗绿色水浸状半透明小点，很快在叶脉间扩展为暗绿至黄褐色的细窄条斑，病斑上常溢出大量串珠状黄色菌脓，病斑两端呈浸润型绿色。发病后期，条斑融合成大片枯死斑，病叶整片发黄，田间一片黄白色。

想一想

细菌病害特有的也是唯一的病征是什么？

2. 病原识别

病原为稻黄单胞菌，黄单胞菌属。单生，短杆状，极生单鞭毛，革兰氏染色阴性，肉汁陈琼脂培养：菌落为圆形，蜜黄色，边缘整齐，中部稍隆起。好氧，生长最适温度25～28℃。寄主除水稻外，还有澳洲稻、阔叶稻、菱白等，许多野生稻也可受侵染而发病。

3. 发病规律

主要在种子内、病稻谷和病稻草上越冬，成为来年的初侵染源。通过灌溉水、雨水接触秧苗，从气孔、伤口侵入，形成中心病株，病株上分泌菌脓，通过风雨和水传播，进行再侵染。高温、高湿、多露、台风、暴雨是病害流行条件，稻区长期积水、氮肥过多、土壤酸性都有利于病害发生。

4. 防治方法

（1）加强检疫　严格禁止从疫情发生区调种、换种。

（2）农业防治　选用抗、耐病品种，可将籼稻改粳稻。轮作换茬，实行水旱轮作。加强肥水管理，避免偏施、迟施氮肥，采用配方施肥技术，避免深水灌溉，防止涝害。

（3）药剂防治　播种前用 85％三氯异氰尿酸可湿性粉剂 300～500 倍液或50％代森铵水剂 500 倍液浸种 12～24 h。播种后，药剂喷施防治，常用药剂：50％氯溴异氰尿酸水溶性粉剂 50～60 g/667 m²、20％噻森铜悬浮剂 125～160 mL/667 m²、20％叶枯唑可湿性粉剂 100～120 g/667 m²、5％辛菌胺水剂 130～160 mL/667 m²、12％松脂酸铜乳油 100 mL/667 m²，雨季或涝害之后要立即喷施，病情蔓延较快或天气有利病害流行时，间隔 7～10 d 1 次，连续喷药 2～3 次。

（三）水稻白叶枯病

白叶枯病又称白叶瘟，是一种危害性很大的细菌性病害，又是国内检疫对象。

除新疆外,我国其他稻区均有发生,在华东、华中和华南稻区发生较普遍。

1.症状识别

整个生育期均可受害,苗期、分蘖期最重,各个器官均可染病,叶片最易染病。症状类型有叶缘型、急性凋萎型、中脉型、枯心型等几种,以叶缘型较为常见。

(1)叶缘型　主要为害叶片,严重时也为害叶鞘,发病先从叶尖、叶缘发生,初为暗绿色或黄绿色,半透明水渍状斑点,渐沿叶脉或中脉向下扩展或枯黄色或灰白色的长条斑,可达叶片基部或整个叶片,病健组织界限明显,分界处有时呈波纹状。潮湿时,病斑常溢出蜜黄色颗粒菌脓,干后成蜜黄色鱼子状小粒。这是识别白叶枯病的重要特征之一。

(2)急性凋萎型　叶片表现失水、青枯,呈青灰色或灰绿色。叶缘略有皱缩或卷曲,外观呈萎蔫状。

(3)中脉型　有的水稻自分蘖至孕穗阶段,剑叶或其下1~3叶中脉淡黄色,病斑沿中脉上下延伸,上可达叶尖,下可达叶鞘。

(4)枯心型　在分蘖期出现,病株心叶或心叶以下1~2片叶首先出现失水、卷筒、青枯等症状,最后死亡,剥开新卷的心叶或折断茎基部或切断病叶,用力挤压,可见有白色菌脓溢出,别于大螟、二化螟及三化螟危害造成的枯心苗。

2.病原识别

病原为水稻黄单胞菌,属细菌。菌体短杆状,大小$(1.0~2.7)\mu m \times (0.5~1.0)\mu m$,单生、单鞭毛,极生或亚极生(图2-29),革兰氏染色阴性。自然条件下,病菌可侵染栽培稻、野生稻、李氏禾、茭白等禾本科植物。

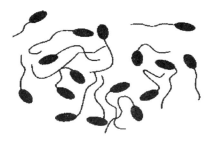

图 2-29　水稻白叶枯病病菌

3.发病规律

带菌种子,带病稻草及残留田间的病稻株是主要初侵染源。细菌在种子内越冬,播后由叶片水孔、伤口侵入,形成中心病株,病株上分泌的菌脓借风雨、露水、灌水、昆虫、人为等因素传播。晨露未干的病田操作是人为传播病害主要途径之一。

高温高湿、多露、暴雨、雨涝是病害流行条件。长期深水灌溉、漫灌、串灌均有利病菌传播;氮肥使用过多、过迟,稻株生长过于茂密,株间通风透光不良,增加田间湿度等,都也有利病害严重发生。

4.防治方法

(1)农业防治　种植抗病品种;加强病草管理,清除田间病株残留,带病稻草不能带进大田;严禁稻田间串灌、漫灌,防止稻田受淹。

（2）植物检疫与种子处理　不从病区引种,必须引种时,用 1% 石灰水或 80%乙蒜素乳油 2 000 倍液浸种 2 d,洗净后再催芽。也可选用浸种灵乳油 2 mL,对水 10～12 L,充分搅匀后浸稻种 6～8 kg,浸种 36 h 后催芽播种。还可用 3% 中生菌素水剂 100 倍液,升温至 55℃,浸种 36～48 h 后催芽播种。

（3）药剂防治　发现中心病株后,首先要控制发病中心,防治向外扩展。药剂可选用:20% 叶枯宁可湿性粉剂 100 g/667 m²,或 50% 氯溴异氰尿酸可溶性粉剂 40～60 g/667 m²,20% 噻森铜悬浮剂 100～125 mL/667 m²,10% 叶枯酞可湿性粉剂 20～27 g/667 m²,72% 硫酸链霉素可溶性粉剂 14～28 g/667 m²,36% 三氯异氰尿酸可湿性粉剂 60～90 g/667 m²,对水 60～70 kg。或用 30% 金核霉素可湿性粉剂 1 500～1 600 倍液,3% 中生菌素 800 倍液喷雾,菌毒清 500 倍液,77% 氢氧化铜悬浮剂 600～800 倍液,20% 喹菌酮可湿性粉剂 1 000～1 500 倍液均匀喷雾,视病情间隔 7～10 d 喷 1 次,连续 3～4 次。注意防治时,操作人员尽量不穿过发病中心,以免人为传播病菌。

（四）油菜软腐病

油菜软腐病又名根腐病,在全国各油菜产区均可发生和危害,以冬油菜区发病较重。寄主植物除油菜外,尚有大白菜、小白菜、芜菁、芥菜、甘蓝、萝卜等十字花科蔬菜,另外还可侵染瓜类、辣椒、马铃薯等。

1.症状识别

我国芥菜型、白菜型油菜上发生较重。主要发生于根、茎、叶等部位。在茎部或靠近地面的根茎部产生不规则水渍状病斑,后逐渐扩大,略凹陷,表皮稍皱缩,继而皮层龟裂易剥开,病害向内扩展,茎内部软腐呈空洞。靠近地面的叶片、叶柄纵裂、软化、腐烂。病部溢出灰白色或污白色黏液,有恶臭味。发病初期叶萎蔫,早期尚恢复,晚期则失去恢复能力。苗期重病株因根颈部腐烂而死亡。成株期,轻病株部分分枝能继续生长发育,重病株抽薹后倒伏死亡。

2.病原识别

胡萝卜软腐欧文氏菌胡萝卜软腐致病变种,属细菌。菌体短杆状,周生 2～8 根鞭毛,无荚膜,不产生芽孢,革兰氏染色阴性,在肉汁胨培养基上菌落乳白色,半透明,具光泽,全缘。生长发育温限 4～48℃,最适 27～30℃,适宜 pH 5.3～9.2,中性最适。

3.发病规律

油菜软腐病菌主要初侵染来源是土壤中的病残体以及未腐熟带菌的有机肥。一般认为病菌可在土中存活 4 个月以上。病菌在土温 15℃ 以上很快死亡,10℃ 以下死亡速度减慢,5℃ 以下几乎不死亡。病菌主要靠雨水和害虫传播,进行再侵染。

秋冬温度高,而春季又偏低的年份往往发病重。油菜播种愈早,发病愈重,播种早,气候有利于病菌繁殖与侵染,加上害虫为害造成的伤口多,易于发病。高畦栽培、排水好且土壤湿度低的地块,发病轻。施用高氮肥的有利于发病。

4.防治方法

(1)农业防治　因地制宜选用抗病品种;与禾本科作物实行 2～3 年轮作;加强田间管理,合理掌握播种期,采用高畦栽培,防止冻害,减少伤口,播前 20 d 耕翻晒土,施用酵素菌沤制的堆肥或充分腐熟的有机肥,提高植株抗病力,合理灌溉,雨后及时开沟排水;收获后及时清除田间病残体,减少来年菌源。

(2)药剂防治　发病初期喷洒 72% 农用硫酸链霉素可溶性粉剂 3 000～4 000 倍液或 47% 加瑞农可湿性粉剂 900 倍液、50% 氯溴异氰尿酸可溶性粉剂 1 200～1 500 倍液、90% 新植霉素可溶性粉剂 4 000 倍液、47% 春雷霉素·氧氯化铜可湿性粉剂 900 倍液、30% 碱式硫酸铜悬浮剂 500 倍液、14% 络氨铜水剂 350 倍液、30% 绿得保悬浮剂 500 倍液,隔 7～10 d 1 次,连续防治 2～3 次。油菜对铜制剂敏感,要严格控制用药量,以防药害。

(五)花生青枯病

又名花生瘟,广泛分布于各花生产区,每年全国实际病地面积在 40 万 hm^2 以上,其中南方各省发病尤为严重,辽宁、河北、山东、河南等地也有发生,且部分地区危害逐渐加重。病株可在短期内迅速枯死。花生结荚后发病,一般减产 20%～70%,结荚前发病,则可能绝收。

1.症状识别

是典型的维管束病害。整个生育期均可发生,一般在开花期最易感染此病,结荚后病情有所缓解。病菌从根侵入,使根部变褐,易拔起,纵切根茎部,维管束呈黑褐色,潮湿条件下,稍加挤压可见白色菌黏液溢出。通过维管束向上扩展至顶端。感病初期,先从主茎顶梢第 1、2 片叶片萎蔫,早上延迟开叶,午后提前闭合,但晚上还能恢复,1～2 d 后,病株叶片从上至下急剧凋萎,但仍保持绿色,故名青枯病。

2.病原识别

病原为青枯劳尔氏菌,严格好气菌。短杆状,两端钝圆,无芽孢,有荚膜,极生鞭毛 1～4 根,革兰氏染色阴性,其在马铃薯琼脂培养基上,近圆形、乳白色菌落,表面光滑,稍突起,培养 7～10 d 后,菌落渐变褐色。病菌寄主范围很广,可侵染茄科、蝶形花科、菊科等 35 科 200 多种植物。

3.发生规律

青枯病菌主要在病田土壤、病残体及未腐熟的粪肥中越冬,借助雨水、灌溉水、农事操作等传播,由植物根部的伤口和自然孔口侵入,通过皮层组织进入维管束。

病菌在土壤中可存活 3～5 年。田鼠、地下线虫不仅可传带病菌,而且在危害花生时造成的伤口也有利于病菌的侵入。连作、土壤的湿度或温度骤变或花生地中的线虫增多时,容易发生此病。

4.防治方法

(1)农业防治　因地制宜地选用抗病品种种植。水源充沛的地方,实行水旱轮作。旱地可与瓜类、禾本科作物轮作,避免与茄科、豆科、芝麻等作物连作。加强栽培管理。注意排水防涝,防止田间积水。配方施肥,施足基肥,增施磷、钾肥,适施氮肥。田间发现病株,及时拔除并带出田间深埋,并用石灰消毒。

(2)拌种　播种前,用"天达 2116"浸拌种专用型 50 g,对水 750 g 拌种 20 kg,切勿闷种。

(3)药剂防治　花生出齐苗后,用 72%农用链霉素 4 000 倍液、3%中生菌素600 倍液或 20%噻菌铜 600 倍液喷雾预防。发病初期,用青枯立克 30 mL＋80%乙蒜素 5 g/667 m² 对水 15 kg,进行灌根,7 d 左右 1 次,临近开花期要适当增加用药次数,缩短喷药间隔期,5 d 左右 1 次。

(六)甘薯瘟病

又称细菌性萎蔫病,主要分布在我国广东、广西、湖南、江西、福建、浙江等南方地区,一般发病田损失 30%～40%,重的达 70%～80%,甚至无收。

1.症状识别

在甘薯各生育期均可发病。苗期发病从顶部 1～3 张叶片叶尖开始萎蔫,最后整株叶片萎蔫,横切茎部,可见维管束变黄至黄褐色,地下细根变黑,脱皮腐烂。成株期感病,造成子叶萎蔫,根变细。后期叶片枯萎,但叶片仍然挂在茎上不脱落,最后茎叶干枯变黑,地下茎腐烂发臭,全株枯死。有时茎内可见到乳白色的浆液。薯块感病,初期症状不明显,在薯蒂、尾根有黄褐色水渍状病斑,随后表皮也出现黄褐色病斑。横切薯块可见黄褐色斑块,纵切薯块有黄褐色条纹,严重发病时,薯块一端或全部腐烂,有脓液状白色菌液,并有刺鼻臭味。

2.病原识别

青枯假单胞杆状细菌甘薯致病型,菌体短杆状,单胞,具极生鞭毛 1 或多根,生长适温为 38℃。在肉汁胨琼脂培养基上,菌落圆形或不整形,乳白色或黑褐色,稍隆起,革兰氏染色阴性。除侵染甘薯外,还可侵染番茄、辣椒、马铃薯、茄子等。

3.发病规律

病原菌在病薯、病藤、土壤中越冬。随薯苗、种薯、薯蔓传播。病原菌生活力极强,可在土中存活 1～3 年。在病薯和病藤上越冬的病菌,经育苗后引起薯苗发病,随薯苗的扦插而传播,使大田继续发病。还可通过流水及农事操作进行再次侵染。

此外甘薯小象甲、蝼蛄等地下害虫，啃食甘薯造成伤口，可以扩大为害。当田间温度在 25～30℃，相对湿度达 80％以上时，最利其生长繁殖。低洼地、酸性土壤、连作地发病重。

4. 防治方法

（1）严格检疫　对所有可能传播病菌的途径予以封锁、切断。

（2）农业防治　与麦类、豆类、玉米等作物轮作，也可与水稻进行水旱轮作。发现病株，立即拔除深埋，撒石灰粉处理病穴。注意防除甘薯小象甲等害虫，减少虫媒传病。

（3）药剂防治　发病后，可用 20％噻菌铜悬浮剂 500～600 倍液或 30％氧氯化铜悬浮剂或 77％氢氧化铜可湿性粉剂 600～800 倍液喷雾防治。

（七）其他细菌病害（表 2-21）

表 2-21　其他细菌病害

病名	症状及病原	发病规律	防治方法
油菜细菌性褐斑病	由假单胞杆菌属铜绿假单胞菌引起。叶斑圆形至不规则形，褐色，边缘色深，中间稍浅，四周发黄；许多小病斑可融合为大斑块，造成全叶或大半叶褐变。湿度大时，叶片呈水浸状腐烂，干燥后变白干枯。	病菌主要在种子、土壤及病残体上越冬，在土壤中可存活 1 年以上，随时可侵染，雨后易发病。阴雨天气或田间湿度大、气温高，病害扩展迅速。	参照油菜软腐病。
油菜黑腐病	由油菜黄单胞菌油菜致病变种引起。叶斑黄色，自叶缘向内发展，呈"V"字形斑，病区叶脉灰褐色，逐渐成黑色网状。主茎、枝和花序受害，初生暗绿色油浸状长条斑，后变为黑褐色病斑，病部产生大量乳黄色菌脓，多时呈黄色透明黏液状，无臭味。病茎、病根维管束变黑。	病菌随种子和田间的病株残体越冬，也可在采种株或冬菜上越冬。通过雨水、灌溉水、昆虫或农事操作传播。高温高湿、多雨、重露利于发病。连作、施用未腐熟农家肥及害虫严重发生等都会加重发病。	参照油菜软腐病。
大豆细菌斑疹病	由油菜黄单胞菌大豆致病变种引起。主要侵染大豆叶片和豆荚，使发病叶片、豆荚出现红褐色至黑褐色斑疹，严重时，叶片呈火烧状。	病菌在种子或病残体上越冬，风雨传播进行重复侵染。南方发生重于北方。温度 30℃左右，多雨天气，叶面伤口较多，有利于病害发生。	选用无病种子；与禾本科作物轮作；清洁田园；用噻菌铜、绿乳铜喷雾防治。

二、工作准备

（1）实施场所　发生细菌病害的粮油作物田等、多媒体实训室。

（2）仪器与材料　光学显微镜、载玻片、盖玻片、镊子、洗瓶、碱性品红、结晶紫、碘液、洗瓶、苯酚、二甲苯、各种杀细菌剂等。

（3）标本与材料　水稻白叶枯病、水稻细菌性条斑病、油菜细菌性褐斑病、甘薯瘟病、花生青枯病、油菜黑腐病、大豆细菌性斑疹病等细菌病害的永久标本或新鲜标本以及病原菌的斜面培养菌。

（4）其他　教材、PPT、视频、影像资料、相关图书、网上资源等。

【任务设计与实施】

一、任务设计

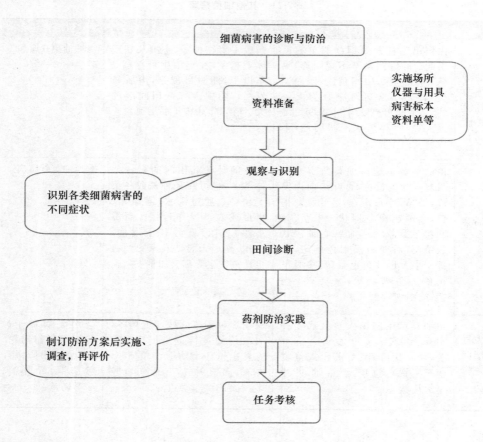

二、任务实施

1. 细菌病害识别

通过实训室内标本观察或多媒体课件、视频、图书、网络搜集等方法，认识主要的粮油作物的各种细菌病害症状特点，学会识别和诊断不同细菌病害的方法。

2. 细菌病害诊断

在教师准备好教学现场的前提下，引导学生在课前以小组为单位到各种粮油作物生产田间或者附近农田，寻找发生细菌性病害的植株或地段，以备本任务的实施。

在教学现场，各小组对找到的发病植株或地段进行仔细观察，参照教材等，根据田间分布与症状特点进行诊断，各组代表依次陈述诊断依据，得出诊断结论。然后由老师点评、确诊、总结。最后各小组查阅、学习该病的发病规律与防治方法。对不能确诊的，可采集标本用保湿法观察有无菌脓的产生。

3. 药剂防治实践

对已确诊的某一细菌性病害，结合生产需要，经查阅相关文献和小组集体讨论，从备用的各种杀细菌剂中选出 1 种，先制订出药剂防治方案包括施药方法、施药面积、药剂浓度或剂量、施药次数、施药间隔期等，然后实施，调查防效。经过观察，有了较为明显地防治效果了，则小组提出验收申请，请老师和全班同学集体验收、评价。

【任务评价】

评价内容	评价标准	分值	评价人	得分
标本观察	观察认真，认识种类多	30 分	组内互评	
田间诊断	找到的种类多，观察细心，诊断正确	30 分	教师	
制订综合防治方案	防治方法正确，切实可行，防治效果明显	30 分	师生共评	
团队协作	小组成员间团结协作	5 分	组内互评	
职业素质	责任心强，学习主动、认真、方法多样	5 分	组内互评	

【任务拓展】

常用的杀细菌剂

防治细菌性病害的农药叫作杀细菌剂。从登记情况看，市场杀细菌剂的单剂主要有：氢氧化铜（可杀得），氧化亚铜（铜大师），氧氯化铜（王铜），噻菌铜（龙克菌)、琥胶肥酸铜(DT)、壬菌铜(金莱克)、络氨铜(胶氨铜)、松脂酸铜(绿乳铜)、喹啉铜、噻枯唑(叶枯唑)、水合霉素(盐酸土霉素)、宁南霉素(菌克毒克)、农用硫酸链霉素、中生菌素(克菌康)、氯溴异氰尿酸(消菌灵)、三氯异氰尿酸(强氯精)、多黏类芽孢杆菌(康地蕾得)、其他如春雷霉素、克菌壮、金核霉素、新植霉素、多抗霉素、噻菌锌、噻森铜、噻菌茂(青枯灵)等。

1.氢氧化铜(可杀得、丰护安)

广谱性保护剂,通过释放铜离子覆盖在植物体表面,防止病菌侵入。耐雨水冲刷,低毒。要在发病之前和发病初期使用。适于防治多种真菌及细菌性病害,对植物生长有刺激作用。剂型有 77% 可湿性粉剂,61.4% 干悬浮剂。防治早疫病、晚疫病、甜辣椒疫病、炭疽病,一般用 77% 可杀得可湿性粉剂 500~800 倍液喷雾。苹果、梨开花期、幼果期及桃、李等禁用。

2.噻菌铜(龙克菌)

具内吸和保护治疗作用。高效、低毒、安全。对细菌性病害有特效,对于真菌性病害也有良好的防治效果。20% 悬浮剂 500~700 倍液喷雾。

3.松脂酸铜

是一种高效、低毒、广谱的新型铜制剂,持效期长,有预防保护和治疗双重作用。可用于防治多种真菌和细菌所引起的常见植物病害,对蔬菜有明显的刺激生长作用,可与其他杀菌剂交替使用。安全间隔期 7~10 d。不能与强酸、碱性农药和化肥混用;对铜离子敏感作物要慎用。12% 乳油一般作物使用 1 000~1 500 倍液喷雾,对为害根或根茎部的病害可采用 1 000 倍液于发病初期灌根,每株灌药液 0.25~0.3 kg。

4.农用硫酸链霉素(硫酸链霉素、链霉素)

是一种高效、低毒、低残留抗生素制剂,有内吸作用,抗菌谱广,可防治多种植物细菌和真菌性病害。常见剂型有 72% 可溶性粉剂、泡腾片、15%~20% 可湿性粉剂。主要用于喷雾,也可作灌根和浸种消毒等,一般 72% 可溶性粉剂稀释 5 000~7 000 倍液叶面喷雾。

5.噻枯唑(叶枯唑、叶枯宁、敌枯宁)

我国 1984 年自主创制的噻唑类新型杀菌剂。高效、低毒、低残留,持效期长,内吸性强、抗雨水冲刷,药效稳定,对作物无药害,对人畜安全。对细菌病害有较好的防效。20% 可湿性粉剂每 667 m² 用 100~150 g,对水 40~50 kg 喷雾。

6.多黏类芽孢杆菌(康地蕾得)

是由华东理工大学研发的,国际上第一个以多黏类芽孢杆菌为生防菌株的生物农药。对多种植物病原菌具有拮抗作用,特别对青枯病有着良好的防治效果。

通过灌根或喷施可有效防治植物细菌性和真菌性土传病害；对植物具有明显的促生长、增产作用。

工作任务二　病毒病害的诊断与防治

【任务准备】

一、知识准备

（一）认识作物病原病毒

1.病毒的一般性状

病毒个体微小，多数需要借助电子显微镜才能够看到。没有细胞结构，大多数病毒基本结构为由核酸（DNA 或 RNA）和蛋白质外壳两部分组成（图 2-30），有些病毒甚至只由蛋白质组成，如朊病毒，另外还有一些病毒在蛋白质外壳外面具有一层包膜。植物病原病毒的基本形态为杆状、球状和线条状，还有一些特殊的形状如弹状、双联体状等。

病毒专营寄生生活，需借助宿主细胞内的代谢系统才能完成自己的增殖，在离体条件下，以无生命的生物大分子状态存在，不能进行增殖，但长期保持其侵染活力。

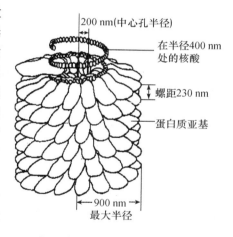

200 nm(中心孔半径)
在半径400 nm 处的核酸
螺距230 nm
蛋白质亚基
900 nm 最大半径

图 2-30　病毒基本粒子形态

2.病毒病害的症状特点

由于植物病毒是严格的细胞内寄生，所以植物病毒引起的病害没有明显的病症，主要是改变植物生长发育过程，引起植物颜色或形状改变，即变色、畸形，主要表现是花叶、黄化、皱缩、矮化等。

3.病毒病害的诊断技术

常用的植物病毒的诊断方法主要有田间诊断、显微镜观察、侵染性试验等。田间诊断通过目视观察，一般患病毒病的植株在田间呈分散状态，周围常有健株，与健株相比病株常表现畸形、褪绿或花叶。也可利用显微镜直接观察病毒的内涵体，内涵体是在显微镜下可以识别的病毒合成和积贮的部位，是病毒侵染细胞后在细胞内形成是病毒晶体。它是致密的不溶性蛋白和 RNA 的凝聚体,包含大部分的表达蛋白。侵染性试验最常用简单的方法即汁液接种,取染病植株的汁液(内含植物病毒)涂抹于健康的植物叶片之上,观察接种叶片的变化。

另外,有些作物受环境条件的影响,感染病毒后并不显现病症,即"隐症现象",如烟草花叶病在 10～35℃时表现花叶病症,低于 10℃ 或高于 35℃ 则不表现,这在诊断的时候必须注意。

4.病毒病害的发病规律

植物病毒一般不能主动进入寄主体内,而是要通过一定的媒介,如通过昆虫刺吸植物汁液时传播,或通过寄主植物的繁殖材料传播,或通过暴风雨等自然因素、农事操作等人为因素造成的擦伤也会传播病毒。如果感病植物和病毒分布广,气温适宜,传播昆虫大量发生和迁飞,植株生长又健壮,这时病毒病就会大流行。

> **想一想**
>
> "防病先治虫"是指防什么病？治什么虫？

(二)玉米粗缩病毒病

在我国,玉米病毒病的种类主要有粗缩病和矮花叶病两种,在大多数玉米主产区两病混合发生。

玉米粗缩病毒病又叫花叶病毒病,对玉米生长发育和产量影响很大,严重时可造成大幅度减产甚至绝收,是一种毁灭性病害。

1.症状识别

玉米粗缩病毒病在玉米整个生育期均可感染发病,苗期受害最重。病株节间短缩粗肿,生长迟缓、矮化,病株高度常不及健株一半。5～6 叶期开始显症,发病初期在心叶基部中脉两侧产生透明的虚线褪绿条点,逐渐扩展至整个叶片,叶背、叶鞘及苞叶的叶脉上出现粗细不一、长短不等的白色蜡泪状脉突。病株叶片宽短、僵直,叶色浓绿,顶部叶片丛生。多数不能抽穗结实,个别雄穗虽能抽出,但分枝极少,没有花粉。果穗畸形,花丝少,多不结实。病株根少而短,易分叉,丛生状。根茎交界处变褐色,木质化。

2.病原识别

病原为玉米粗缩病毒,属病毒。病毒粒体球形,大小 60～70 nm,存在于感病植株叶片的凸起部分细胞中。钝化温度 80℃,20℃可存活 37 d。玉米粗缩病毒的寄主相当广泛,如玉米、小麦、水稻、狗尾草、稗草、画眉草等单子叶禾本科植物。

3.发生规律

该病毒在冬小麦、多年生禾本科杂草及传毒介体上越冬。通过灰飞虱传播,灰飞虱一旦被该病毒感染便终生带毒。灰飞虱成虫和幼虫在田埂地边上的杂草丛上越冬,春季第 1 代灰飞虱成虫在越冬寄主上取食获毒,带毒的灰飞虱把病毒传播到返青的小麦上,然后再传播到玉米上。随着玉米成熟便迁至本科杂草,或转迁到麦田传毒危害并越冬,形成周年侵染循环。

4.防治措施

(1)农业防治 ①选择抗病品种。②调整播期,适期播种。使玉米的易感期与灰飞虱成虫的迁飞期相错开,避开 5 月中下旬灰飞虱传毒高峰。③加强田间管理,控制毒源传播。及时清除玉米田间、地边杂草,破坏灰飞虱适宜的栖息场所。及早拔除田间病株,消灭毒源。

(2)药剂防治 ①药剂拌种治虫防病。采用种子量 2%的吡虫啉或吡蚜酮拌种。②喷病毒抑制剂。玉米苗期,喷洒 5%菌毒清水剂 300~500 倍液;20%盐酸吗啉胍·乙酸铜可湿性粉剂 500 倍液;20%盐酸吗啉胍可湿性粉剂 400~600 倍液;1.5%植病灵乳剂 1 000 倍液;10%混合脂肪酸乳油 100~200 倍液;0.5%菇类蛋白多糖水剂 250~300 倍液;4%嘧肽霉素水剂 200~250 倍液;2%宁南霉素水剂 200~300 mL/667 m²,对水 40~50 kg;2%氨基寡糖素水剂 200~250 mL/667 m²,对水 40~50 kg,喷洒叶面,每 7~10 d 1 次,连续喷施 2~3 次。③消灭传毒介体。在灰飞虱传毒为害期,尤其是玉米 7 叶期前,可喷洒下列药剂:20%异丙威乳油 150~200 mL/667 m²;5%丁烯氟虫腈悬浮剂 30~50 mL/667 m²;25%噻虫嗪可湿性粉剂 50~60 g/667 m²;10%吡虫啉可湿性粉剂 20~30 g/667 m²,对水 40~50 kg 均匀喷雾,间隔 6~7 d 1 次,连喷 2~3 次。

(三)小麦黄矮病毒病

小麦病毒病是指由病毒引起的一类小麦病害,主要有小麦黄矮病、小麦丛矮病、小麦土传花叶病、小麦黄花叶病、小麦梭条斑花叶病、小麦红矮病、小麦线条花叶病等。

小麦黄矮病毒病主要分布在西北、华北、东北、华中、西南等麦区,以陕西、甘肃、宁夏等省区发生严重,一般减产 40%左右,严重的达 70%以上。

1.症状识别

小麦黄矮病毒病主要危害叶片和茎,表现为叶片黄化,植株矮化。叶片发病从叶尖开始变黄逐渐向叶基扩展,病叶初期比较光滑,后期逐渐黄枯,有时出现与叶脉平行黄绿相间的条纹。患病植株下部叶片绿色,上部新叶黄化,黄化部分占全叶的 1/3~1/2,从叶尖开始发病,旗叶发病较重,先出现中心病株,然后向四周扩展。发病早植株矮化严重。小麦苗期感病,植株生长缓慢,分蘖减少,根浅易拔起。穗期染病旗叶发黄,植株矮化不明显,能抽穗,粒重减低。

2.病原识别

病原为大麦黄矮病毒,球状,病毒粒子为等轴对称正 20 面体。病毒粒子直径 24 nm,为单链核糖核酸。病毒在汁液中致死温度 65~70℃。除侵染小麦外,还能为害大麦、莜麦、粟、玉米和金色狗尾草等禾本科杂草。

3.发病规律

通过媒介蚜虫传播,不能由种子、土壤、汁液传播。冬麦区,冬前感病小麦是翌年发病中心,病毒随麦蚜扩散而蔓延,抽穗期达发病高峰,春季收获后,随蚜虫迁飞至禾本科杂草或高粱、谷子等植物上越夏,秋麦出苗后迁回麦田传毒。冬、春麦混种区,5 月初冬麦上有翅蚜向春麦迁飞越夏,冬麦出苗后又飞回传毒。一切有利于麦蚜繁殖与迁飞的气象因素和耕作条件都可能导致小麦黄矮病的流行。

4.防治方法

(1)农业防治 选择肥沃田块、增施钾肥,叶面追肥等提高小麦抗病能力。切断蚜虫食物链和毒源蔓延,套作非寄主作物,清除病毒和蚜虫杂草寄主等。覆盖地膜。减少蚜虫越冬卵,降低蚜虫越冬基数。适期晚播冬小麦,相对早播春小麦,避开蚜虫为害高峰时期。

(2)化学防治 主要以小麦种子的拌种和杀虫剂的田间喷雾为主,以早期喷施植物病毒抑制剂为辅。拌种一般是拌以种子量 0.5% 的灭蚜松或 0.3% 乐果;田间喷雾常用 2.5% 吡虫啉可湿性粉剂 2 000 倍液加 20% 病毒 A 可湿性粉剂 500 倍液,或 2.5% 吡虫啉可湿性粉剂 2 000 倍液加 5% 菌毒清水剂 500 倍液,或 2.5% 吡虫啉可湿性粉剂 2 000 倍液加 2% 菌克毒克水剂 300 倍液。

(四)水稻病毒病

水稻病毒病是一类严重危害水稻生长发育的重要病害,全世界已知的水稻病毒病有 16 种。我国稻区分布的已知水稻病毒病有 11 种,即黑条矮缩病、普通矮缩病、黄矮病、条纹叶枯病、黄萎病、簇矮病、草状矮化病、橙叶病、东格鲁病、锯齿叶矮缩病和疣矮病,主要分布在长江以南各省市。其中以普通矮缩病、黑条矮缩病、黄矮病发生最为普遍,尤其是水稻普通矮缩病,已成为南方稻区近年危害最严重的病害之一,暴发流行时能造成水稻减产 30%~50%,甚至颗粒无收。

1.症状识别

(1)普通矮缩病 病株矮缩,株形僵硬,色泽变暗绿,叶脉间排列有黄白色间续点线斑,这种点线斑在叶片基部最明显,叶鞘上也有。病株分蘖一般显著增多,但幼芽早期得病的,分蘖反而减少。病株根系发育不良。早期病株不能抽穗,后期病株虽可抽穗,但包颈(稻穗被剑叶包住 1/4~3/4)多,穗形小,结实程度很差,有的只在叶鞘上表现断续点线斑,结实基本正常。感病愈早,矮缩愈严重,损失愈大。

(2)黄矮病 黄、矮为本病主要特征。发病初期,心叶或心叶下的1、2叶叶尖褪色,出现碎绿斑块,因此病叶形成明显的黄绿相间条纹,最后病叶枯卷,但一般粳稻品种这种条纹症状不明显。病株叶片平伸,株形松散,分蘖停止,根系发育不良,黄矮病株矮缩程度不如普通矮缩病株明显,叶距缩短,叶枕重叠,叶片朝一边生长,形成错位。苗期感病植株容易枯死,后期感病植株往往在剑尖上表现症状,抽穗虽正常,但结实程度受到严重影响。

(3)黑条矮缩病 病株矮缩,叶色浓绿僵硬,叶背叶脉、叶鞘及茎秆表面有短条状不规则白色突起,后期变黑褐色,这是本病的主要特点。病叶基部叶脉常弯曲,使叶片表现纵皱状,病株分蘖增多,根系发育较差。感病早的不能抽穗,发病迟的虽能抽穗,但穗小且结实不良。

2.病毒基本特征及与其媒介昆虫的关系

(1)普通矮缩病 由黑尾叶蝉、大斑黑尾叶蝉和电光叶蝉传播。病毒可经媒介昆虫的卵传至下一代。叶蝉在病株上取食,多数亲和性个体就可获得病毒,幼龄若虫更容易得到病毒,有的甚至饲养 $1\sim3$ min 就可获毒。已获得到病毒的个体须经 $4\sim58$ d 的循回期才能传毒,温度愈低,循回期愈长。已通过循回期的叶蝉,在健苗上取食 1 h 即可传毒。传毒个体一般可连续的传毒,秋季新获毒的叶蝉越冬后,几乎死去一半,但活下来的个体其传毒力仍然一样。

(2)黄矮病 由黑尾叶蝉、大斑黑尾叶蝉或二点黑尾叶蝉传播,病毒粒子为子弹形,大小为 $(88\sim100)\mu m\times(120\sim136)\mu m$,具外套。病毒不能经带毒卵传至下一代。

(3)黑条矮缩病 由灰飞虱、白脊飞虱传播,田间发生以灰飞虱为主。病毒粒子为直径 $80\sim90$ μmm 的多面体,病毒不能经虫卵传到下一代。灰飞虱个体亲和性较高,传毒个体占 $32\%\sim80\%$,最短饲毒时间为 30 min,一般幼龄虫比老龄虫易获毒,循回期 $4\sim35$ d。最短传毒时间为 $5\sim10$ min,灰飞虱传毒几乎是连续不间断地进行的。

3.发病规律

病毒病的发生轻重,主要取决于带毒昆虫数量和发生迁移时期。病毒在媒介昆虫体内或越冬卵内越冬,第二年带毒成虫迁入秧田和早栽本田时,将病毒带入田间即为初次侵染源,以后继续随各代带毒成虫或若虫扩散蔓延。凡有利传毒媒介昆虫发生的条件,都是病毒病发生的有利条件之一。冬春干旱温暖或上年治虫不力,造成虫口基数大,以及玉米、大小麦、杂草发病重的条件下,传毒媒介传播到水稻上的病毒源就多,发病就严重。

水稻感染病毒病的时期,主要在秧田期和本田返青分蘖期。水稻秧苗愈幼嫩则愈易感病,发病率愈高,发病程度愈严重。秧田期感病的,全田病株分布均匀;本田初期感病,田中间发病较轻,边行较重。一般晚稻重于早稻。

水稻品种抗病能力的强弱,与发病程度有密切关系。据调查,目前种植的水稻品种中,抗病性存在一定差异,但没有完全抗病的品种。栽培管理水平的好坏也与发病程度有密切关系。水稻播种与移栽期如与媒介昆虫的迁移高峰吻合,则发病重。稀密程度也影响发病轻重,合理密植,增加有效苗数,可相对减轻发病程度。

4.防治方法

由于水稻病毒病一般是在苗期最容易感病,且都由媒介昆虫传毒,因此重点是消灭带毒昆虫,预防秧田侵染,采取"切断毒源,治虫防病"的综合防治策略,抓好秧田期和本田初期的防治关键,力争在灰飞虱、黑尾叶蝉等传毒之前将其消灭,就可以收到较好的防治效果。对重发区的晚稻田,当务之急是收割时齐泥割禾,及时焚烧发病稻草,并清除其他杂草等初侵染源,将来年秧田和本田毒源降至最低。

(1)农业防治　①选用抗病品种。目前虽未发现绝对抗病品种,但各品种间感病性有一定差异,如2009年重发区的品种间感病性就完全不同。②合理布局,提倡连片种植。生育期相同或相近的品种应连片种植,以减少黑尾叶蝉、灰飞虱等病毒昆虫相互迁移、传病机会,并有利于防治工作的开展。③选好秧田位置。选择灌溉方便、土壤肥沃、上年未发病或发病轻的稻田做秧田。不能将秧田安排在靠近麦地的地方,应尽量选择在离重病田较远处。④清除杂草。尽早翻耕稻田,在每季作物收获前铲除田边和灌溉沟渠上的杂草,破坏传毒叶蝉、灰飞虱的越冬场所,减少传毒害虫数量。⑤加强肥水管理。不要让稻田积深水;漏水田足水勤灌,干干湿湿;看苗情施肥,不要猛追肥;有黑根的病株,可混合磷肥追施,促使长出新根。

(2)治虫防治　①消灭病源,及时抓好传毒昆虫的综合防治,及早消灭传毒害虫于秧田之外。重点抓好黑尾叶蝉、灰飞虱两个迁移期的防治。②喷药后拔病株。在大田零星出现病株时,先向病株及周围的水稻喷药,围歼带毒害虫,防止扩散传病,然后立即拔除病株,带出田外烧毁,消灭病源,控制蔓延。拔除后补上无病株,保证全苗。

(3)喷抗病毒制剂　在早期使用抗病毒制剂,如宁南霉素、盐酸吗啉胍、三十烷醇、氨基寡糖素、菇类蛋白多糖、三氮唑核苷·硫酸铜·硫酸锌、植病灵等,对病情的控制和治疗有一定的效果。

（五）其他病毒病（表 2-22）

表 2-22 其他病毒病

病害名称	症状及病原	发病规律	防治方法
大豆病毒病	大豆花叶病毒引起，为系统侵染性病害，可造成花叶、叶片皱缩、植株矮小、种子褐斑等。	病毒主要在种子内越冬，成为翌年初侵染源。通过蚜虫等传播引起再侵染。蚜虫发生早、数量大，植株被侵染早，播种晚时，该病易流行。	播种无毒种子；调整播种期，避开蚜虫高峰；药剂防治参照玉米粗缩病。
油菜病毒病	主要由芜菁花叶病毒引起，白菜型油菜和芥菜型油菜主要表现为系统花叶，甘蓝型油菜主要症状为系统性黄斑和枯斑。	病毒在寄主体内越冬，通过蚜虫传毒引起初侵染和再扩散，干燥少雨、气温高利于该病流行。	选用抗病品种；实行轮作；叶期积极治蚜；药剂防治参照玉米粗缩病。
甘薯病毒病	主要由甘薯羽状斑驳病毒引起，主要有 6 种症状类型：叶片褪绿斑点型、花叶型、卷叶型、叶片黄化型、薯块龟裂性。	种薯、种苗是田间发病的主要侵染来源。通过病株汁液接触或蚜虫等途径传播。高温、干旱利于发病。	使用无病种薯、种苗；及时治蚜防病；药剂防治参照玉米粗缩病。
花生条纹病毒病	病原为花生条纹病毒。表现为植株矮化、叶片明显变小、叶片花斑等。	病毒在花生种子内越冬，种子传毒形成病苗，出苗后 10 d 即发病，通过蚜虫传播蔓延。种子带病率越高，发病越重。	与小麦、玉米等间作；使用无毒种子；覆盖银灰色地膜；药剂防治参照玉米粗缩病。

二、工作准备

（1）实施场所 发生病毒病害的粮油作物田等、多媒体实训室。

（2）仪器与用具 放大镜、喷雾器、各种内吸性杀虫剂、各种病毒抑制剂、调查记载表等。

（3）标本与材料 玉米粗缩病毒病、小麦黄矮病毒病、水稻黄矮病、水稻矮缩病、水稻黑条矮缩、花生条纹病毒病、甘薯病毒病、油菜病毒病、大豆病毒病等病毒新鲜标本或永久标本。

（4）其他 教材、PPT、视频、影像资料、相关图书、网上资源等。

【任务设计与实施】

一、任务设计

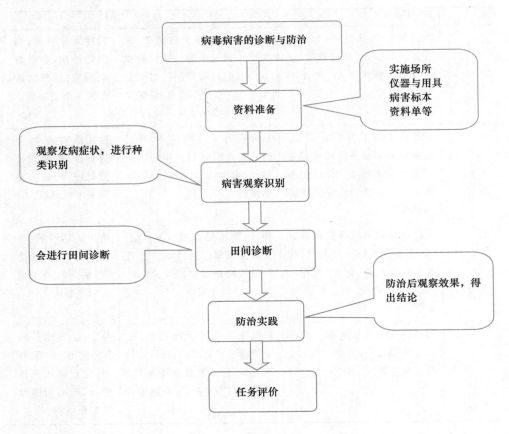

二、任务实施

1.病毒病害观察与识别

通过标本观察、多媒体课件、观看视频、查阅教材等方法,认识粮油作物主要病毒病害的主要种类,学会病毒病害的症状诊断方法。

2.病毒病害诊断

在粮油作物生产基地教学现场,以小组为单位,寻找可能发生病毒病害的疑似病株。观察发病部位有无出现花叶、叶片皱缩?有无黄绿相间的花斑?有无呈厥叶表现,叶片细长,叶脉上冲,重者呈线状?植株是不是矮化?病株在田间分布如何?能不能找到传毒昆虫?通过以上观察,能否诊断出是病毒病害?

3.病毒病害的防治实践

(1)传毒昆虫的防治 以灰飞虱为例进行一次田间防治,用吡虫啉或吡蚜酮或噻嗪酮喷雾防治,在施药前和施药后 1 d、2 d、3 d、5 d 各调查一次田间虫口数量(表2-23),观察防治效果。也可以其他传播病毒病害的昆虫为防治对象,验证喷药防治效果。

表 2-23 **虫害调查记录表**

调查日期	调查地点	植物名称	害虫名称	调查总株数	调查总面积	活虫总数量	有虫总株数	有虫株率	单株虫口密度	单位面积虫口密度

(2)病毒抑制剂的施用 在病毒病发病初期,施用嘧肽霉素、病毒 A 等病毒抑制剂,在施药前和施药后 3 d、6 d、10 d、15 d 各调查一次病株率发病程度,与未施药的地段或病株相比较,观察防治效果,写出实验报告。

每两个小组做比较,比较防治传毒昆虫与施用病毒抑制剂,哪种方法效果更好?如果二者同时进行呢?

【任务评价】

评价内容	评价标准	分值	评价人	得分
标本观察	观察认真,认识种类多	30 分	组内互评	
病毒病害诊断	能够诊断出病毒病害,找到的种类多	30 分	师生共评	
病毒病害防治实践	防治方法正确,操作熟练,防治效果明显	30 分	教师	
团队协作	小组成员间团结协作	5 分	组内互评	
职业素质	责任心强,学习主动、认真、方法多样	5 分	组内互评	

【任务拓展】

常用的病毒抑制剂

1.植病灵

由三十烷醇、十二烷基硫酸钠和硫酸铜混合而成。新型的多功能抗病毒农药。将植物病毒病的化学钝化治疗与植物生长物质的调控结合起来,干扰、消除病毒侵染、复制。活性强、用量小、无公害、使用方便。防治番茄、烟草病毒病。1.5%乳剂 667 m² 施 50～75 g。

2.83 增抗剂（混合脂肪酸、NS-增抗剂）

植物源农药。植物抗病毒诱导剂。对植物有激素活性,可提高植物体的抗性;广谱,对病毒有钝化作用。无毒、无公害、无污染、无残留。10%水乳剂 100 倍液喷雾。

3.嘧肽霉素（博联生物菌素、胞嘧啶核苷肽）

属胞嘧啶核苷类新型抗病毒农用抗生素、杀菌剂,对人畜无刺激,无三致作用。对各类病毒病有明显的防治效果。4%水剂,200～300 倍喷雾、灌根。

4.菇类蛋白多糖（抗毒剂 1 号、抗毒丰）

微生物源药剂。含蛋白多糖、氨基酸、微量元素等。防治由 TMV、CMV 等病害,并促进植物生长。0.5%水剂。250～300 倍液喷雾、灌根、浸种、浸根。

5.吗啉胍·乙铜（吗啉胍·铜、盐酸吗啉胍·铜、病毒 A、毒克星）

是盐酸吗啉胍与乙酸铜复配的混剂。广谱,低毒。防治花叶病毒、蕨叶病毒、条斑病毒等。20%可湿性粉剂 400～600 倍液喷雾。

工作任务三　线虫病害的诊断与防治

【任务准备】

一、知识准备

（一）认识作物病原线虫

线虫是一类低等动物,属于线形动物门线虫纲,在自然界分布很广,种类繁多,有的可以在土壤和水中生活,有的可以在动作物体内营寄生生活。在植物物体寄生的线虫称为植物病原线虫。植物受线虫为害后表现的症状与一般病害的症状相似,习惯上把植物线虫作为病原物来研究。

1.作物病原线虫的一般性状

（1）形态特征　作物寄生线虫体形为细长的圆筒形,两端尖,形如线状,故名线虫。大多数为雌雄同形,少数雌雄异形,雌虫洋梨形,或球形(图 2-31)。长为 0.5～1 mm,宽 0.03～0.05 mm。

线虫虫体通常分为头、颈、腹和尾四部分。头部的口腔内有口针(吻针),用以

穿刺作物,输送唾液,吮吸汁液。线虫的外部
为体壁,内部是体腔。

（2）生活史　线虫一生经过卵、幼虫、成虫
三个虫态。卵一般产在土壤中,有的产在作物
体内,少数留在雌虫体内。一个成熟雌虫可产
卵 500～3 000 个。在适宜条件下,卵迅速孵化
为幼虫,一般线虫需 4 次蜕皮才能发育成为成
虫。变为成虫后即可交配,交配后雄虫死亡,
雌虫产卵。各种线虫完成一代所需时间不同,
一般为 1 个月左右,一年可繁殖几代。

（3）发生规律　不同种类的线虫对环境条
件的要求不同。适于线虫发育和孵化的温度
一般为 20～30℃。较高温度（40～50℃）对线
虫不利,甚至可以致死。不同的线虫对湿度的
要求不同,大多数线虫在较干旱的条件下有利
于生长和繁殖,但少数线虫在淹水的条件下有

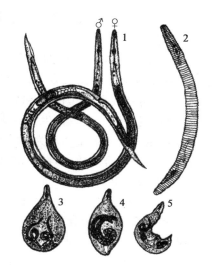

图 2-31　**作物线虫的虫体形态**
1.雌雄同形　2.环线虫雌虫　3.根结线
虫雌虫　4.胞囊线虫雌虫　5.肾形线虫雌虫

利于生长和繁殖。此外,线虫病一般在沙质土壤中发生严重,但个别线虫病在黏土
重土壤中发生严重。线虫的远距离传播主要靠作物的种子和无性繁殖材料等,如
小麦粒线虫,近距离传播主要靠土壤、流水、人畜活动和农具等。

（4）寄生性与致病性　不同的线虫,寄生方式不同。分为外寄生和内寄生。内
寄生的线虫体全部钻入作物的组织中,以头部穿刺组织内取食。外寄生线虫的虫
体大部分在作物体外,只是头部刺入作物内吸食。线虫对作物的致病性表现在两
个方面:一是用头部的口针（吻针）穿刺取食造成的机械损伤;二是线虫食道腺的分
泌物中含有各种酶和毒素,影响作物的生长。

2.作物病原线虫的主要类群

（1）根结线虫属　主要寄生于作物根系内部,并形成根结。雌雄异性。雌成虫
梨形或球形,卵产在尾端分泌的胶质卵囊内,而不形成胞囊。卵在卵囊或根瘤内的
雌虫体中可以抵抗不良环境,并成为第二年的侵染来源。根结线虫能引起多种作
物病害,如花生根结线虫等。

（2）胞囊线虫属　均为作物根和块根的寄生物。雌雄异性。雄虫细长蠕虫形,
透明而柔软。雌虫 2 龄以后逐渐膨大呈梨形、柠檬形或球形,金黄色、黑褐色,坚硬
而不透明。卵一般不排出体外,整个雌虫变成一个卵袋,称为胞囊。本属线虫主要
在根部皮层组织内危害,破坏寄主的生长发育,但被害部分不形成根结。至生长后

期,胞囊自病株根部脱落,留在土壤中越冬,如大豆胞囊线虫。

(3)茎线虫属 在作物地上部分或块茎、鳞茎上寄生,有时也能侵染根部。雌雄虫均呈线形。吻针稍短,具有明显的基部球。尾部长圆锥形,末端渐细,生殖孔位于尾端1/4处。雄虫交合伞延伸至尾部的1/4～3/4位置。交合刺窄细,基部宽大,如马铃薯茎线虫引起甘薯茎线虫病。

(4)粒线虫属 多数寄生于禾本科作物的地上部,在茎叶上形成瘿瘤,或使子房转变成虫瘿。雌雄虫体均为圆筒形,但雌虫粗壮,头部稍钝,尾端尖锐,虫体向腹面卷曲。雄虫交合刺成对,向内侧弯曲,交合伞几乎包围尾端,如小麦粒线虫。

(5)滑刃线虫属 主要寄生在作物地上部,属于外寄生线虫类型。雌雄成虫均为线形,一般不超过1 mm。吻针细小,基部明显,食道末端与肠前端混合难以分辨。雄虫无交合伞,交合刺呈镰刀状。所致重要病害有贝西滑刃线虫引起水稻干尖线虫病。

3. 作物线虫病的症状和防治策略

(1)症状特点 作物线虫病害的症状表现为全株性症状和局部性症状。全株性症状类似营养不良的现象,表现为作物生长缓慢,衰弱,矮小,叶色变淡,甚至萎黄等现象;有的呈现全株性枯萎。局部性症状主要为畸形,具体表现是肿瘤、丛根、根结、顶芽花芽坏死、茎叶扭曲、干枯、虫瘿等症状。

(2)防治策略 利用线虫病被动传播为主的特点严格执行检疫措施;利用作物线虫在不适宜的寄主上难以繁殖的特点,选用抗病、耐病品种;利用大多数作物线虫有在土壤中的生活史的特点,用化学药剂处理土壤;进行种子汰选和种苗的热处理;通过轮作、秋季休闲、翻耕晒土、田间卫生等耕作措施破坏作物线虫存活的适宜条件,以及利用天敌控制等。

(二)大豆胞囊线虫病

大豆胞囊线虫病又称大豆根线虫病、萎黄病,是全世界大豆的毁灭性病害,主要发生于偏凉地区,以美国、日本、朝鲜及我国危害最重。在我国,此病主要分布于东北和黄淮海两个大豆主产区,尤以东北三省发生普遍而严重。轻病田一般减产10%,重病田可减产30%～50%,甚至绝收,有的地区导致大面积毁种或5～6年内不能种植大豆。

测一测

用能否看到胞囊来检测你视力的好坏吧。

1. 症状识别

大豆胞囊线虫寄生于根上,受害植株地上部和地下部均可表现症状。一般在开花前后植株地上部的症状最明显,表现为生长发育不良,植株明显矮小,节间短,叶片发黄早落,花芽少,花芽枯萎,不能结荚或很少结荚,似缺肥症状。地下部主根和侧根发育不良,须根增多,甚至整个根系成为发状须根。须根上着生许多白色至黄白色小颗粒(雌虫)。被害根很少有固氮根瘤,即使有也为无效根瘤。根表皮被线虫雌虫胀破后易感染其他微生物而发生腐烂,使植株提早枯死。病田常因线虫在土壤中的分布不均而造成大豆植株被害程度不一,呈点片发黄。

2.病原识别

病原物为大豆异皮线虫,属于异皮科异皮线虫属。成虫雌雄异形,雄虫蠕虫形,头尾钝圆,尾端略向腹侧弯曲。雌虫柠檬形,头颈部较尖,初为白色至黄白色,老熟雄虫体壁加厚,淡褐色,成为胞囊,胞囊壁上有短锯齿状花纹,呈不规则横向排列。一个胞囊内平均有200多粒卵。幼虫分4龄,蜕皮3次后成为成虫。1龄幼虫卷曲在卵中发育,卵孵化湖的幼虫为2龄幼虫,蠕虫形,侵入寄主根组织后在皮层中发育。卵蚕茧状,向一侧微弯。

大豆胞囊线虫主要寄生大豆、小豆、绿豆、黑豆、野豌豆、羽扁豆、决明和胡枝子等豆科作物上,亦可寄生宝盖草、苍耳、繁缕、地黄等其他作物。

3.发病规律

(1)病害循环　病原线虫主要以胞囊在田间土壤中越冬,也可在粪肥中以及混杂于种子中的土粒内越冬,并随种子的调运而远距离传播,田间近距离传播扩散主要通过耕作时土壤的移动、农机具和人畜黏附以及灌溉水和雨水传带含胞囊的土壤或混有胞囊的粪肥。胞囊对不良环境的抵抗能力很强,而胞囊中的卵可保持生活力3～4年,有的可长达10年。越冬胞囊是翌年的初侵染源。当春季温、湿度适宜,并在根系分泌物的刺激下,越冬胞囊内的卵孵化,以2龄幼虫侵入寄主根,在其皮层内营寄生生活,经幼虫阶段后发育为成虫。雄成虫重新进入土壤中自由生活,并寻觅雌成虫交配死亡。雌成虫膨大,胀破根表皮而外露,仅头颈部仍吸附在根内,经与雄成虫交配后,发育成老熟雌虫,其体壁加厚成为胞囊,受精卵就保存在胞囊内。当条件适宜时,其内的卵又孵化出幼虫,进行再侵染。大豆胞囊线虫每年发生的代数,因各地土温不同而异。例如,哈尔滨地区一年发生3代,辽宁省康平县发生4代,北京地区地黄作物上可发生5～6代。同一地区世代重叠现象明显。通常发生代数多的地区,线虫的再侵染数量亦大,病害发生重,田间土壤中遗留的胞囊数量也多。

(2)发病因素　感病大豆品种和连作重茬是大豆胞囊线虫病严重发生的重要条件。土壤温度、湿度、土质、耕作制度、品种等因素均可影响线虫的生长、发育和繁殖以及病害的发生。①土壤温度、湿度。土壤温度直接影响线虫发育速度及发生代数。线虫卵孵化温度为 16～36℃,以 24℃孵化率最高。幼虫发育适温为 17～28℃,10℃以下不能发育,31℃时幼虫开始衰退,南方大豆产区夏季表土层的温度较高,因此,幼虫不易成活。在适宜的温度范围内,温度越高,卵孵化和幼虫发育愈快,完成一代所需的天数愈少。5 cm 土层的平均温度为 17.8℃时,完成一代需 42 d;23.3℃时,只需 24 d。湿度对线虫的存活影响很大。当土壤含水量为 0 时,经 2 个月胞囊内的幼虫全部死亡;含水量约为 3%时,卵内幼虫可存活 5 个月;含水量 8%以上时可存活 11 个月。通常以 60%～80%于线虫最适,过湿或渍水,则因氧气不足而使线虫窒息死亡。②土质。通透性好的沙土、沙质壤土有利于线虫的生长发育和侵染,而通透性差的黏重土壤则对线虫的生长发育和侵染不利。另外,碱性土壤较酸性土壤有利于发病。③耕作制度。连作田块发病重,轮作年份越久,发病就越轻。轮作年限以 3 年以上为宜。

4.防治方法

防治此病可通过检疫措施保护无病区,对病区以农业防治为主,辅之药剂防治,并积极选育抗病品种。

(1)加强检疫,保护无病区　此病危害性大,可通过种子的人为调运而传播。因此,无病区可将其列为检疫对象,实施严格检疫,禁止从病区引种。

(2)农业防治　选用适合当地的抗病品种。实行大豆与禾本科作物或棉花等非寄主作物轮作,以水旱轮作为宜,这是防治此病最为行之有效的措施。轮作年限不能少于 3 年,5 年以上防病增产效果尤佳。加强水、肥管理,增施肥料,提高土壤肥力,干旱时适时灌溉,促进大豆生长,可减轻发病。

(3)药剂防治　①种子处理,用35%乙基硫环磷乳油或35%甲基硫环磷乳油按种子量的 0.5%拌种或用20.5%多菌灵·福美双·甲维盐悬浮种衣剂1:(60～80)(药:种)拌种。②土壤处理,可用下列药剂:0.5%阿维菌素颗粒剂2～3 kg/667 m²;5%克线磷颗粒剂3～4 kg/667 m²拌适量细干土混匀,在播种时撒入播种沟内,不仅可以防治线虫,还可防治地下害虫等。③土壤消毒:播前 15～20 d,用98%棉隆颗粒剂 5～6 kg/667 m²,深施在播种行的沟底,覆土压平密闭,半个月内不得翻动。

(三)花生根结线虫病

花生根结线虫病又名花生线虫病,俗称地黄病、地落病、矮黄病、黄秧病等,是一种世界性病害,几乎所有种植花生的国家和地区都有发生。我国大部分花生种植区均有发生,其中以山东发病最为普遍。花生感病后一般减产 20%～30%,严重的可减产 70%以上,甚至绝收。

1.症状识别

花生根结线虫病主要为害植株的地下部,因地下部受害引起地上部生长发育不良。幼苗被害,一般出土半个月后即可表现症状,植株萎缩不长,下部叶变黄,始花期后,整株茎叶逐渐变黄,叶片小,底叶叶缘焦灼,提早脱落,开花迟,病株矮小,似缺肥水状,田间常成片成窝发生。雨水多时,病情可减轻。

花生播种半个月后,当主根开始生长时,线虫便可侵入主根尖端,使之膨大形成纺锤形虫瘿(根结),初期为乳白色,后变为黄褐色,直径一般 2～4 mm,表面粗糙。以后在虫瘿上长出许多细小的须根,须根尖端又被线虫侵染形成虫瘿,经这样多次反复侵染,根系就形成乱丝状的须根团。被害主根畸形歪曲,停止生长,根部皮层往往变褐腐烂。在根颈、果柄上可形成葡萄穗状的虫瘿簇。剖视虫瘿,可见乳白色针头大小的雌线虫。病株根瘤少,结果亦少而小,甚至不结果。

2.病原识别

病原线虫有 3 个种,即花生根结线虫、北方根结线虫和爪哇根结线虫。我国发生的主要是北方根结线虫,在广东湛江和海南发生的有花生根结线虫,均属侧尾腺口纲根结线虫属。花生根结线虫和北方根结线虫在形态上基本相同,都是雌雄异形。北方根结线虫雌虫梨形或袋形,雄虫线状。花生根结线虫雌虫梨形,雄虫线形。

3.发病规律

病原线虫在土壤中的病根、病果壳虫瘿内外越冬。翌年气温回升,卵孵化变成 1 龄幼虫,蜕皮后为 2 龄幼虫,然后出壳活动,从花生根尖处侵入,在细胞间隙和组织内移动。变为豆荚形时头插入中柱鞘吸取营养,刺激细胞过度增长导致巨细胞形成。主要靠病田土壤传播,也可通过农事操作,水流传播,调运带病荚果可引起远距离传播。干旱年份易发病,雨季早、雨水大,植株恢复快发病轻。沙壤土或沙土、瘠薄土壤发病重。

花生根结线虫和北方根结线虫的寄主范围都很广,已知北方根结线虫可侵染大豆、绿豆、冬瓜、南瓜、甜瓜、黄瓜、萝卜、油菜、甘蓝、芝麻、马铃薯等 550 余种作物;花生根结线虫可侵染小麦、大麦、玉米、番茄、柑橘等 330 种作物。

4.防治方法

(1)植物检疫　严格执行检疫制度,防止蔓延,不从病区调种。

(2)农业防治　与禾谷类作物或甘薯等非寄主作物轮作 2～3 年,有条件的地区实行水旱轮作。清除花生田内外寄主杂草,以消灭其他寄主上的病源。深翻晒土,增施有机肥料;修建排水沟,忌串灌。病田就地收刨,单收单打。收获时深刨病根,进行晒棵或集中烧毁;收获后清除田间病残体。

（3）化学防治 花生播种前，撒施下列药剂：0.5％阿维菌素颗粒剂 3～4 kg/667 m²；10％噻唑磷颗粒剂 2 kg/667 m²；5％灭线磷颗粒剂 6～7 kg/667 m²；5％丁硫克百威·毒死蜱颗粒剂 3～5 kg/667 m²；5％丁硫克百威颗粒剂 3 kg/667 m²；3％氯唑磷颗粒剂 4 kg/667 m²；10％克线磷颗粒剂 2～3 kg/667 m²。拌细沙或细干土 20～30 kg 撒施，施药后覆土。施药后 1～2 周播种。也可以用 1.8％阿维素乳油 1 mL/m² 稀释 2 000～3 000 倍液后，用喷雾器喷雾，然后用钉耙混土。

（四）水稻干尖线虫病

又称白尖病、线虫枯死病。分布在国内各稻区。

1. 症状识别

苗期症状不明显，偶在 4～5 片真叶时出现叶尖灰白色干枯，扭曲干尖。病株孕穗后干尖更严重，剑叶或其下 2～3 叶尖端 1～8 cm 渐枯黄，半透明，扭曲干尖，变为灰白或淡褐色，病健部界限明显。湿度大有雾露存在时，干尖叶片展平呈半透明水渍状，随风飘动，露干后又复卷曲。有的病株不显症，但稻穗带有线虫，大多数植株能正常抽穗，但植株矮小，病穗较小，秕粒多，多不孕，穗直立。

2. 病原识别

病原为贝西滑刃线虫（稻干尖线虫），属滑刃线虫属。雌虫蠕虫形，直线或稍弯，尾部自阴门后变细，阴门角皮不突出。雄虫上部直线形，死后尾部呈直角弯曲。尾侧有 3 个乳状突起，交合刺新月形，刺状，无交合伞。线虫活跃时宛如蛇行水中，停止时常扭结或卷曲成盘状。

3. 发病规律

以成虫、幼虫在谷粒颖壳中越冬，干燥条件可存活 3 年，浸水条件能存活 30 d。浸种时，种子内线虫复苏，游离于水中，遇幼芽从芽鞘缝钻入，附于生长点、叶芽及新生嫩叶尖端的细胞外，以吻针刺入细胞吸食汁液，致被害叶形成干尖。线虫在稻株体内生长发育并交配繁殖，随稻株生长，侵入穗原基。孕穗期集中在幼穗颖壳内外，造成穗粒带虫。线虫在稻株内繁殖 1～2 代。秧田期和本田初期靠灌溉水传播，扩大为害。土壤不能传病。随稻种调运进行远距离传播。

4. 防治方法

（1）农业防治 建立无病留种田，防止带线虫的水灌入。收获前进行种子检验，确保无病，然后单收、单打、单藏，留作种子用。

（2）种子处理 温汤浸种，先将稻种预浸于冷水中 24 h，然后放在 45～47℃温水中 5 min，再放入 52～54℃温水中浸 10 min，取出立即冷却，催芽后播；或用下列药剂浸种处理：40％醋酸乙酯乳油 500 倍液浸种 50 kg 种子，浸泡 24 h，再用清水冲洗；10％浸种灵乳油 5 000 倍液浸种 12 h，捞出催芽、播种；80％敌敌畏乳油或

50％杀螟硫磷乳油1 000倍液；6％杀螟丹水剂1 000～2 000倍液；17％杀螟丹·乙蒜素可湿性粉剂200～400倍液；16％咪鲜胺·杀螟丹可湿性粉剂400～700倍液，浸种24～48 h，捞出催芽、播种。

（3）土壤处理 用10％克线磷颗粒剂250 g，拌细土10 kg，在秧苗2～3叶期撒施1次。

（五）甘薯茎线虫病

甘薯茎线虫病又叫空心病，是国内检疫对象之一。除为害甘薯外，还为害马铃薯、蚕豆、小麦、玉米、蓖麻、小旋花、黄蒿等作物和杂草。

1. 症状识别

甘薯茎线虫病主要为害甘薯块根、茎蔓及秧苗。秧苗根部受害，在表皮上生有褐色晕斑，秧苗发育不良，矮小发黄。茎部症状多在髓部，初为白色，后变为褐色干腐状。块根症状有糠心型和糠皮型。糠心型，由染病茎蔓中的线虫向下侵入薯块，病薯外表与健康甘薯无异，但薯块内部全变成褐白相间的干腐；糠皮型，线虫自土中直接侵入薯块，使内部组织变褐发软，呈块状褐斑或小型龟裂。严重发病时，两种症状可以混合发生。

2. 病原识别

甘薯茎线虫即马铃薯腐烂线虫，属于侧尾腺口线虫亚纲垫刃线虫目垫刃线虫科茎线虫属。

3. 发病规律

甘薯茎线虫的卵、幼虫和成虫可以同时存在于薯块上越冬，也可以幼虫和成虫在土壤和肥料内越冬。病原能直接通过表皮或伤口侵入。此病主要以种薯、种苗传播，也可借雨水和农具短距离传播。病原在7℃以上就能产卵并孵化和生长，最适温度25～30℃，最高35℃。甘薯茎线虫生活特点可概括为"抗冻怕热喜欢温和，喜湿耐干抗药力强"。其发病规律为：春薯重于夏薯，连作重于轮作，旱薄地重于肥水地，阴坡重于阳坡，丘陵旱地和沙质壤土发病最严重。品种间抗病性差异较大。

4. 防治方法

（1）严格检疫 不从病区调运种薯。

（2）轮作倒茬 重病地区应实行轮作，甘薯与小麦、玉米、谷子、棉花、烟草互相轮作，隔3年以上不种甘薯，能基本控制茎线虫的发生危害。

（3）选用无病种薯 种薯用51～54℃温汤浸种，苗床用净土，以培育无病壮苗。

（4）药剂防治 重病区用40％辛硫磷乳油2 000～2 500倍液在栽甘薯时每穴浇0.5 kg；或用茎线灵颗粒剂1～1.5 kg/667 m²栽时穴施，施后浇水；在轻病区用将30％辛硫磷微胶囊剂与清水按1∶5的比例配成药液蘸根5 min，防治效果较为理想。

在整好的春薯田中起垄,把秧苗插到垄上,向插秧苗的穴中浇水,用甘薯茎线灵 2.5～3.0 kg/667 m²,均匀地撒入苗穴内,浇水覆土,可有效地防治甘薯茎线虫病。

(六)粮油作物其他线虫病(表 2-24)

表 2-24　粮油作物其他线虫病

病名	症状	病原	发病规律	防治方法
小麦粒线虫病	幼苗受害分蘖粗肿,叶片皱褶卷曲,抽穗前后的病株叶鞘松弛,茎秆肥肿弯曲,有时呈"Z"字形。线虫破坏子房,可形成虫瘿。虫瘿较麦粒粗短,因而致使病穗的颖壳及芒外张。虫瘿逐由绿色变为油绿色,最后呈栗褐色,且坚硬,内部充满白色絮状的休眠线虫。	小麦粒线虫,属粒线虫属。	麦种内夹带的虫瘿是引发病的主要原因。冬麦迟播,麦苗出土慢,有利于线虫侵染;夏季土壤干燥,有利于线虫虫瘿在内越夏。	加强检疫;汰选麦种;实行轮作;用克线磷、万强颗粒剂等防治。
小麦胞囊线虫病	为害小麦根部,病株根尖生长受抑,造成多重分枝和肿胀(根结),次生根增多,根系纠结成团,生长浅薄。受害根部可见附着胞囊,柠檬形,开始灰白,成熟时成褐色。植株表现分蘖减少、矮化、萎蔫、发黄等营养不良症状,病株提前抽穗。	燕麦胞囊线虫,属异皮线虫属。	雌虫产卵时体积增大,虫体变成胞囊,落入土中。胞囊可以在土壤中存活一年以上。轻沙质土壤,土壤潮湿和10℃左右有利于线虫病发生。	参照大豆胞囊线虫病。
甘薯根结线虫病	地上茎蔓生长缓慢,节间短,叶发黄,重时叶片黄枯脱落,茎蔓有时局部坏死。薯块症状龟裂状、棒状根、线状根三种,剖视根结及薯块尾端可见里面有一个或数个白色带光泽的颗粒,即线虫雌虫体。	甘薯根结线虫,属根结线虫属。	在土壤、薯块及野生寄主杂草的宿根上越冬。病薯块和薯苗可做远距离的传播。在田间病土、病根中的线虫借风雨、灌溉水和农具等传播。土质疏松、土层深厚、透水透气性好的沙土或含沙多的沙壤土有利于发病。	参照花生根结线虫。
大豆根结线虫病	豆根形成节状瘤,病瘤大小不等,形状不一,病株矮小,叶片黄化。	大豆根结线虫,属根结线虫属。	以卵在土壤中越冬,通过农机具、人畜作业以及水流、风吹随土粒传播。连作病重。偏酸或中性土壤沙质土壤、瘠薄地块利于发生。	参照花生根结线虫。

二、工作准备

（1）实施场所　多媒体实训室、有线虫病害发生的粮油作物田等。

（2）仪器与用具　光学显微镜、体视显微镜、载玻片、盖玻片、挑针、蒸馏水滴瓶、研钵、镊子、解剖刀、多种杀线虫剂、喷雾器及记载用具等。

（3）病害标本　大豆胞囊线虫病、小麦胞囊线虫病、花生根结线虫病、甘薯根结线虫病、大豆根结线虫病、甘薯茎线虫病、水稻干尖线虫病、小麦粒线虫病等实物标本或玻片标本。

（4）其他　教材、资料单、PPT、影像资料、相关图书、网上资源等。

【任务设计与实施】

一、任务设计

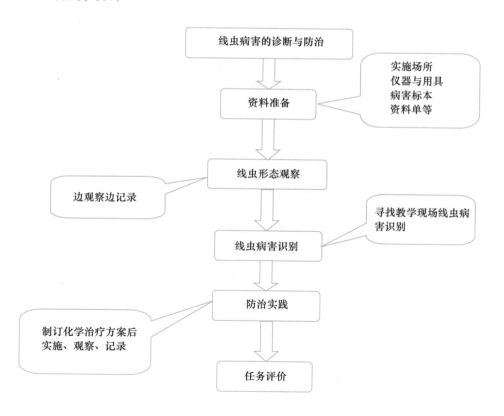

二、任务实施

1. 线虫形态观察

(1)粒线虫属　观察由小麦粒线虫危害小麦引起的症状,注意小麦受害部位,受害的茎叶有无扭曲或畸形? 虫瘿的外形与麦粒有什么区别? 取虫瘿一个,用刀片切开或挑针挑破,挑取虫瘿内部的白色棉絮状物于载玻片上的水滴中盖上盖玻片,置于低倍镜下镜检,可见到成虫、卵和幼虫。雌虫、雄虫均为线形,雌虫体形较雄虫粗大,往往卷曲,体内的卵巢顶端弯曲。雄虫尾部有交合刺,交合伞几乎包到尾尖。

(2)茎线虫属　观察甘薯茎线虫危害甘薯的症状,剖开病薯可见到条点状褐色或白粉干腐症状,挑取少量组织于载玻片的水滴中,用挑针轻轻撕破病组织,使线虫游离出来,加盖玻片镜检,可见到卵、幼虫、成虫等各个虫态。甘薯茎线虫雌雄都是线形,雌虫稍粗大,尾端尖细,雄虫较细小。因虫体很小,观察内部器官需用高倍镜。观察示范镜下的雄虫尾部形态。

(3)滑刃线虫属　观察水稻干尖线虫病征状。取被害的稻穗(粟穗)放在研钵内磨碎,用纱布包好放入漏斗加水浸泡,使线虫游离到试管内。取少许浸液离心2~3 min,将上清液滴在载玻片上镜检水稻干尖线虫,观察口针、食道球的形态特征。

(4)胞囊线虫属(异皮线虫属)　观察大豆胞囊线虫、小麦胞囊线虫病的危害症状。挑取病根上的雌虫,肉眼可见到线虫头部已钻入寄主组织,虫体外露,多为柠檬形,黄褐色。制片镜检,大豆胞囊线虫的卵大多不排出体外,整个雌虫体后期变成颜色深褐的卵袋,特称为胞囊(少数可排部分卵于体尾的胶质囊内)。

(5)根结线虫属　观察花生根结线虫病、甘薯根结线虫病、大豆根结线虫病危害症状,镜检观察雌虫虫体形态。

2. 线虫病害识别

(1)寻找教学现场　在教师准备好教学现场的前提下,引导学生在课前以小组为单位到粮油作物生产田,寻找症状典型的 1 种或数种线虫病害发病植株(或地段),以备本工作任务的实施。

(2)线虫病害识别　根据病株在田间的分布规律先判断出是侵染性病害,再根据病株的典型症状(注意地下与地上症状结合),对照教材或参考读物,能否确诊出是线虫病害? 如果不能,则通过实验室镜检来确诊。同时采集病害标本保存并拍摄照片,为以后期检验防治效果做对照。

3. 防治实践

每小组选取一种线虫病害,讨论制订化学治疗方案,应明确用药品种、施药方法、施药面积或株数、药剂浓度或剂量、施药次数、施药间隔期等,经教师准许后实施,并做好详细的记录。经过观察,有了较为明显地防治效果了,则小组提出验收申请,请老师和全班同学集体验收、评价。

【任务评价】

评价内容	评价标准	分值	评价人	得分
线虫形态观察	观察认真,操作熟练	20分	组内互评	
寻找教学现场	找到的线虫病害症状典型、病害种类多	20分	教师	
线虫病害识别	识别准确,能够说出诊断依据	30分	教师	
防治实践	防治方法正确,操作熟练,防治效果明显	20分	师生共评	
团队协作	配合很好,服从组长的安排,积极主动,认真完成本任务	5分	组内互评	
职业素质	责任心强,学习主动、认真、方法多样	5分	组内互评	

【任务拓展】

常用的杀线虫剂

1.棉隆(必速灭)

在土壤及其他基质中易扩散、低毒、广谱,并兼治土壤真菌、地下害虫及杂草。不会在植物体内残留,但对鱼毒性较高,且易污染地下水。制剂98%～100%必速灭微粒剂。沙质土每公顷用73.5～88.2 kg,黏质土每公顷施用88.2～102.9 kg。撒施与沟施均可,深度为20 cm左右,施药后立即盖土,可洒水封闭或覆盖塑料薄膜,经过10～15 d再松土通气,然后播种。

2.威百亩(维巴姆、保丰收、线克)

硫代异硫氰酸甲酯类杀线虫剂。易在土壤及其他基质中扩散,是土壤消毒剂,具熏蒸,低毒。兼杀菌、除草。剂型有30%和48%水剂。播种前土壤处理,30%水剂37.5～75 kg/hm²,沟施。

3.苯线磷(克线磷)

具有触杀、内吸性的杀线虫剂。在植物体内可输导,亦可借助雨水或灌溉进入植物根层。半衰期为30 d左右。高毒。10%颗粒剂分别在播种、定植时或生长期,每公顷30～60 kg,沟施、穴施,亦可随灌水随施药,对蓟马、白粉虱等害虫均有良好的防治效果。

4. 硫线磷(克线丹)

有机磷类触杀性杀线虫剂和杀虫剂。无熏蒸作用。在土壤中半衰期为 40～60 d。低残留,高毒。在酸性溶液中稳定,在强碱性水溶液中很快降解。低温下使用易产生药害。防治多种花卉的根结线虫等,对蛴螬、金针虫等亦有良好的兼治效果。制剂有 10% 颗粒剂。每公顷用 22.5～45 kg,蔬菜播种时或生长期使用,采用沟施、穴施或撒施。

5. 淡紫拟青霉

属于内寄生性真菌,孢子萌发后,所产生的菌丝可穿透线虫的卵壳、幼虫及雌性成虫体壁,破坏其正常生理代谢,从而导致病原线虫死亡。可明显减轻多种作物根结线虫、胞囊线虫、茎线虫等植物线虫病的危害。淡紫拟青霉菌剂是纯微生物活孢子制剂,具有高效、光谱、长效、安全、无污染、无残留等特点,可明显刺激作物生长。按种子量的 1% 进行拌种后,堆捂 2～3 h,阴干即可播种。也可穴施在种子或种苗根系附近,0.5～1 kg/667 m^2。注意勿与化学杀菌剂混合施用。

项目三　非侵染性病害的诊断与防治

【学习目标】

完成本项目后,你应该能:

1. 掌握非侵染性病害的发病特点和病原类型,学会一般诊断方法;

2. 学会小麦冻害、小麦干热风、水稻缺素症、油菜顶烧等病害的诊断方法;

3. 对生产上见到的其他非侵染性病害能够诊断出来,并会采取一些措施补救。

【学习任务描述】

通过培训,让职业农民了解作物非侵染性病害的概念,明确其发病特点,掌握非侵染性病害的病原类型;通过实训室内病害标本的观察,认识各种非侵染性病害的病状;通过对现场教学或多媒体教学,认识小麦冻害、水稻缺素症、小麦干热风、油菜顶烧等常见病害病状和发病规律,学会诊断方法和预防措施。

【案例】

栽培不当惹祸"根"

新学期伊始,教作物栽培的王教授便约我下乡。原来,潍坊市郊一农民种植的小麦发生成片死亡现象,他怀疑是假肥料所致,于是打电话反映给报社,报社便邀请我俩到现场查看实情。

来到田间,首先映入眼帘的是成片的小麦刚刚开始返青,两边邻居家的小麦都生长旺盛,只有该农户种植的 5 个畦的小麦都出现异常,且很有规律性,每个畦中间数行麦苗还算正常,但越往外病情越重,轻者叶尖枯死,重者麦苗弱小内叶发黄、外叶枯死;尤其是靠近畦埂的 2～3 行,很多麦苗已成片枯黄或枯死。

我俩分析,如果是假肥料所致,整畦麦苗的表现应该是一致的,再看看农户用过的肥料的袋子,也看不出异常。于是挖出麦苗查看根系,畦中间小麦主根 5 cm 左右,属正常,但近畦埂小麦主根不同程度的超过 5 cm,最长达 10 cm。这下原因找到了,王教授向农户解释说,去年冬天气温正常,而小麦发生冻害多是弱苗和旺苗,那么,你种的小麦为什么会长成弱苗呢? 是因为播种过深,尤其是畦埂的两边,播后耙地又增加了种子的深度,麦芽出土使养分消耗殆尽,因而形成弱苗,抗低温能力就较差,也就很容易产生冻害。

那么,小麦出现冻害算不算病害? 王教授为什么没有考虑是侵染性病害引起的? 通过本项目的学习你会找到答案的。

工作任务 非侵染性病害的诊断与防治

【任务准备】

一、知识准备

作物非侵染性病害是由于作物自身的生理缺陷或遗传性疾病,或由于在生长环境中有不适宜的物理、化学等因素直接或间接引起的一类病害。它和侵染性病害的区别在于没有病原生物的侵染,在作物不同的个体间不能互相传染,所以又称为非传染性病害或生理性病害。环境中的不适宜因素主要可以分为化学因素和物理因素两大类,不适宜的物理因素主要包括温度、湿度和光照等气象因素的异常;不适宜的化学因素主要包括土壤中的养分失调、空气污染和农药等化学物质的毒害等。

(一)非侵染性病害的病原

1.营养失调

营养条件不适宜包括营养缺乏、各种营养间的比例失调或营养过量。这些因素可以诱使作物表现各种病态。

2.水分不均

土壤水分过多,往往发生水涝现象,常使根部窒息,引起根部腐烂。根系受到损害后,便引起地上部分叶片发黄,花色变浅,落叶、落花,茎干生长受阻,严重时植株死亡。

旱害可使作物的叶子黄化、红化或产生其他色变,随后落叶。受旱害作物的叶间组织出现坏死褐色斑块,叶尖和叶缘变为干枯或火灼状,当作物因干旱而达永久萎蔫时,就出现不可逆的生理生化变化,最后导致植株死亡。

3.温度不适

作物在高温下,叶片上出现死斑,叶色变褐、变黄,未老先衰以及花序或子房脱落等异常生理现象。高温还可造成氧失调,可使作物根系腐烂和地上部分萎蔫。

低温对作物的伤害可分为两种:冷害的常见症状是色变、坏死或表面出现斑点,如低温的作用时间不长,伤害过程是可逆的。冻害的症状是受害部位的嫩茎或幼叶出现水渍状病斑,后转褐色而组织死亡;也有的整株成片变黑,干枯死亡。

4.土壤酸碱度不适

许多作物对土壤酸碱度要求严格,若酸碱度不适宜易表现各种缺素症,并诱发一些侵染性病害的发生。多盐毒害又称碱害,是土壤中盐分,特别是易溶的盐类,如氯化钠、碳酸钠和硫酸钠等过多时对作物的伤害,其症状是植株萌芽受阻和减缓,幼株生长纤细并呈病态、叶片褪绿,不能达到开花和结果的成熟状态;酸性土壤,易缺磷、缺锌。

5.有毒物质的毒害

空气、土壤中的有毒物质,可使作物受害。在工矿区,由于空气中含有过量的二氧化硫、二氧化氮、三氧化硫、氯化氢和氟化物等有害气体及各种烟尘,常使作物遭受烟害。引起叶缘、叶尖枯死,叶脉间组织变褐,严重时叶片脱落,甚至使作物死亡。

农药、化肥、植物生长调节剂等使用不当,浓度过大或条件不适宜,可使作物发生不同程度的药害或灼伤,叶片常产生斑点或枯焦脱落,特别是作物柔嫩多汁部分最易受害。

(二)非侵染性病害的发病特点与诊断方法

1.非侵染性病害的发病特点

非侵染性病害的发生,往往呈现出下列特点:①病害发生一般表现为较大面积同时发生,发病时间短,如由于大气、水、土壤的污染或气候因素引起的冻害、高温灼伤、干旱、涝害等病害。②病害田间分布较均匀,发病程度可由轻到重,但没有由点到面的过程即没有发病中心。③发病部位在植株上分布比较一致,有些表现在上部或下部叶片,有些表现在叶缘,有些表现在花、嫩枝、生长点等器官,有些表现在向阳或迎风的部位等。④症状表现没有病征,病斑不规则。⑤在适当的条件下,有的病状可以恢复。

2.非侵染性病害的诊断方法

(1)田间观察　现场的观察要细致、周到,由整株到根、茎、叶、花、果等各个器官,注意颜色、形状和气味的异常;由病株到病区,由病区到全田,由全田到邻田;注意地形、地貌、邻作或建筑物的影响。注意是个别发生还是区域性发生,病状是否有一致性。

(2)调查访问管理人员　检查田间农活记录,了解品种及栽培管理情况,包括品种来源、名称、播期、施肥、灌溉和农药使用情况等。调查生长环境及气象条件,包括土壤环境、周围生态(地势、工厂、生物、水源等)及近期或更早时间的温度、湿

问一问

植物病害诊断之六问（即问生产者）

一问施的啥肥料，二问喷的啥农药，

三问灌水多和少，四问茬口倒没倒，

五问光照强或弱，六问温度低和高。

度、降雨等变化情况。

（3）植株解剖检查　有无下述病状：腐烂、间有发霉味，根系颈部出现灼伤或坏死（可能由于缺硼或施肥过浓或施用未腐熟的有机肥料，或化肥浓度过大、干施造成。或长期淹水缺氧窒息造成）。

（4）化学诊断　将发病植株的叶片、枝干以及病株附近的土壤进行成分及含量和酸碱度测定，并与正常植株比较分析，确定发病原因。

（5）人工诱发和排除病因检验　如怀疑为药害、冻害、干旱、肥害、中毒等引起致病时，可以人工创造相似条件，进行观察比较，当某种发病条件满足后，病态是否重现。

（三）常见的非侵染性病害诊断与防治

1. 小麦冻害

（1）症状识别　小麦冻害是指麦田经历连续低温天气而导致的麦穗生长停滞。冻害较轻麦田，麦株主茎及大分蘖的幼穗受冻后，仍能正常抽穗和结实；但穗粒数明显减少。冻害较重时，主茎、大分蘖幼穗及心叶冻死，其余部分仍能生长。冻害严重的麦田，小麦叶片、叶尖呈水烫一样地硬脆，后青枯或青枯成蓝绿色，茎秆、幼穗皱缩死亡。

（2）发病类型　黄淮麦区小麦冻害按时间划分，可分为以下几种：①初冬冻害。即在初冬发生的小麦冻害，一般由骤然强降温引起，因此常称为初冬温度骤降型冻害。②越冬期冻害。小麦越冬期间（12月下旬至翌年2月中旬）持续低温（多次出现强寒流）或越冬期间因天气反常造成冻融交替而形成的小麦冻害。一般分为冬季长寒型、交替冻融型两种类型。③早春冻害。小麦返青至拔节期间（2月下旬至3月中旬）发生的冻害。返青后麦苗植株生长加快，抗寒力明显下降，如遇寒流侵袭则易造成冻害。此类冻害发生较为频繁且程度较重，是黄淮麦区的主要冻害类型。④晚霜冻害、小麦在拔节至抽穗期间（3月下旬至4月中旬）发生的霜冻冻害。这一阶段小麦生长旺盛，抗寒力很弱，对低温极为敏感，若遇气温突然下降，极易形成霜冻冻害。

（3）防治方法　①抗寒耐冻品种。选用抗寒耐冻品种是防御小麦冻害的根本保证。②适期适量播种。必须把播期控制在适宜范围内，不得强行或随意提前；适当降低播量，采取综合措施培育壮苗越冬，是减轻冻害的根本措施。③镇压防冻。旱作麦田，特别是沙土地和耕作粗放的麦田，镇压防冻效果十分明显。及早对旺长麦田镇压，控旺防冻效果显著。④浇水防冻。适时灌水是防御和补救冻害的重要措施，对越冬冻害、冬季冻害、春季晚霜冻害都有直接而明显的效果。⑤物理防冻。

熏烟防霜是一种古老的防霜技术,一般可提高地温 1～2℃。⑥化学防冻。提倡施用迦姆丰收植物增产调节剂和多功能高效液肥——万家宝,及多得稀土纯营养剂。起身拔节期,喷施天达 2116 粮食专用型 600 倍液,调节生长,防止春季倒春寒造成小麦冻害。⑦冻后补救。小麦受冻害后,应通过冻后灌水、追肥等措施加强田间管理。

2. 水稻缺素症

(1)症状类型与识别　①缺氮发黄症。水稻缺氮植株矮小,分蘖少,叶片小,呈黄绿色,成熟提早。一般先从老叶尖端开始向下均匀黄化,逐渐由基叶延及至心叶,最后全株叶色褪淡,变为黄绿色,下部老叶枯黄。发根慢,细根和根毛发育差,黄根较多。②缺磷发红症。秧苗移栽后发红不返青,很少分蘖,或返青后出现僵苗现象;叶片细瘦且直立不披,有时叶片沿中脉稍呈卷曲折合状;叶色暗绿无光泽,严重时叶尖带紫色,远看稻苗暗绿中带灰紫色;稻株间不散开,稻丛成簇状,矮小细弱;根系短而细,新根很少。③缺钾赤枯症。水稻缺钾,移栽后 2～3 周开始显症。缺钾植株矮小,呈暗绿色,虽能发根返青,但叶片发黄呈褐色斑点,老叶尖端和叶缘发生红褐色小斑点,最后叶片自尖端向下逐渐变赤褐色枯死。以后每长出一片新叶,就增加一片老叶的病变,严重时全株只留下少数新叶保持绿色,远看似火烧状。病株的主根和分枝根均短而细弱,整个根系呈黄褐色至暗褐色,新根很少。缺钾赤枯病主要发生在冷浸田、烂泥田和锈水田。④缺锌丛生症。缺锌的稻苗,先在下叶中脉区出现褪绿黄化状,并产生红褐色斑点和不规则斑块,后逐渐扩大呈红褐色条状,自叶尖向下变红褐色干枯,一般自下叶向上叶依次出现。病株出叶速度缓慢,新叶短而窄,叶色褪淡,尤其是基部叶脉附近褪成黄白色。重病株叶枕距离缩短或错位,明显矮化丛生,很少分蘖,田间生长参差不齐。根系老朽,呈褐色,迟熟,造成严重减产。⑤缺硅。水稻需硅多,容易缺硅,缺硅造成叶片松弛、有枯斑、茎秆直立性差,易倒伏,易早衰感病,千粒重低。

(2)防治方法　①防止缺氮。及时追施速效氮肥,如碳酸氢铵、尿素、硝酸铵。②防止缺磷。浅水追肥,每亩用过磷酸钙 30 kg 混合碳酸氢铵 25～30 kg 随拌随施,施后中耕耘田;浅灌勤灌,反复露田,以提高地温,增强稻根对磷素的吸收代谢能力。待新根发出后,每亩追尿素 3～4 kg,促进恢复生长。③防止缺钾。先排水晒田,一周后灌水,每 667 m² 施草木灰 150 kg,或 667 m² 追硫酸钾 10 kg,同时配施适量氮肥,以促进根系生长,提高吸肥力。④防止缺锌。秧田期揭膜后亩施硫酸锌 2 kg,移栽大田 7d 后亩施硫酸锌 2 kg,可以预防缺锌。始穗期、齐穗期,每亩每次用硫酸锌 100 g,对水 50 kg 喷施,可促进抽穗整齐,加速养分运转,有利灌浆结实,结实率和千粒重提高。⑤防止缺硅。增施硅肥,每亩移栽大田一个月后施硅钙肥 50 kg。

3.小麦干热风

干热风是小麦生长发育后期的一种高温低湿并伴有一定风力的农业气象灾害。是我国北方麦区小麦生产中主要的气象灾害之一。全国较为严重的干热风平均10年1～2次,而一般区域性干热风几乎年年都有发生。一般年份干热风可使小麦减产1～2成,严重年份减产3成以上,在北方某些地区对棉花、玉米及对南方长江中下游的水稻有时也产生危害。

(1)症状识别   小麦受干热风危害后,在外部形态上表现为颖壳灰白无光、芒尖干枯变白,麦芒张开的角度由小到大,旗叶退禄,凋萎,茎秆青枯,重者焦头炸芒,茎叶灰暗无光。

(2)发病原因   小麦在干热风过程中,蒸腾强度增大,水分供需失调,正常的生理活动受到抑制或破坏,促使小麦灌浆期缩短,千粒重下降,严重时可使小麦青干逼熟。

(3)发病规律   我国干热风可分为三种类型:①高温低湿型,其特点是高温、干旱,有一定的风力,风加剧了干、热的影响,这种天气使小麦干尖、植株枯黄、麦粒干秕而影响产量。它是北方麦区干热风的主要类型。②雨后枯熟型,是雨后高温或雨后猛晴,造成小麦青枯或枯熟,这多发生在华北和西北等地。③旱风型,特点是空气湿度低,风速大,但气温不一定高于30℃(这是和前两种类型的主要不同点),干燥的大气,促进农田蒸散,使小麦卷叶,经常在黄土高原多风地区和黄淮平原的苏北、皖北等地发生。

(4)防治方法   ①重视农业科研投入和农业科技成果的转化与推广。进行土壤改良、加深耕作层、实行测土配方施肥、实行茎秆还田,增强土壤抗灾缓冲能力。②加强农业基础设施建设,植树造林,建造防护林带,改善农田小气候。把路、田、林、河、渠、井等综合治理。共同构筑一个涵养水源、缓和旱情、减轻风速,增强农田抗灾保障能力。③选用抗干热风的良种。一般落黄好的品种都比较抗旱、抗干热风,目前推广的有周麦22号、泛麦8号、矮抗58、豫教1号、众麦1号、泛麦5号、温麦18、温麦19、新麦18等。④浇好灌浆水。浇好小麦灌浆水和麦黄水,可降低麦田近地表气温,提高田间湿度,确保小麦生育后期对水分的需要,是控制干热风危害最有效措施。注意有风停浇,无风抢浇。⑤认真搞好"一喷三防"。主要推广应用烯唑或三唑酮醇＋氟氯氰菊酯＋多效唑或芸薹素＋优质多元素叶面肥。

4.油菜顶烧

油菜顶烧又称"干烧心",该病发生较普遍,大多数栽培地均有不同程度的发生。

(1)症状识别   发病初期,多在内层球叶的叶尖或叶缘出现水渍状斑,并迅速扩展,导致病部焦枯变褐,叶缘表现出类似"灼伤"现象,故俗称"干烧心"。发病后,在高温高湿条件下病部易被细菌(主要是软腐细菌)侵染,使病部迅速腐烂。

（2）发病原因　该病是因叶片得不到足够的钙所致,可能是由于土壤中缺钙,满足不了植株的正常需要所致。但多数情况下,土壤中并不一定缺钙,而是因为土温、气温偏高,光照过强,土壤湿度过高或过低,氮肥施用量过多等原因,影响植株对钙的正常吸收而引起缺钙。特别是植株生长过快时,由于钙在植株体内移动缓慢,跟不上组织生长速度,便可引起顶烧。

（3）防治方法　①选用抗顶烧病强的品种。选择肥沃的壤土种植,整好地。②施足腐熟的有机肥;施用速效肥时,注意氮、磷、钾肥合理搭配,避免偏施氮肥,尤其是结球后期更要控制氮肥的施用量,同时,还要注意微量元素镁不能过多使用,否则也可抑制对钙的吸收。③注意及时浇水,防止土壤过干、过湿,或忽干、忽湿。④顶烧病发生初期,应及时喷施 0.1％硝酸钙或 0.1％氯化钙溶液。

5. 水稻青枯病

水稻青枯病是水稻生理性病害,多发生于晚稻灌浆期,发病后会严重影响水稻灌浆,造成千粒重、结实率等下降,从而影响产量和米质。

（1）症状识别　水稻青枯病叶片内卷萎蔫,呈失水状,青灰色,茎秆干瘪收缩,或齐泥倒伏,谷壳青灰色,成为秕谷。此病常在 1～2 d 内突然大面积成片发生。

（2）发病原因　系由水稻生理性失水所致。多发生于晚稻灌浆期,断水过早,遇干热风,失水严重导致大面积青枯;长期深灌,未适度搁田,根系较浅容易发生青枯;土层浅,肥力不足,或施氮肥过迟也易发生青枯等。另外,第 4、5 代稻飞虱的为害以及小球菌核病、基腐病等病害也会引起早衰,加重青枯病的发生。

（3）发病规律　水稻青枯病的发生主要是栽培管理不当造成的。齐穗后稻株不再发生新根,仅靠老根来维持吸肥吸水能力,必须创造一个有肥、有气、有水的土壤环境来保持根系的活力。特别是直播稻根系分布浅,容易早衰,更应注重后期栽培管理。单季晚稻播种量偏高,群体偏大,田间通透性差,部分农户施肥偏重氮肥和偏施苗肥,缺少有机肥和钾肥,缺穗肥和粒肥,齐穗后为防稻飞虱又漫水长灌,没有做到湿润灌溉,造成根系活力下降,诱发早衰。播种量加大造成基本苗偏多,群体过大,个体较弱,根群偏小,根系不能深扎,最终导致根系活力不强提早枯死。土壤黏重、地势较低、排灌不易的田块易发生。

（4）防治方法　青枯病一旦发生、表现出症状即无法挽回。针对目前单季晚稻出现青枯现象,对未发病的田块应加强田间水肥管理,采取适当的补救措施,延缓早衰,提高产量,改善米质。

湿润灌溉养老稻。坚持间歇灌溉,要根据天气变化灌水,做到降温、大风、暴晴时灌满水护青,灌水 2～3 d 后自然落干露田 2～3 d,干湿交替养老稻,在收割前5～7 d 断水,防止断水过早。

已开始发病地块,应立即浇跑马水,以缓解症状,同时喷施稻丰收、多菌灵、咪鲜胺加磷酸二氢钾、美洲星及绿风95等,防止小球菌核病菌的侵染为害,增强植株的抵抗能力和补偿能力,加速籽粒的灌浆速度,提早成熟,减轻损失。

做好适时抢收工作。在发生青枯病的地区,应适当提前收割,避免发病后倒伏、难以收割而造成更大损失。

二、工作准备

(1)实施场所　多媒体实训室、发生非侵染性病害的粮油作物生产田。

(2)仪器与用具　扩大镜、各种肥料、多种植物生长调节剂及记载用具等。

(3)病害标本　作物各种非侵染性病害标本。

(4)其他　教材、资料单、PPT、影像资料、相关图书、网上资源等。

【任务设计与实施】

一、任务设计

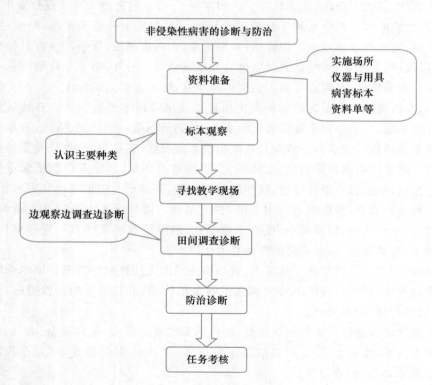

二、任务实施

1. 非侵染性病害标本症状观察

实训室内认真观察已准备好的各种作物非侵染性病害标本,能否见到病害病征? 能否根据病害的病状区别开各类各种非侵染性病害? 对观察到的各种作物非侵染性病害标本记录其病状特点与发病原因。

2. 寻找教学现场

在教师准备好教学现场的前提下,引导学生在课前以小组为单位到设施生产基地,寻找症状典型的 1 种或数种发病植株(或地段),以备本工作任务的实施。

3. 非侵染性病害诊断

(1)现场观察和调查　病害的现场观察和调查十分重要,这对于初步确定病害的类别、进一步缩小范围很有帮助。现场的观察要细致、周到,由整株到根、茎、叶、花、果等各个器官,注意颜色、形状和气味的异常;由病株到病区,由病区到全田,由全田到邻田;注意病株或病区在田间的位置、地形、地貌、邻作或邻田的影响。病害的调查要注意区分不同的症状,尽可能排除其他病害的干扰;分析病害的分布类型。向当地气象部门了解发病前后一段时间气象因子的变化,向种植者了解相关的农事操作等。

(2)病害诊断　基于上述情况的了解,结合病害症状,对照教材或参考读物,先判断是否发生了病害? 再诊断出是否是非侵染性病害? 能否诊断出是哪种类型的非侵染性病害? 同时采集发病标本保存或拍照,为下面治疗诊断做对照。

(3)治疗诊断　根据对病害的诊断,经小组集体讨论,拟定最可能的非侵染性病害治疗措施,进行针对性的施药处理或改变环境条件,观察病害的发展情况,这就是治疗诊断。通常情况下,作物的缺素症在施肥后症状可以很快减轻或消失。经过观察,有了较为明显地防治效果了,则小组提出验收申请,请老师和全班同学集体验收、评价。

【任务评价】

评价内容	评价标准	分值	评价人	得分
非侵染性病害标本症状观察	对观察到的各种作物非侵染性病害标本记录其病状特点与发病原因	20分	组内互评	
寻找教学现场	找到的病害症状典型、病害种类多	20分	教师	
非侵染性病害诊断	调查细致、诊断准确	30分	教师	
治疗诊断	防治方法正确,操作熟练,防治效果明显	20分	教师学生	
团队协作	配合很好,服从组长的安排,积极主动,认真完成本任务	5分	组内互评	
职业素质	责任心强,学习主动、认真、方法多样	5分	组内互评	

模块三　粮油作物病虫害综合防治

项目一 病虫害综合防治的方法

【学习目标】

完成本项目后,你应该能:

1. 了解植物检疫、农业防治法、物理机械防治法、生物防治法、化学防治法的概念与优缺点;

2. 掌握这五类防治方法中的主要措施;

3. 理解植物病虫害综合防治与专业化统防统治的基本思想,为制订、实施病虫害综合防治奠定基础。

【学习任务描述】

通过到粮油作物生产中进行实地观摩、考查及网络查询、知识传授等相结合的方式,熟知病虫害防治的五大类方法中的各项具体技术措施,能根据生产实际的需要,灵活选用并会操作其中一些常用的具体措施如灯光诱杀、温汤浸种、中耕除草、清洁田园、保护利用天敌等,从而能真正理解综合治理的基本思想。

【案例】

农作物病虫害绿色防控

农业部消息,2014 年全国主要作物病虫害绿色防控面积达 9.2 亿亩次,占病虫害防治总面积的 20.7%,比 2006 年增加 7.2 个百分点。

农作物病虫害绿色防控综合运用农业防治、物理防治、生物防治、生态调控和科学用药等环境友好型技术措施,及时有效预防控制病虫危害,减少化学农药的使用,可从源头上提高农业生产安全、农产品质量安全和生态环境安全水平。例如在东北玉米主产区形成了以白僵菌封垛和放蜂治螟为主的防控模式,在南方水稻主产区集成了性诱、灯诱和稻鸭、稻鱼共生防控模式,在果、菜、茶优势产区集成了以性诱、灯诱、色诱为主的防控模式。截至目前,已分作物、分区域集成 84 种绿色防控技术模式。

2006年以来,农业部提出绿色植保理念,制订绿色防控指导意见,建立绿色防控与统防统治融合推进示范基地、示范区,培训生产经营者,加大中央和地方财政支持力度。通过"做给农民看、领着农民干",绿色防控逐步得到农民群众认同,推广应用面积逐年扩大,病虫可持续治理作用逐渐显现。通过压低蝗虫、玉米螟等重大病虫种群密度,沿黄滩区、华北湖库近10年来未发生大面积蝗虫灾害,东北地区玉米螟危害严重度也呈下降态势。

那么,农作物病虫害绿色防控与综合防治是不是一回事呢?为什么防治病虫害要实行综合防治?怎样防治才算综合防治?通过本项目的学习,你会找到答案的。

工作任务　病虫害综合防治的方法

【任务准备】

一、知识准备

防治作物病虫害的方法很多,概括起来主要有植物检疫、农业防治法、物理机械防治法、生物防治法和化学防治法。每类方法又包括多种具体措施,而各种防治措施都各有其长处,也各有局限性,没有一种防治措施是万能的,因此,粮油作物病虫害防治要实行综合防治。

综合防治又叫综合治理(IPM),其基本点是:从农业生态系总体观念出发,根据有害生物与环境之间的相互关系,充分发挥自然因素的作用,因地制宜协调应用必要的措施,将有害生物控制在经济损失允许水平之下,以获得最佳的经济、生态和社会效益。

(一)植物检疫

植物检疫也叫法规防治,是指一个国家或地方政府颁布法令,设立专门机构,禁止或限制危险性病虫、杂草等人为地传入或传出,或者传入后为限制其继续扩展所采取的一系列措施。由此可见,植物检疫是一项特殊形式的植物保护措施,涉及法律规范、国际贸易、行政管理、技术保障和信息管理等诸多方面,为一综合的管理体系。所以,植物检疫是一根本性的预防措施,是粮油作物病虫害防治的一项重要手段。

　　植物检疫分为对外检疫和对内检疫。对外检疫(国际检疫)是国家在对外港口、国际机场及国际交通要道设立检疫机构,对进出口的植物及其产品进行检疫处理。防止国外新的或在国内还是局部发生的危险性病虫害及杂草的输入;同时也防止国内某些危险性的病虫害及杂草的输出。对内检疫(国内检疫)是国内各级检疫机关,会同交通运输、邮电、供销及其他有关部门根据检疫条例,对所调运的植物及其产品进行检验和处理,以防止仅在国内局部地区发生的危险性病虫害及杂草的传播蔓延。

(二)农业防治法

　　农业防治法是通过改进栽培技术措施,使环境条件不利于病虫害的发生,而有利于作物的生长发育,直接或间接地消灭或抑制病虫的发生与危害。这类方法不需要额外投资,有利于保持生态平衡,又有预防作用,可长期控制病虫害,因而是最基本的防治方法。但农业防治法中有的措施地域性、季节性较强,且防治效果缓慢,病虫害大发生时必须依靠其他防治措施。主要措施有:

　　1.选用抗病虫品种

　　选用抗病虫品种是丰产、稳产、降低生产成本和减少农药等对产品和环境污染的重要途径。理想的作物品种应具有良好的农艺性状,又对病虫害、不良环境条件有综合抗性。

　　2.健康育苗

　　粮油作物上有许多病虫害是依靠种子或种苗及其他无性繁殖材料来传播的,因而通过一定的措施,培育无病虫的健壮种苗,可有效地控制该类病虫害的发生。

　　3.合理耕作制度

　　(1)合理轮作　连作往往会加重粮油作物病害的发生,实行轮作可以减轻病害。轮作时间视具体病害而定,一般情况下要实行3～4年以上轮作。轮作植物须为非寄主作物。通过轮作,使土壤中的病原物因找不到食物"饥饿"而死,从而降低病原物的数量。

　　(2)合理间作套种　合理的间作套种可有效抑止病虫害的发生。每种病虫对作物都有一定的选择性和转移性,因而在生产中,要考虑到寄主植物与害虫的食性及病菌的寄主范围,尽量避免相同食料及相同寄主范围的作物混栽或间作。

　　4.深耕改土

　　深耕可以破坏害虫的巢穴和土室、破坏病原越冬的场所,达到减少病虫害的目的。

　　5.健身栽培

　　(1)加强肥水管理　合理的肥水管理不仅能使作物健壮地生长,而且能增强作物的抗病虫能力。

（2）中耕除草　中耕除草不仅可以保持地力，减少土壤水分的蒸发，促进植株健壮生长，提高抗逆能力，还可以清除许多病虫的发源地及潜伏场所。

（3）清洁田园　及时收集田园中带有病虫害的病株残体，并加以处理，深埋或烧毁。生长季节要及时摘除病、虫枝叶，清除因病虫致死的植株。

（4）适时间苗定苗、及时整枝打杈　适时间苗定苗、及时整枝打杈不仅可以改善通风透光、降低湿度、提高作物长势，同时还可直接消灭部分病虫，减轻其危害。

（三）物理机械防治法

物理机械防治法是指利用物理因子或机械作用对病虫生长、发育、繁殖等的干扰，以防治作物病虫害的方法。物理因子包括光、电、声、温度、放射能、激光、红外线辐射等，机械作用包括人力扑打、使用简单的器具器械装置，直至应用近代化的机具设备等。这类方法简单易行，经济安全，很少有副作用，但有的措施费力，或者效果不理想，可用于有害生物大量发生之前，或作为有害生物已经大量发生为害时的急救措施。

1.捕杀法

利用人工或各种简单的器械捕捉或直接消灭害虫的方法称捕杀法。人工捕杀适合于具有假死性、群集性或其他目标明显易于捕捉的害虫。如多数金龟甲、象甲的成虫具有假死性，可在清晨或傍晚将其震落杀死。

2.诱杀法

利用害虫的趋性，人为设置器械或诱物来诱杀害虫的方法称为诱杀法。利用此法还可以预测害虫的发生动态。如灯光诱杀、毒饵诱杀、潜所诱杀、色板诱杀和糖醋液诱杀等。

3.汰选法

利用健全种子与被害种子体形大小、比重上的差异进行器械或液相分离，剔除带有病虫的种子。常用的有手选、筛选、盐水选等。

4.温度处理

害虫和病菌对高温的忍受力都较差，因此通过提高温度来杀死病菌或害虫的方法称温度处理法。如温汤浸种、红外线辐射和蒸汽处理土壤等。

5.近代物理技术的应用

近几年来，随着物理学的发展，生物物理也有了相应的发展。因此，应用新的物理学成就来防治病虫，也就具有了愈加广阔的前景。原子能、超声波、紫外线、红外线、激光、高频电流等，正普遍应用于生物物理范畴，其中很多成果正在病虫害防治中得到应用。

(四)生物防治法

利用有益生物及其代谢物质来控制病虫害称为生物防治法。它是利用了生物物种间的相互关系,以一种或一类生物抑制另一种或另一类生物。生物防治以其无毒、无害、无污染、不易产生抗药性和高效等优点,在粮油作物病虫害防治中越来越受到人们的重视。

1. 以虫治虫

利用天敌昆虫来防治害虫,称为以虫治虫。天敌昆虫主要有捕食性天敌昆虫和寄生性天敌昆虫两大类。

(1)捕食性天敌昆虫　捕食性昆虫以咀嚼式口器直接蚕食虫体的一部分或全部或利用刺吸式口器刺入虫体吸食害虫体液使其死亡。捕食性天敌昆虫在自然界中抑制害虫的作用和效果比较明显,常见的有螳螂、瓢虫、草蛉、猎蝽和食蚜蝇等。

(2)寄生性天敌昆虫　一些昆虫种类,在其一生的某个时期或终身寄生在其他昆虫的体内或体外,以其体液和组织为食来维持生存,最终导致寄主昆虫死亡。这类昆虫一般称为寄生性天敌昆虫。主要包括寄生蜂和寄生蝇。

2. 以菌治虫

以菌治虫又称微生物治虫,主要是利用害虫的病原微生物防治害虫,具有繁殖快,用量少,无残留,无公害,可与少量化学农药混合使用可以增效等优点。病原微生物有细菌、真菌、病毒、原生动物、立克次体等。目前生产上应用较多的是前3类。

(1)细菌　应用最多的杀虫细菌是苏云金杆菌、松毛虫杆菌、青虫菌等芽孢杆菌一类,可防治菜青虫、棉铃虫、玉米螟、三化螟、稻纵卷叶螟、稻苞虫等多种害虫。

(2)真菌　能寄生在虫体的真菌种类很多,其中利用白僵菌、绿僵菌较为普遍。

(3)病毒　病毒对害虫的寄生有专业性,一般一种病毒只寄生一种害虫,对天敌无害,如利用棉铃虫核型多角体病毒(NPV)防治棉铃虫。

3. 以有益动物治虫

在自然界,有很多有益动物能有效地控制害虫。如蜘蛛是肉食性动物,主要捕食昆虫。很多捕食性螨类是植食性螨类的重要天敌,两栖类动物中的青蛙、蟾蜍等捕食多种农作物害虫,大多数鸟类捕食害虫,有些线虫可寄生地下害虫和钻蛀性害虫,此外,多种禽类也是害虫的天敌,如稻田养鸭治虫等。

4. 利用昆虫激素治虫

昆虫的激素分为内激素和外激素。昆虫的外激素是昆虫分泌到体外的挥发性物质,是昆虫对它的同伴发出的信号,便于寻找异性和食物。已经发现的有性外激素、结集外激素、追踪外激素及告警激素。目前研究应用最多的是雌性外激素,某些昆虫如棉铃虫、斜纹夜蛾、甜菜夜蛾等的雌性外激素已能人工模拟合成,称之为性诱剂,在害虫的预测预报和防治方面起到了非常重要的作用。

5. 以菌治病

某些微生物在生长发育过程中能分泌一些抗菌物质,抑制其他微生物的生长,这种现象称为拮抗现象。利用有拮抗作用的微生物来防治作物病害,有的已获得成功。如利用木霉菌防治真菌性土传病害、利用多黏类芽孢杆菌防治细菌性和真菌性土传病害等。

6. 以植物源农药治病虫

植物源农药又称植物性农药,是利用植物的某些部位或提取其有效成分制成具有杀虫或杀菌作用的农药。大多数低毒,不破坏环境,残留少,选择性强,不杀伤天敌,可利用时间长,用量少,使用成本低。植物源农药所利用的植物资源为有毒植物。所以,植物源农药又通俗为"中草药农药"。如印楝素、黎芦碱醇溶液可减轻小菜蛾、甜菜夜蛾、烟粉虱等的为害;苦参碱、苦楝、烟碱等对多种害虫有一定的防治作用。

7. 以农用抗生素治病虫

农用抗生素简称农抗,是指由微生物发酵产生、具有农药功能、用于农业上防治病虫等有害生物的次生代谢产物。放线菌、真菌、细菌等微生物均能产生农用抗生素。阿维菌素能防治寄生线虫、螨类、多种害虫;浏阳霉素对红蜘蛛有较强的生物活性;杀蚜素能杀灭蚜虫、红蜘蛛等;南昌霉素对蚜虫、红蜘蛛、飞虱、夜蛾和螟虫等 30 多种害虫有防治作用。农抗 120 和多抗霉素可防治猝倒病、霜霉病、白粉病等;井冈霉素防治立枯病、白绢病等;农用链霉素防治软腐病和细菌斑点病;还有庆丰霉素、武夷菌素等农用抗生素防治多种病害。

(五)化学防治法

化学防治法又叫农药防治,是用化学药剂的毒性来防治病虫害。化学防治是粮油作物病虫害防治的有效方法,也是综合防治中一项重要措施。化学防治具有快速高效,使用方法简单,不受地域限制,便于大面积机械化操作等优点。但也具有容易引起人畜中毒,污染环境,杀伤天敌,引起次要害虫再猖獗,并且长期使用同一种农药,可使某些害虫产生不同程度的抗药性等缺点。我们可以通过发展选择性强、高效、低毒、低残留的农药以及通过改变施药方式、减少用药次数等措施逐步加以解决,同时还要与其他防治方法相结合,扬长避短,充分发挥化学防治的优越性,减少其毒副作用。

农药的品种繁多,加工剂型也多种多样,同时防治对象的危害部位、危害方式、环境条件等也各不相同,因此,农药的使用方法也随之多种多样。常见的有:

1. 喷雾

喷雾是借助于喷雾器械将药液均匀地喷布于防治对象及被保护的寄主植物

上,是目前生产上应用最广泛的一种方法。适合于喷雾的剂型有乳油、可湿性粉剂、可溶性粉剂、胶悬剂等。在进行喷雾时,雾滴大小会影响防治效果,喷雾时要求均匀周到,最好不要选择中午,以免发生药害和人体中毒。

2. 喷粉

喷粉是利用喷粉器械产生的风力,将粉剂均匀地喷布在目标作物上的施药方法。此法最适于干旱缺水地区使用,缺点是用药量大,粉剂黏附性差,污染环境。因此,喷粉时,宜在早晚叶面有露水或雨后叶面潮湿且无风条件下进行,使粉剂易于在叶面沉积附着,以提高防治效果。

3. 土壤处理

是将药粉用细土、细砂、炉灰等混合均匀,撒施于地面,然后进行耪耙翻耕等,主要用于防治地下害虫或某一时期在地面活动的昆虫。如用 5% 辛硫磷颗粒剂 1 份与细土 50 份拌匀,制成毒土。

4. 拌种、闷种

拌种是指在播种前用一定量的药粉或药液与种子搅拌均匀,用以防治种子传染的病害和地下害虫。拌种用的药量,一般为种子重量的 0.2%～0.5%。用药液拌种后,把种子堆起并用麻袋等物覆盖,经 12～24 h 后,药液可被种子充分吸附,这叫闷种。

5. 毒饵、毒谷

利用害虫喜食的饵料与农药混合制成,引诱害虫前来取食,产生胃毒作用将害虫毒杀而死。常用的饵料有麦麸、米糠、豆饼、花生饼、玉米芯、菜叶等。饵料与敌百虫、辛硫磷等胃毒剂混合均匀,撒布在害虫活动的场所。主要用于防治蝼蛄、地老虎、蟋蟀等地下害虫,毒谷是用谷子、高粱、玉米等谷物作饵料,煮至半熟有一定香味时,取出晾干,拌上胃毒剂。然后与种子同播或撒施于地面。

6. 熏蒸

熏蒸是利用有毒气体来杀死害虫或病菌的方法,一般应在密闭条件下进行。在粮油作物上主要用于防治仓储病虫。

7. 涂抹、根区撒施

涂抹是指利用内吸性杀虫剂在作物幼嫩部分直接涂药,让药液随作物体运输到各个部位。此法又称内吸涂环法。根区施药是利用内吸性药剂埋于作物根系周围。通过根系吸收运输到树体全身,当害虫取食时使其中毒死亡。

8. 其他方法

如泼浇法、点心法、插毒签法、水浇法等。

总之,农药的使用方法很多,在使用农药时可根据药剂的性能及病虫害的特点灵活运用。例如,防治地下害虫或危害地面作物基部的害虫,应选择毒饵法;防治种子或幼苗带菌,可用浸种浸苗法。

二、工作准备

(1)实施场所　粮油作物生产基地或周围农田、多媒体教室。

(2)仪器与用具　笔、记录本、捕虫网、采集瓶、性诱剂、照相机(手机)等。

(3)其他　教材、资料单、PPT、相关图书、视频、影像资料、网上资源等。

【任务设计与实施】

一、任务设计

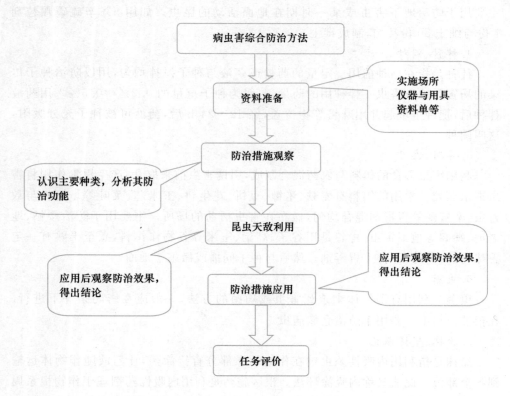

二、任务实施

1.防治措施的观察

利用各种学习条件,对一些生产上经常应用的病虫害防治措施如地膜覆盖、纱网阻隔、温汤浸种、色板诱杀、灯光诱杀、毒饵诱杀、人工捕杀、涂毒环、合理密植、清洁田园、合理轮作、间作套种、深耕改土、加强肥水管理、间苗定苗、整枝打杈、中耕除草、选用抗病虫品种、以虫治虫、利用有益动物治虫、以菌治虫、以菌治病、性诱剂诱杀、药剂拌种、药剂处理土壤、撒毒饵等进行观察、归类、记载（或拍照），并分析其防治功能。

2.昆虫天敌的利用

以小组为单位，从田间搜集捕获瓢虫、草蛉、螳螂、猎蝽、食蚜蝇和蜘蛛等昆虫天敌中的一种移入设定的观察圃内的作物上，观察它们的取食对象与防治效果并记录。

3.防治措施的应用

以小组为单位，选择应用某项措施（非化学防治法）用于粮油作物病虫防治实践中，并与对照地块或地段做对比，观察、记录防治效果。感到满意时，小组提出验收申请，请老师和全班同学集体验收、评价。

【任务评价】

考核内容	考核标准	分值	考核人	得分
防治措施的观察	观察认真、种类多，归类正确，记载（或拍照）规范	50分	教师	
昆虫天敌的利用	搜集捕获昆虫天敌数量多，观察认真，记录规范	20分	组间互评	
防治措施的应用	生产上实用、有效性	20分	组间互评	
团队协作	小组成员间团结协作	5分	组内互评	
方法能力	工作认真，操作熟练	5分	组内互评	

【任务拓展】

农药的稀释计算

（一）药剂浓度表示法

目前，我国在生产上常用的药剂浓度表示法有倍数法、百分比浓度（％）和百万分浓度法。

倍数法是指药液（药粉）中稀释剂（水或填料）的用量为原药剂用量的多少倍，或者是药剂稀释多少倍的表示法。通常有内比法和外比法2种配法：

用于稀释100倍（含100倍）以下时用内比法，即稀释时要扣除原药剂所占的1份。如稀释10倍液，即用原药剂1份加水9份。

用于稀释100倍以上时用外比法，计算稀释量时不扣除原药剂所占的1份。

如稀释 1 000 倍液,即可用原药剂 1 份加水 1 000 份。

百分比浓度(%)是指 100 份药剂中含有多少份药剂的有效成分。百分浓度又分为重量百分浓度和容量百分浓度。固体与固体之间或固体与液体之间,常用重量百分浓度,液体与液体之间常用容量百分浓度。

百万分浓度是指 100 万份农药中,有效成分所占的份数,符号是 ppm(或 $\mu g/mL;mg/L;g/m^3$ 等)。

(二)浓度表示法之间的换算

百分浓度与百万分浓度之间的换算:百万分浓度(ppm)=10 000×百分浓度

倍数与百分浓度之间的换算:百分浓度=(原药剂浓度/稀释倍数)×100%

(三)农药的稀释计算

1. 按有效成分的计算

通用公式:原药剂浓度×原药剂重量=稀释药剂浓度×稀释药剂重量

(1)求稀释剂重量

①计算 100 倍以下时:稀释剂重量 $= \dfrac{原药剂重量×(原药剂浓度-稀释药剂浓度)}{稀释药剂浓度}$

例:用 40%嘧菌酯可湿性粉剂 10 kg,配成 2%稀释液,需加水多少?

计算:10×(40%-2%)÷2%=190(kg)

②计算 100 倍以上时:稀释剂重量 $= \dfrac{原药剂重量×原药剂浓度}{稀释药剂浓度}$

例:用 100 mL 80%敌敌畏乳油稀释成 0.05%浓度,需加水多少?

计算:100×80%÷0.05%=160(kg)

(2)求用药量:原药剂重量 $= \dfrac{稀释药剂重量×稀释药剂浓度}{原药剂浓度}$

例:要配制 0.5%氧乐果药液 1 000 mL,求 40%氧乐果乳油用量。

计算:1 000×0.5%÷40%=12.5(mL)

2. 根据稀释倍数的计算

(1)计算 100 倍以下时:稀释药剂重=原药剂重量×稀释倍数-原药剂重量

例:用 40%氧乐果乳油 10 mL 加水稀释成 50 倍药液,求稀释液重量。

计算:10×50-10=490(mL)

(2)计算 100 倍以上时:稀释药剂重=原药剂重量×稀释倍数

例:用 80%敌敌畏乳油 10 mL 加水稀释成 1 500 倍药液,求稀释液重量。

计算:10×1 500=15(kg)

项目二　主要粮油作物病虫害综合防治

【学习目标】

完成本项目后,你应该能:

1. 熟知、认识小麦、水稻、大豆每种作物上的主要病虫种类,了解、认识次要病虫种类;

2. 掌握小麦、水稻、大豆主要病虫害的综合防治技术;

3. 制订玉米、甘薯、花生、油菜等粮油作物病虫害的综合防治方案。

【学习任务描述】

通过培训,让职业农民熟知、认识当地小麦、水稻、大豆每种作物上的主要病虫种类,了解、认识次要病虫种类,结合生产实际,通过实践操作和观察学会综合防治技术。并能够举一反三,制订出当地其他粮油作物的病虫害综合防治方案。

【案例】

农业航空植保离我们还有多远?

湖南桃源县漆河镇聂桥村双季稻高产创建基地人头攒动,稻田中两架小巧的植保无人机,在专业人员的遥控下往返穿飞,高速旋转的螺旋桨荡开禾苗叶片,把雾化药剂均匀喷洒到植株上,不到 3 min 就喷洒了 15 亩稻田。"飞机打药效率这么高?我也要买一架。"凌津滩乡种粮大户李师傅一脸羡慕地说。

最开心的要数种粮大户徐师傅了,因为这次飞机打药选择的正是他的早稻田。他跨村承包了 350 亩水田专门种植优质双季稻,"一年中最担心的就是病虫防治这一关,人工防治成本高不说,还不好请人,效率又低,很容易错过防治适宜期,造成减产减收。看了飞防专业服务公司的现场演示,我对机械化、专业化防治的信心更足了,原来坐在家里遥控种田,还真不是梦哩!"

漆河镇农技站负责人介绍说,今年他们引进工商资本组建了一家机械化生产粮食专业合作社,准备购置一批植保无人机,将绿色防控技术与现代先进设备融合,用于水稻病虫害专业化统防统治。在政府和农业植保部门支持下,他们与飞防厂家、专业化组织联合举办这次早稻病虫飞防观摩现场会,让农民直接体验飞机防治的效果。

前面提到的病虫害专业化统防统治是什么意思?它与综合防治是什么关系?在本项目的学习中你会找到答案的。

工作任务一 小麦病虫草害的综合防治

【任务准备】

一、知识准备

小麦是我国主要的粮食作物,小麦病虫草害是影响小麦安全生产的重要限制因素,每年给小麦生产带来重大损失。我国每年小麦病虫草害发生面积 10 亿亩次左右,损失小麦 10%～30%。因此,对小麦病虫草害实行综合防治具有重要意义。

(一)小麦病虫草害综合防治策略

针对我国不同生态区小麦主要病虫草害发生种类及危害状况,坚持突出重点、分区治理、因地制宜、分类指导的原则。贯彻"预防为主,综合防治"的植保方针,坚持以农业防治,物理防治和生物防治为主,化学方法为辅的综合防治理念。采取绿色防控与配套技术相结合,应急处置与长期治理相结合,专业化防治与群众联防相结合的防控策略。注重安全用药,保障小麦产量和品质安全。

(二)各麦区及小麦各生育期病虫防治对象(表 3-1)

表 3-1　各麦区及小麦各生育期病虫防治对象一览表

麦区	主治对象	兼治对象	播种期	出苗越冬期	返青期拔节期	孕穗期扬花期	灌浆期
西北麦区	条锈病	白粉病、赤霉病、雪霉叶枯病、麦蚜、红蜘蛛和吸浆虫	条锈病、白粉病、雪霉叶枯病、黄矮病、地下害虫等	条锈病兼治苗期白粉病,预防黄矮病	条锈病,兼治白粉病、红蜘蛛等	条锈病、白粉病、赤霉病、蚜虫、吸浆虫、雪霉叶枯病等	

续表 3-1

麦区	主治对象	兼治对象	播种期	出苗越冬期	返青期拔节期	孕穗期扬花期	灌浆期
西南麦区	条锈病	小麦赤霉病、白粉病、麦蚜和红蜘蛛	条锈病、白粉病等	条锈病、白粉病	条锈病、白粉病、麦蚜、红蜘蛛等	条锈病、白粉病、赤霉病、蚜虫、红蜘蛛等	
华北麦区	麦蚜、红蜘蛛、吸浆虫、地下害虫、纹枯病、白粉病	锈病、赤霉病和叶枯病	地下害虫、蚜虫、黄矮病等	红蜘蛛、地下害虫等	白粉病、纹枯病、红蜘蛛、地下害虫等	吸浆虫、蚜虫、条锈病、赤霉病、白粉病等	蚜虫、白粉病、叶锈病、纹枯病等
东北春麦区	赤霉病、白粉病、黑穗病和麦蚜	叶锈病、秆锈病、根腐病、黏虫和红蜘蛛	根腐病、白粉病、黑穗病等		赤霉病、白粉病、蚜虫、叶锈病、秆锈病、黏虫等	赤霉病、白粉病、蚜虫、叶锈病、秆锈病、黏虫等	
黄淮麦区	麦蚜、赤霉病、吸浆虫、纹枯病、白粉病、叶枯病	条锈病、全蚀病、孢囊线虫、土传花叶病毒病和红蜘蛛等	白粉病、纹枯病、根腐病、全蚀病、麦蚜等	根腐病、孢囊线虫等	条锈病、纹枯病、红蜘蛛、地下害虫等	蚜虫、吸浆虫、赤霉病、白粉病、红蜘蛛、条锈病	蚜虫、白粉病、叶锈病、叶枯病、条锈病等
长江中下游麦区	赤霉病、纹枯病、白粉病、麦蚜	条锈病、叶锈病、全蚀病、麦蚜、红蜘蛛	纹枯病、白粉病、条锈病、全蚀病、地下害虫、蚜虫等	红蜘蛛、纹枯病、条锈病等	赤霉病、白粉病、蚜虫、条锈病和叶锈病等	赤霉病、白粉病、蚜虫、条锈病、叶锈病等	

(三)小麦各生育期病虫害综合防治措施

1. 播种前综合预防

(1)优化麦田环境 ①深耕细耙或浅耕灭茬。整地时,尽量将秸秆粉碎细度增加并且深翻、耙匀,增加地下害虫的死亡率,减少镰孢菌等根茎病原菌的侵染概率、防止大秸秆导致未来种子根悬空而加重根腐病、孢囊线虫的危害。②施足有机肥、增施磷钾肥以提高植株抗病虫能力。③铲除田边地头杂草,以消灭病虫寄主,减少病原和虫源。

(2)实行合理的耕作制度 ①合理安排茬口:对全蚀病等根茎病害初发病区实行轮作换茬,减轻危害;对已达到发病高峰的麦区(发病率达60%以上),实行增施有机肥,稳定小麦—玉米一年两熟制,促进全蚀病自然衰退。②合理布局,保护利用天敌:有条件的地区实行麦棉、麦油、麦肥间作套种或插花种植、条带种植,满足瓢虫等天敌的食物要求,利于天敌的自然繁殖和转移。

(3)因地制宜推广抗(耐)病小麦品种,压缩高感品种种植面积 根据当地实际情况,按照农作物品种布局意见公布的小麦品种,尽量选用高产优质抗病虫品种,避免使用高感品种。将含有不同抗病虫基因的品种进行合理布局,以阻隔病原菌的传播、延缓病菌优势小种形成。

2. 播种期

(1)种子处理 播种期是小麦病虫害全程防治的基础。种子包衣或药剂拌种是保证苗齐苗壮的重要技术措施,可以有效防治蛴螬、蝼蛄、金针虫等地下害虫以及吸浆虫越冬幼虫、灰飞虱等;同时,药剂拌种还可以预防黑穗病、赤霉病、根腐病等土壤带菌或种子传播的病害,减轻苗期纹枯病、白粉病、锈病等多种病害的发生。

药剂拌种常用的方法有很多,用40%辛硫磷乳油50~100 mL+10%吡虫啉可湿性粉剂30~40 g,加水1~2 kg,拌种子100 kg,对蝼蛄、蛴螬、金针虫等地下害虫有很好的防治效果。用2.5%适乐时种衣剂或10%戊唑醇种衣剂按种子量的0.1%~0.15%拌种,对小麦黑穗病、全蚀病等病害有很好的防治效果;拌种时适量加入硕丰481等植物生长调节剂10 mL/667 m²,可以提高小麦出苗率、促进根系发育,增强抗逆能力,培育壮苗。孢囊线虫可用阿维菌素进行种子处理;全蚀病发生区,采取硅噻菌胺或苯醚甲环唑进行种子处理。总之,应根据当地主要防控对象,慎重选择相适应农药。可选用三唑酮、丙环唑、咯菌腈、戊唑醇、噻虫嗪、吡虫啉、辛硫磷、新烟碱类、毒死蜱等。

(2)适期播种 全蚀病发病区,应先播无病田,后播病田。为减轻麦蚜、全蚀病、根腐病、纹枯病、病毒病的发生,可适期晚播。

（3）治虫防病 对丛矮病和黄矮病区,小麦出苗后要注意消灭传毒的蚜虫和灰飞虱,以控制病毒病的传播。

3. 出苗期—越冬期

（1）预防小麦条锈病 西南、汉水流域等主要冬繁区,封锁发病田块,打点保面,减少菌源外传。西南、西北常年早发区、重发区要前移防治关口,阻止菌源向黄淮和华北麦区扩散蔓延。西北冬麦区全面落实"带药侦查、打点保面"预防措施,将病情控制在萌芽状态,减轻晚熟冬麦及春麦区流行风险。防治药剂可选用三唑酮、烯唑醇、戊唑醇、氟环唑、己唑醇、腈菌唑、丙环唑等。

（2）其他病虫的监控防治 做好地下害虫、蚜虫、红蜘蛛、纹枯病、锈病、白粉病和孢囊线虫病的发生危害动态监控,在病虫害发生严重时对早发病田进行控制。

孢囊线虫、根腐病发生严重的地块,在出苗后尽快采取镇压措施。

地下害虫危害死苗率达到 3% 时,可选用辛硫磷、甲基异柳磷、毒死蜱等对蛴螬、金针虫、瓦夜毛蛾、白眉野草螟等地下害虫进行灌根或毒土防治。

选择有代表性的田块进行调查,当每 33 cm 行长红蜘蛛大于 200 头或每株有虫 6 头,即用三氯杀螨醇、马拉硫磷或哒螨灵等药剂施药防治。

（3）化学除草 10 月下旬到 11 月中旬是防治麦田杂草的关键时期。防治阔叶杂草,可喷洒快灭灵、苄嘧磺隆、苯磺隆、氯氟吡氧乙酸、二甲四氯等除草剂单一或混合对水喷雾;防治野燕麦、雀麦、节节麦和看麦娘等禾本科杂草,可用麦极、骠马或世玛等除草剂对水喷雾,早施药防除更好。阔叶杂草与禾本科杂草混发麦田,可用两类除草剂按照各自的用量混合使用。

4. 返青期—拔节期

（1）防治小麦条锈病 在小麦条锈病冬繁区及黄淮春季流行区,3 月下旬至 4 月下旬,采取普查与系统调查相结合,落实"发现一点、防治一片"的预防措施,即发现田间单片病叶时应以病点为中心及时在病点 2 m 直径的区域防治,发现单个发病中心时及时喷 20 m 直径区域,封锁发病中心,防止病害扩散蔓延;当田间条锈病平均病叶率达到 0.5%～1% 时,组织开展大面积应急防治。防治药剂可选用三唑酮、烯唑醇、戊唑醇、氟环唑、腈菌唑、丙环唑等。

（2）防治小麦白粉病 在春季发病初期(病叶率达到 10% 或病情指数达到 1 以上)时进行喷药防治。常用药剂有三唑酮、烯唑醇、腈菌唑、丙环唑等,一般喷药 1～2 次。

（3）防治小麦纹枯病 小麦返青至拔节初期,病株率达 10% 左右时,叶面喷雾防治。药剂可选用三唑酮、烯唑醇、氟环唑、井冈霉素等,隔 7～10 d 喷药 1 次,黄淮和华北重发区需连喷 2～3 次。要用足水量、对准基部、均匀喷透,提高防治效果。

(4)防治小麦红蜘蛛　西北麦区于返青至拔节期,西南麦区于苗期、早春拔节期,华北和黄淮海麦区于返青至抽穗期防治。当红蜘蛛平均 33 cm 行长螨量 200 头或每株有螨 6 头时,可选用阿维菌素、哒螨灵、虫螨克等药剂喷雾防治。同时可通过深耕、除草、增施肥料、灌水等农业措施进行防治。

(5)防治地下害虫　对于未经种子处理的麦田,返青后地下害虫为害死苗率达 10% 时,可结合锄地用辛硫磷加细土(1∶200)配成毒土,先撒施后锄地防效更好。

(6)化学除草　黄淮麦区与华北麦区一般 3 月中旬前后及时划锄除草或用 2,4-D 丁酯、苯磺隆、巨星、绿麦隆等药剂防除杂草。

5.孕穗期—扬花期

小麦抽穗后是赤霉病、条锈病、麦蚜、吸浆虫等多种病虫交织发生危害的关键期,选用适合的杀菌剂、杀虫剂和植物生长调节剂或叶面肥等合理混用,既可防病治虫、防早衰,又可抵御"干热风"等自然灾害,达到"一喷三防"、省工节本和增产保产的目的。

(1)防治小麦吸浆虫　重点抓好蛹期撒毒土和成虫羽化初期喷药等防治关键环节,最大限度减少成虫羽化、产卵数量,控制危害。根据小麦进程,一是蛹期防治,小麦孕穗期,当每小方土样(10 cm×10 cm×20 cm)有吸浆虫虫蛹 2 头以上时,可选用毒死蜱制成毒土,顺麦垄均匀撒施,并借助树枝、扫帚等及时弹落沾浮在麦叶上的毒土。撒毒土后浇水效果更好。二是成虫期防治,在小麦抽穗期,每 10 复网次有 10～25 头成虫,或用两手扒开麦垄,一眼能看到 2～3 头成虫时,或在抽穗前的 5 d 内当 10 块黄板上累计有 4 头成虫时,立即选用有机磷类、菊酯类等农药喷雾防治。重发生区要连续用药 2 次,间隔 3 d。吸浆虫重发区,充分利用药剂持效期,适当前移防治时间,在成虫发生主峰期用药。

(2)防治小麦蚜虫　在小麦灌浆初期,一旦发现每茎带蚜 5 头或田间蚜株率 20% 时,套作小麦用吡虫啉、抗蚜威或溴氰菊酯喷雾。喷药 5～7 d 后检查防治效果,如发现还有较多蚜虫,应再防治一次。

(3)防治小麦赤霉病　长江中下游地区是赤霉病常发区,应加强栽培管理、主动用药预防,遏制病害流行。小麦生长中后期加强栽培管理,平衡施肥,增施磷、钾肥;控制中后期小麦群体数量,并做到田间沟渠通畅,创造不利于病害流行的环境。在小麦抽穗至扬花期遇有阴雨、露水和多雾天气且持续 2 d 以上,应于小麦齐穗至扬花初期主动喷药预防,做到扬花一块防治一块;对高感品种,首次施药时间可适当提前。药剂品种可选用氰烯菌酯、咪鲜胺、多菌灵或相应的混配药剂等,要用足药量,施药后 3～6 h 内遇雨,雨后应及时补治。对多菌灵产生高水平抗性的地区,应停止使用多菌灵等苯丙咪唑类药剂,改用氰烯菌酯、戊唑醇等进行防治,以保证防治效果;如遇持续阴雨,第一次防治结束后,需隔 5～7 d 进行第二次防治,确保控制流行危害。防治赤霉病时可兼治白粉病、锈病等。

（4）病虫混发兼治　小麦生长中后期小麦锈病和蚜虫混合发生,建议三唑酮、抗蚜威混配进行防治。条锈病、白粉病、吸浆虫、黏虫混发区或田块,三唑酮、灭幼脲、氯虫苯甲酰胺混配防治。赤霉病、白粉病、穗蚜混发区,多菌灵、三唑酮、抗蚜威混合施药。当麦叶蜂、黏虫、一代棉铃虫等发生量大时,可喷 Bt 乳剂、辛硫磷、灭幼脲 3 号等喷雾防治。

6. 灌浆期

（1）防治小麦病害　小麦灌浆期主要防治白粉病、叶锈病和纹枯病。当田间发生单一病害时,则进行针对性防治。当叶锈病病叶率达 3％～5％时,或白粉病病叶率达 10％时,组织开展大面积应急防治,防止病害流行危害。当病害发生程度较重,田间病害数量仍高于防治指标时,应进行第二次防治。

（2）防治小麦蚜虫　对于穗蚜发生严重的地区,此阶段麦田内天敌数量很多,瓢虫、草蛉、食蚜蝇等天敌与麦蚜的数量比例在 1∶（80～120）,或蚜霉率 60％（雨水较多时,蚜虫被霉菌寄生致死）,或僵蚜率达 30％时,暂不要用药。若有蚜株率达 90％以上,百株蚜量达 500～800 头,天敌难以控制麦蚜时,宜选用选择性强的药剂如啶虫脒、吡虫啉、抗蚜威等,以保护天敌。此时禁用氧化乐果等剧毒和高毒农药。

二、工作准备

（1）实施场所　小麦生产基地或附件麦田、多媒体实训室。

（2）仪器与用具　各种农药、喷雾器、调查记载表、笔等。

（3）标本与材料　小麦秆锈病、小麦条锈病、小麦叶锈病、小麦赤霉病、小麦白粉病、小麦散黑穗病、小麦纹枯病、小麦普通腥黑穗病、小麦矮腥黑穗病、小麦秆黑粉病、小麦叶枯病、小麦颖枯病、小麦根腐病、小麦全蚀病、小麦雪腐叶枯病、小麦丛矮病、小麦土传花叶病毒病、小麦粒线虫病,麦蚜、小麦害螨、麦叶蜂、小麦吸浆虫、麦秆蝇等以及常见杂草的永久标本及破坏性标本。

（4）其他　教材、资料单、PPT、视频、影像资料、相关图书、网上资源等。

【任务设计与实施】

一、任务设计

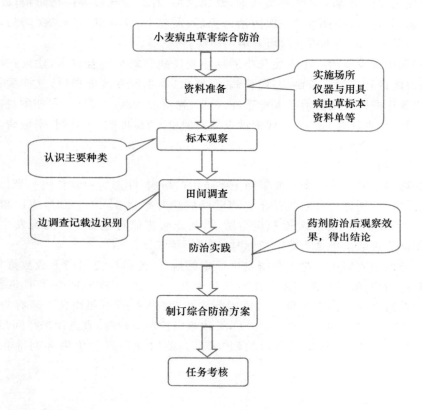

二、任务实施

1. 小麦病虫草害识别

通过实训室内标本观察或多媒体课件、观看视频、查阅教材等方法,认识当地小麦生产中病虫草害的主要种类,学会识别或诊断方法。

2. 小麦病虫草害调查

以小组为单位,有计划地在小麦各主要生育期(例如出苗期—越冬期、返青期—拔节期、孕穗期—扬花期)深入小麦田间进行病虫草害发生种类与发生程度调查,并进行统计后查看是否达到防治指标。

调查方法是:选有代表性的(从品种、地形、地势、肥力、生育好坏等方面来考虑具有代表性)麦田3～5块。每块以"Z"字形取样法。在田边边走边观察并记录发生的种类。并在所经的路线上取 10 个点。每点取 10 株。认真调查茎部、叶鞘、叶片、穗上（必要时拔起植株检验根部）的病虫情况。记载害虫、病害种类、计算被害率（发病率）：

$$被害率 = \frac{被害株（叶、蕾、果等）数}{调查总株（叶、蕾、果等）数} \times 100\%$$

3. 小麦病虫草害综合防治实践

选择当地小麦生产中的某种病害或害虫或杂草（尤其是已经达到防治指标的）经小组集体讨论，查阅相关文献，从备用的各种农药中选出 1～2 种，制订防治方案（施药方法、施药面积、药剂浓度或剂量、施药次数、施药间隔期等），然后施药防治或用其他方法防治，调查防效。经过观察，有了较为明显的防治效果，则小组提出验收申请，请老师和全班同学集体验收、评价。

4. 撰写一份其他某种粮油作物病虫害全程综合防治技术方案

根据本地生产实际，参照"小麦主要病虫草害全程综合防治技术"撰写一份其他某种粮油作物病虫害全程综合防治技术方案。

【任务评价】

评价内容	评价标准	分值	评价人	得分
标本观察	观察认真，认识种类多	20 分	组内互评	
田间调查与识别	调查方法准确，操作熟练，数据统计正确	20 分	教师	
综合防治实践	防治方法正确，操作熟练，防治效果明显	20 分	师生共评	
其他粮油作物病虫害综合防治方案制订	每位同学制订一份，标题、前言、正文等都符合要求	30 分	教师	
团队协作	小组成员间团结协作	5 分	组内互评	
职业素质	责任心强，学习主动、认真、方法多样	5 分	组内互评	

【任务拓展】

粮油作物病虫害综合防治方案的制订

1. 基本情况调查

（1）了解某种粮油作物的丰产栽培技术情况。

（2）了解掌握该种粮油作物栽培品种的抗病虫性等情况。

（3）了解掌握该种粮油作物主要常发生病虫害的种类、发生情况和发生规律。

（4）了解分析该种粮油作物与其他作物主要病虫害种类发生情况的差别。

（5）了解当地土壤类型、机械力量、灌溉条件、资金状况、作物布局、农民技术水平、历年防治措施等。

（6）了解分析当地前茬作物种类、土壤状况及对粮油作物生产和主要病虫害发生发展的影响。

2.粮油作物病虫害综合防治方案的类型

（1）以一种主要病虫害为对象的综合防治方案，如制订"玉米螟综合防治方案"。

（2）以一种粮油作物所发生的主要病虫害为对象的综合防治方案，如制订"花生病虫害综合防治方案"。

（3）以某一地区，如省、市、县、乡（镇）、村等为对象，制订"×××县（乡、村、镇等）油菜病虫害综合防治方案"。

3.粮油作物病虫害综合防治方案的基本内容

标题：×××综合防治方案

单位名称：略。

前言：概述本区域、粮油作物、病虫害的基本情况。

正文：

（1）基本生产条件：分析土壤肥力、气候条件、灌溉和施肥水平等基本生产条件；

（2）主要栽培技术措施：前茬作物种类、栽培品种的特性、肥料使用计划、灌水量及次数、田间管理的主要技术措施指标等；

（3）分析发生的主要病害种类情况；

（4）综合防治措施：根据当地具体情况，依据粮油作物及主要病虫害发生的特点统筹考虑、确定整合各种防治措施。

在正文中，以综合防治措施为重点，按照制订粮油作物病虫害综合防治方案的原则和要求具体撰写。

工作任务二　水稻病虫害的统防统治

【任务准备】

一、知识准备

（一）专业化统防统治的概念与意义

1.专业化统防统治的概念

专业化统防统治，是指具备一定植保专业技术条件的服务组织，采用现代装备和技术，开展社会化、规模化、集约化的农作物病虫害防治服务。所谓"专"，就是培育有植保专业技能的社会化服务组织,通过技术集成创新和科学防控,不断提高病虫害防治的效果。所谓"统",就是要通过机制创新和管理创新,实现一家一户分散防治向规模化的统一防治转变,不断提高病虫害防治的效率。所谓"防"与"治",就是要通过方式方法的创新和规范服务,不断提高病虫害防治的效益。

2.专业化统防统治的意义

2008 年农业部制定下发《关于推进农作物病虫害专业化防治的意见》以来,各地顺势而上,积极探索,大力推进,专业化统防统治取得显著成效,其积极意义主要体现在:首先,专业化统防统治是适应病虫发生规律变化,解决农民防病治虫难的必然要求。第二,专业化统防统治是提高重大病虫防控效果,促进粮食稳定增产的关键措施。第三,专业化统防统治是降低农药使用风险,保障农产品质量安全和农业生态环境安全的有效途径。第四,专业化统防统治是提高农业组织化程度,转变农业生产经营方式的重要举措。

> **比一比**
>
> **综合防治与统防统治**
>
> 综合防治专业化,
>
> 以防为主成效大,
>
> 瞄准主要对象治,
>
> 统防统治乐万家。

3.专业化统防统治的原则

按照"积极扶持、市场运作、自愿有偿、稳妥发展"的原则,坚持以"预防为主、综合防治"的植保方针,树立"公共植保、绿色植保、科学植保"理念。形成植保"五统一"即"统一监测预报、统一防治方案、统一防治时间、统一施药标准、统一组织实施"的专业化统防统治服务模式。

(二)水稻病虫害统防统治的综合措施

1.选用抗病品种防病

因地制宜选用抗(耐)稻瘟病、稻曲病的水稻品种,淘汰抗性差、易感病品种,及时更换种植年限长的品种,是预防水稻病害最有效、最经济、最简便的措施。

2.深耕灌水灭蛹控螟

利用螟虫化蛹期抗逆性弱的特点,在春季越冬代螟虫化蛹期统一翻耕冬闲田、绿肥田,灌深水浸没稻桩 7~10 d,双季稻连作田早稻收割后及时翻耕灌水淹没稻桩,灭蛹效果可达 70% 以上,可有效降低虫源基数。

3.种子消毒和带药移栽预防病虫

早稻用咪鲜胺浸种,预防恶苗病和稻瘟病。单季稻和晚稻用吡虫啉或吡蚜酮拌种或浸种,预防秧苗期稻飞虱、稻蓟马及南方水稻黑条矮缩病。秧苗移栽前 3~5 d 施一次药,带药移栽,早稻预防螟虫和稻瘟病,单季稻和晚稻预防稻蓟马、螟虫、稻飞虱及其传播的病毒病。用海岛素浸种提高发芽率和抗病能力。

4.昆虫性信息素诱杀二化螟、稻纵卷叶螟

在二化螟和稻纵卷叶螟主害代始蛾期至终蛾期，集中连片使用性信息素，可诱杀二化螟、稻纵卷叶螟成虫，降低田间卵量和虫量。每亩稻田挂放一个诱捕器，内置二化螟性信息素诱芯1个，每代更换一次诱芯，诱捕器高出水稻植株顶端30 cm。

5.生物农药防治病虫

（1）苏云金杆菌（Bt）防治二化螟和稻纵卷叶螟技术　于二化螟、稻纵卷叶螟卵孵化盛期施用苏云金杆菌，有良好的防治效果，尤其是在水稻生长前期使用，可有效保护稻田天敌，维持稻田生态平衡。但苏云金杆菌对家蚕高毒，临近桑园的稻田慎用。

（2）井·蜡质芽孢杆菌、枯草芽孢杆菌、嘧肽霉素等防治稻瘟病技术　在叶（苗）瘟出现急性病斑或发病中心和破口抽穗初期，均匀喷施井·蜡质芽孢杆菌或枯草芽孢杆菌或嘧肽霉素，齐穗时再喷1次，对稻瘟病有良好的预防和治疗效果。

（3）井·蜡质芽孢杆菌防治稻曲病技术　在水稻孕穗末期或破口抽穗前7~10 d，施用井·蜡质芽孢杆菌，可有效预防稻曲病，兼治纹枯病。

（4）海岛素提高抗病、抗逆能力技术　在水稻不同时期喷施海岛素，提高水稻的抗病和抗逆能力。

6.保护利用天敌治虫技术

释放稻螟赤眼蜂防治二化螟和稻纵卷叶螟。田埂种植芝麻、大豆等显花作物，保护利用蜘蛛、寄生蜂、黑肩绿盲蝽、青蛙等天敌治虫。

7.灯光诱杀害虫

每2~3 hm² 稻田安装一盏太阳能杀虫灯，在害虫成虫发生期夜间开灯，可诱杀二化螟、三化螟、稻纵卷叶螟、稻飞虱等多种害虫的成虫。

8.稻鸭共育治虫控草

水稻移栽后7~10 d，禾苗开始返青分蘖时，将15 d左右的雏鸭放入稻田饲养，每亩稻田放鸭10~20只，破口抽穗前收鸭。通过鸭子的取食活动，可减轻纹枯病、稻飞虱和杂草等病虫草的发生为害。

9.高效低毒化学农药防治病虫

醚菊酯、噻嗪酮、吡蚜酮、吡虫啉（不用于褐飞虱）、异丙威防治稻飞虱，乙基多杀菌素、氯虫苯甲酰胺防治稻纵卷叶螟，氟酰胺、氯虫苯甲酰胺防治二化螟、大螟、三环唑、咪鲜胺、氟环唑、氯啶菌酯防治稻瘟病，宁南霉素等抗病毒剂与杀虫剂协调使用预防南方水稻黑条矮缩病，井冈霉素、氟环唑防治纹枯病，氟环唑、氯啶菌酯、苯甲·丙环唑、戊唑醇防治稻曲病。

二、工作准备

（1）实施场所　水稻生产基地或附近稻田、多媒体实训室。

（2）仪器与用具　各种农药、喷雾器、调查记载表等。

（3）标本与材料　稻瘟病、稻曲病、水稻恶苗病、水稻胡麻斑病、水稻纹枯病、水稻白叶枯病、水稻细菌性条斑病、水稻绵腐病、水稻立枯病、水稻穗枯病、稻秆腐病、大螟、二化螟、三化螟、稻纵卷叶螟、稻弄蝶、中华稻蝗、稻飞虱、稻飞虱、稻瘿蚊等永久标本及破坏性标本。

（4）其他　教材、资料单、PPT、影像资料、相关图书、网上资源等。

【任务设计与实施】

一、任务设计

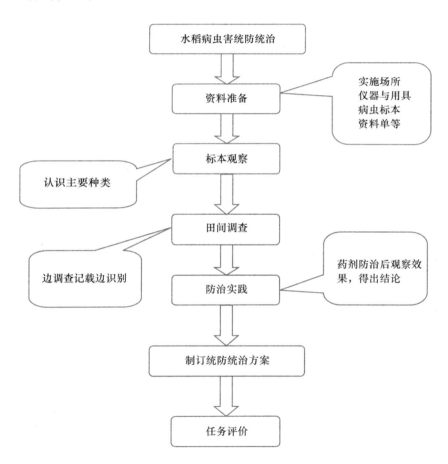

二、任务实施

1. 水稻病虫害观察与识别

通过实训室内标本观察或多媒体课件、观看视频、查阅教材等方法,认识当地水稻生产中病虫害的主要种类,学会识别或诊断方法。

2. 田间调查

以小组为单位,有计划地在水稻各主要生育期深入稻田间进行病虫害发生种类与发生程度调查,并进行统计后查看是否到达防治指标。

3. 防治实践

选择当地水稻生产中的某种病害或害虫(尤其是已经达到防治指标的)经小组集体讨论,查阅相关文献,从备用的各种农药中选出 1～2 种,制订防治方案(施药方法、施药面积、药剂浓度或剂量、施药次数、施药间隔期等),然后施药防治或用其他方法防治,调查防效。经过观察,有了较为明显的防治效果,则小组提出验收申请,请老师和全班同学集体验收、考核。

4. 撰写一份其他某种粮油作物病虫害统防统治技术方案

根据本地生产实际,参照"水稻病虫害的统防统治"撰写一份其他某种粮油作物病虫害统防统治技术方案。

【任务评价】

评价内容	评价标准	分值	评价人	得分
病虫害观察与识别	观察认真,认识种类多	20分	组内互评	
田间调查	调查方法准确,操作熟练。数据统计正确	20分	教师	
综合防治实践	防治方法正确,操作熟练,防治效果明显	20分	师生共评	
统防统治方案制订	每位同学制订一份,方案合理、可行	30分	教师	
团队协作	小组成员间团结协作	5分	组内互评	
职业素质	责任心强,学习主动、认真、方法多样	5分	组内互评	

工作任务三　大豆病虫害的综合防治

【任务准备】

一、知识准备

（一）大豆病虫害种类

1.害虫种类

幼苗期害虫主要有豆根蛇潜蝇咬食根部皮层。为害发芽的种子。东北大黑鳃金龟的幼虫、黑绒金龟甲幼虫、小地老虎、黄地虎、大地老虎、蒙古灰象甲、二条叶甲和网目砂潜咬食幼苗的根、茎或子叶，造成缺苗。

大豆生长发育期主要害虫有大豆蚜、棉红蜘蛛、烟蓟马，均刺吸大豆叶片汁液，在干旱年份发生十分严重。咬食叶片的以鳞翅目害虫最多，主要的有豆天蛾、斜纹夜蛾、银纹夜蛾、苜蓿夜蛾、苜蓿绿夜蛾、大豆夜蛾、黎豆夜蛾、草地螟、大豆毒蛾、红腹灯蛾、豆卷叶螟等，均以幼虫咬食叶片。为害叶片的还有豆突眼长蝽、豆芫菁等。有为害茎秆的筛豆龟蝽，有钻食茎秆的豆秆黑潜蝇等。

后期为害荚粒的主要害虫有大豆食心虫和豆荚螟、棉铃虫、褐臭蝽，还有局部地区发生的大豆荚瘿蚊。

2.病害种类

危害大豆粒荚为主的有紫斑病、轮纹病、赤霉病、荚枯病、炭疽病、黑痘病等。叶部病害主要有霜霉病、灰斑病、褐纹病、黑斑病、锈病、白粉病、细菌性斑点病、细菌性斑疹病、大豆花叶病等。茎秆部病害有菌核病、黑点病、纹枯病。根部病害有立枯病、猝倒病、枯萎病、孢囊线虫病和根结线虫病等。

上述病害中，大豆锈病、炭疽病、细菌性斑疹病等在南方发生较重。北方春大豆区霜霉病、灰斑病、细菌性斑点病、孢囊线虫病发生普遍。大豆病毒病在各大豆栽培区都有发生。

（二）大豆病虫害综合防治的原则

大豆病虫害综合防治应从豆田生态系统总体观点出发，根据大豆生育期间的主要病虫害发生危害情况进行全面治理，治理工作依照"预防为主，综合防治"的植保方针，首先应全面掌握本地区大豆病虫害种类及其发生、消长、危害规律，对主要的病害、虫害依据较准确的预测预报为防治前提,以农业防治为基础,强化农业技术措施,合理运用化学防治、生物防治、物理防治诸项技术措施,达到主次兼顾、病虫害兼治,经济、安全、有效地防治病虫害的目的。

(三)大豆病虫害综合防治措施

1. 植物检疫

大豆的检疫性病虫害有大豆疫病、菜豆象、四纹豆象,为了防止这类病虫害的扩散为害,应加强植物检疫措施。一旦发现就彻底扑灭,以免进行传播。外地调种时,首先要掌握产地的病虫害情况,严格检验有无检疫对象。对进口的种用寄主豆类,不要急于立刻在田间播种,应查明确实无该病虫侵染的情况下才播种到田间。

2. 农业防治法

综合运用农业技术,改善大豆生长发育的环境,减少病虫害的发生与为害。

(1)选用高产抗病优良品种 如豫豆25号、豫豆29号、郑92116、郑90007等,东北可根据情况选用吉林16号、吉林4号铁荚四粒黄等品种。采用精选机统一精选,人工剔除虫食籽、褐斑粒等,提高种子纯度,增强种子发芽力,促进苗齐苗壮。要选择无病地块或无病株及虫粒率低的留种。

(2)合理进行轮作换茬 对土传病害以及在土中越冬的害虫通过三年轮作即可减轻危害。当前推广的主要是麦—玉米—麦—豆轮作,严禁重茬。对发生大豆孢囊线虫病的地块,至少应进行5年以上轮作或水旱轮作方可减轻病情。

(3)清除病株残体 大豆收割后应清除田间病株残体,并及早翻地,减少病原菌侵染来源,杀灭越冬于土壤中的害虫。

(4)加强田间管理,改善栽培技术 适期播种,控制播种深度,播种深度一般掌握在4~5 cm。合理密植、每亩留苗密度1.8万~2万株。人工间苗拔除病、虫、弱苗及菟丝子,追施化肥,初花期前后结合降雨或灌水每亩追施尿素5~8 kg。在鼓粒初期可根外喷洒磷酸二氢钾、硼砂等满足大豆在全生育期内对肥料的要求。提高植株抗逆能力。

3. 物理机械防治法

根据有害生物的特性,可采取黑光灯诱杀成虫,高温灭菌杀虫,过筛使粮虫分离,人工抹卵或捏杀幼虫,捕捉成虫等措施,减轻大豆病虫害的发生为害。

4. 生物防治法

在大豆田每10 m²挖1个长、宽、深各12 cm的小坑,内覆盖杂草,可引诱天敌栖息,增加豆田天敌数量。对鳞翅目食叶类害虫可用赤眼蜂、苏云金杆菌制剂、灭幼脲等进行防治,对蛴螬类的食心虫可用白僵菌防治入土幼虫。做好病虫害预测预报,在调查害虫的同时调查天敌。放宽防治指标,减少用药次数,科学使用农药。

这些措施均能壮大田间天敌种群,充分发挥天敌自然控制的效能,减轻病虫为害。

5.化学防治法

(1)前期保苗　①播种期进行土壤处理:播种前,每 667 m² 用 5% 辛硫磷颗粒剂 1~2 kg 拌适量细土,均匀撒于地面,结合耕耙时翻入土中,也可与基肥混合使用,或用 10% 辛硫磷颗粒剂 0.5~1 kg 盖种、条施或穴施。随撒随翻。②大豆苗期:一般在 6 月下旬至 7 月上旬,大豆蚜虫呈点片发生阶段采用 50% 避蚜雾可湿性粉剂 8~10 g 进行喷雾防治,或 4.5% 高效氯氰菊酯乳油 667 m² 用量 30~60 mL对水喷雾,或用 3% 啶虫脒可湿性粉剂稀释 1 000~1 600 倍液喷雾防治。

(2)中期保叶(茎花)　主要防治豆田蛴螬和豆天蛾、大豆造桥虫及根腐病、纹枯病、褐斑病、菌核病等。在蛴螬孵化盛期,每 667 m² 用 5% 毒死蜱颗粒剂 3 kg,对细沙土 10~15 kg 混合均匀,开沟条施,覆土后浇一次小水;或者每 667 m² 用 48%毒死蜱乳油 400~500 mL,拌细沙 5~7.5 kg,均匀撒施于大豆植株四周,然后中耕浇水。豆天蛾、大豆造桥虫每 667 m² 可用 5% 高效氯氰菊酯 20~30 mL,对水喷雾防治。防治大豆菌核病等病害可用 40% 嘧霉胺可湿性粉剂 1 000 倍液,50% 腐霉利(速克灵)1 500 倍液喷雾。防治大豆灰斑病、褐纹病,每 667 m² 可用 12.5% 唏唑醇(禾果利)20~30 g 或 50% 甲基托布津可湿性粉剂 100 g,对水喷雾。

(3)后期保叶或荚粒　应根据测报,准确防治大豆食心虫。一般在成虫发生盛期及幼虫孵化盛期之前施药,每 667 m² 用菊酯类乳油 2 000~3 000 倍液喷雾;或用 80% 敌敌畏 100~150 g,用玉米秆或高粱秆作载体,将秸秆切成 20~30 cm 的小段,一端砸劈浸泡药液 10 min,一端插入土中,每 667 m² 插 30~50 根进行熏蒸防治。

(4)化学除草　化学灭草可以有效清除一些病、虫源,减少中间寄主,对减轻病情作用较大。有计划地安排进行播前或播后苗前除草剂土壤处理,应以播后苗前土壤处理为主、将杂草消灭在出土前后。

二、工作准备

(1)实施场所　大豆生产基地或附件豆田、多媒体实训室。

(2)仪器与用具　各种农药、喷雾器、调查记载表等。

(3)标本与材料　大豆花叶病、大豆根腐病、大豆孢囊线虫病、大豆灰斑病、大豆霜霉病、细菌斑点病、大豆菟丝子、豆天蛾、豆秆黑潜蝇、大豆蚜、大豆食心虫、造桥虫、大豆叶甲等永久标本及破坏性标本及挂图。

(4)其他　教材、资料单、PPT、视频、影像资料、相关图书、网上资源等。

【任务设计与实施】

一、任务设计

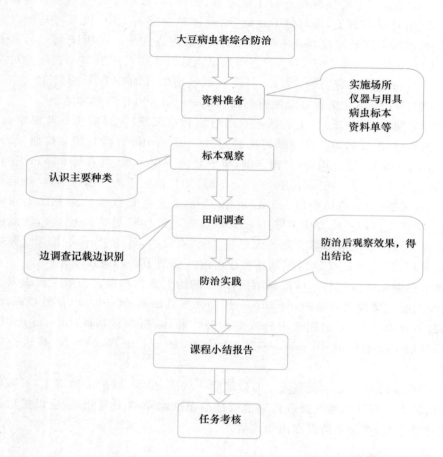

二、任务实施

1. 大豆病虫害观察

通过实训室内标本观察或多媒体课件、观看视频、查阅教材等方法,认识当地大豆生产中病虫害的主要种类,学会识别或诊断方法。观察要点:病害观察发病部位,病斑形状、大小、颜色,有无病原物及特征。害虫观察各个虫态的形态特征和为害状。

2. 大豆病虫害调查与识别

(1)大豆病虫害识别　以班级为单位,有计划地在大豆各主要生育期,不同的大豆种植品种间,深入大豆田间,寻找病株和害虫,然后根据病害症状特点和田间发病规律进行病害诊断,根据害虫的形态特征和为害状进行识别。

(2)大豆病虫害调查 在病虫害识别的同时,以小组为单位,选择1种主要病害和1种主要害虫分别进行调查,以为开展防治工作提供依据。

调查害虫时取样调查主要虫态的数量,叶、花、荚、种子的被害数,统计出被害率,填写表3-2。

表 3-2 **大豆虫害田间调查表**

调查时间	调查地点	害虫种类	害虫数量		调查株数	被害率	危害部位	危害程度	备注
			成虫	幼虫(若)					

调查病害时取一定数量的植株、叶、荚,调查其发病数,再根据病情分级标准,调查其严重程度,统计出发病率和病情指数,填写表3-3。

表 3-3 **大豆病害田间调查表**

调查时间	调查地点	病害种类	调查株数	病害级别					病情指数	发病率	危害部位	备注
				0	1	2	3	4				

病情指数按下式计算:

$$病情指数 = \sum (病情级数 \times 该病级调查数)/调查总数 \times 病情最高级数 \times 100\%$$

病害的分级标准列表如下(病害分级标准)。严重度分级标准:0级健株;1级发病到1/4以下茎、叶、果感病;2级1/4~2/4茎、叶、果感病;3级2/4~3/4茎、叶、果感病;4级3/4以上茎、叶、果感病到全株枯死。

3.大豆病虫害综合防治实践

以小组为单位,根据基地内大豆田间病虫发生情况,经小组集体讨论,查阅相关文献,因地制宜制订近期豆田病虫害综合防治方案并实施,经过观察,与对照地段相比,有了较为明显地防治效果了,则小组提出验收申请,请老师和全班同学集体验收、评价。

4.课程小结报告

根据病虫不同类群，推荐 3～5 种合适的防治药剂。可参照表 3-4 完成。

表 3-4　防治各类病虫害常用的药剂

病虫	类群		常用药剂品种	主要用药方法或时间
害虫	嚼食类害虫	鳞翅目食叶害虫		
		鞘翅目食叶害虫		
		钻蛀类害虫		
		地下害虫		
	吸汁类害虫	蚜虫		
		其他吸汁类害虫		
		害螨		
病害	真菌病害	白粉病		
		霜霉病		
		锈病		
		炭疽病		
		黑粉病		
		菌核病		
		枯萎病		
		根腐病		
	细菌病害			
	病毒病害			
	线虫病害			
	非侵染性病害			

【任务评价】

评价内容	评价标准	分值	评价人	得分
大豆病虫标本观察	观察认真,认识种类多	20 分	组内互评	
发生病虫害调查与识别	调查方法准确,操作熟练,病虫害识别正确。数据统计正确	20 分	教师	
综合防治实践	防治方法正确,操作熟练,防治效果明显	20 分	师生共评	
课程小结报告	推荐的药剂品种合适,主要用药方法或时间合理	30 分	教师	
团队协作	小组成员间团结协作	5 分	组内互评	
职业素质	责任心强,学习主动、认真、方法多样	5 分	组内互评	

参考文献

[1] 陕西省汉中农业学校. 农业昆虫学[M]. 北京:中国农业出版社,1991.

[2] 李清西,钱学聪. 植物保护[M]. 北京:中国农业出版社,2002.

[3] 孙元峰,夏立. 主要作物病虫草害防治技术[M]. 郑州:中原农民出版社,2013.

[4] 黄少彬. 园林植物病虫害防治[M]. 北京:高等教育出版社,2012.

[5] 程亚樵. 园艺植物病虫害防治[M]. 北京:中国农业出版社,2012.

[6] 徐桂平,张红燕. 设施植物病虫害防治[M]. 北京:中国农业大学出版社,2014.

[7] 徐冠军. 植物病虫害防治学[M]. 北京:中央广播电视大学出版社,1999.

[8] 广西壮族自治区农业学校. 植物保护学总论[M]. 北京:中国农业出版社,1993.

[9] 韩召军. 植物保护学通论[M]. 北京:高等教育出版社,2001.

[10] 陕西省农林学校. 农作物病虫害防治学(北方本)[M]. 北京:农业出版社,1980.

[11] 肖启明,欧阳河. 植物保护技术[M]. 北京:高等教育出版社,2002.

[12] 袁锋. 农业昆虫学[M]. 北京:中国农业出版社,2001.

[13] 仵均祥. 农业昆虫学(北方本)[M]. 北京:中国农业出版社,2002.

[14] 丁锦华,苏建亚. 农业昆虫学(南方本)[M]. 北京:中国农业出版社,2002.

[15] 黄宏英,程亚樵. 园艺植物保护概论[M]. 北京:中国农业出版社,2006.

[16] 吉林省农业学校. 作物保护学各论[M]. 北京:中国农业出版社,1996.

[17] 孙元峰,夏立. 新农药用用技术[M]. 郑州:中原农业出版社,2009.

[18] 程亚樵. 作物病虫害防治[M]. 北京:北京大学出版社,2007.

[19] 李云瑞. 农业昆虫学(南方本)[M]. 北京:中国农业出版社,2002.

[19] 朱永和. 粮棉油作物病虫害防治[M]. 北京:北京出版社,1999.

[19] 刘正坪. 蔬菜病虫害防治技术问答[M]. 北京:中国农业大学出版社,2007.

[20] 叶恭银. 植物保护学[M]. 杭州:浙江大学出版社,2006.

[21] 仵均祥. 农业昆虫学[M]. 北京:中国农业出版社,2003.

［22］李怀方,李腾武.高粱、谷子、薯类等作物病虫草鼠害防治［M］.北京:知识出版社,1998.

［23］中国农业技术网 http://www.chinanyjs.com

［24］中国农业推广网 http://www.farmers.org.cn

［25］百度百科 http://baike.baidu.com

［26］中国植物保护学会网站 http://www.ipmchina.net

［27］世界农化网—中文网 http://cn.agropages.com

［28］好搜百科 http://baike.haosou.com